# 소금의 진실
## The Salt Fix

### 몸이 원하는 대로 소금을 섭취하라

소금에 대한
잘못된 통념과 오해를
걷어내기 위하여

**약학박사 제임스 디니콜란토니오**
**Dr. James DiNicloantonio**

**박시우 · 김상경 옮김**

하늘소금

# 소금의 진실
## The Salt Fix

**초판 1쇄 발행** _ 2019. 10. 25
**2쇄 발행** _ 2023. 05. 03
**지은이**_ James DiNicolatonio
**옮긴이** _ 박시우 · 김상경
**E-mail** _ swpark@koreasalt.com
**펴낸이** _ 박연정
**펴낸곳** _ 도서출판 하늘소금
**출판사 신고번호** _ 제 546-2014-000001 호
**주소** _ 경상남도 함양군 함양읍 교산4길 9
ISBN 979-11-962860-3-3

\* 책값은 뒤표지에 있습니다.
\* 잘못된 책은 구입하신 서점에서 바꿔드립니다.

## The Salt Fix (소금의 진실)

소금의 진실을 증명하는

가장 강력하고, 가장 사실적인 책

# 목차

읽어두기  /  7

추천의 글  /  9

들어가며 : 식탁 위에 놓인 소금을 두려워하지 마라  /  12

Chapter 01.  소금은 고혈압을 유발하지 않을까?  /  18

Chapter 02.  우리 몸은 소금물로 이루어져 있다  /  26

Chapter 03.  소금 논쟁 - 우리는 어떻게 소금을 악마로 만들었는가?  /  42

Chapter 04.  심장병을 일으키는 진짜 주범主犯은 누구인가?  /  78

Chapter 05.  우리의 내부는 굶주리고 있다  /  106

Chapter 06.  설탕 중독 치료: 소금에 대한 갈망으로 설탕 중독 극복하기  /  118

Chapter 07.  소금이 실제로 얼마나 필요한가?  /  137

Chapter 08.  최적의 소금양 : 인체가 진정 원하는 소금양을 섭취하라  /  181

나가며   /   210

부록 1. 소금과 설탕에 관한 중요한 역사적 사건을 다룬 100년 연대표   /   215

부록 2. 소금의 필요성을 증가시킬 수 있는 약물   /   223

부록 3. 좋아하는 음식속의 소금 함량   /   224

저자에 관하여   /   226

참고문헌   /   227

색인   /   262

## 이 책에 소개된 실천방법에 관하여

이 책에는 식단에 소금을 첨가함으로써 얻을 수 있는 잠재적 이익과 관련된 일반적인 정보와 조언이 담겨 있습니다. 이는 개인별로 맞는 의학적 조언을 대체하기 위한 것이 아닙니다. 다른 새로운 식이요법과 마찬가지로, 이 책에서 권장하는 실천 방법은 의사와 상의한 후에 따르길 바랍니다. 저자와 출판사는 이 책에 포함된 정보의 사용이나 적용으로 인한 부작용에 대한 책임을 지지 않습니다.

# 읽어두기

## 소금의 진실을 알고 싶다면 편견 없이 이 책의 내용을 살펴보기를

현대 의학의 아버지로 불리는 고대 그리스 의학자 히포크라테스는 "음식이 당신의 약이 되게 하고, 약이 당신의 음식이 되게 하라.(Let food be your medicine and medicine be your food.)"는 유명한 명언을 남겼다. 반면에 현대인들은 아직도 음식에서 해답을 찾기보다는 병원을 방문하는 것을 종교 의식처럼 여긴다. 사람들의 머릿속에는 소금이 고혈압의 원인이라는 원칙이 각인되어 있으며, 암 치료를 위해서는 항암제, 수술, 방사선 치료를 받아야 한다고 믿는다. 또한 감기 바이러스를 치료하는 약이 없음에도 불구하고, 대부분의 사람들은 감기에 걸리면 여전히 병원에 가서 처방을 받고 약을 복용한다. 그러나 때때로 획일적인 대중 요법에 반기를 들고 자신만의 치료법을 찾으려는 사람들이 늘고 있다.

이러한 인식의 전환은 어떻게 가능했을까? 그 해답은 제대로 구한 '바른 정보'에 있다. 불행하게도 아직까지 우리 주변에는 특정 세력들이 자신들의 이익을 위해 만들어낸 '거짓 정보'가 많이 돌고 있다. 그들은 거대 자본과 권력에 의지해 미디어를 장악한 다음, 거짓이라 하더라도 자신들의 이익만 챙기는 정보를 양산하고 있다. 그 결과 피해는 그렇게 양산된 그릇된 정보를 가감 없이 받아들여 그 정보에 따르는 사람들에게 돌아간다. 그러나 이제 사람들은 거대 미디어를 통해 주어지는 일방적인 정보의 수용보다는 전문직에 종사하는 개인들이 내는 목소리에 귀를 기울이고 있다. 소셜 미디어Social Media나 출판은 진실을 알리는 좋은 대안이 된다. 이제 마음만 먹으면 얼마든지 바른 정보를 찾을 수 있다. 거짓을 따를 것인가 진실을 따를 것인가는 이제 당신의 손에 달려 있다.

최근 100여 년 동안 소금은 철저히 건강에 나쁜 것으로 취급되었으며, 소금은 고혈압의 원인으로 사람들의 뇌리에 각인되었다. 우리는 자의든 타의든 소금 섭취를 줄이기 위해 노력해 왔다. 이것이 진실과 상반된 사실이라면 그것을 따르려 노력했던 그리고 노력하는 많은 이들은 의도치 않게 자신의 건강을 해치고 있는 것이 된다. 반면에 이 책은 "소금을 적게 섭취했을 때 인슐린 저항성이 발생할 수 있으며, 이것이 고혈압의 원인이 될 수 있다. 그리고 소금을 적정하게 섭취하지 않는 것은 내 몸을 악순환의 늪에 빠뜨리는 출발점이다."라고 기존에 널리 알려진 상식과 상반된 주장을 펼친다. 저자는 500편이 넘는 방대한 자료를 바탕으로 분석한 과학적인 주장 위에서 소금의 진실이 무엇인지를 적나라하게 보여주고 있다. 당신이 진정으로 소금에 대한 진실을 마주한다면, 소금이 항상 자신의 건강을 지켜 주고 있다는 엄연한 사실을 깨닫게 될 것이다.

이 책에서 저자는 '내 몸이 원하는 대로 소금을 먹어라.'라고 주장한다. 소금을 내 몸이 원하는 대로 먹으면 더 건강해질 수 있다고 한다. 며칠 전 전화를 걸어온 75세의 어떤 할아버지는 평소에 수면 장애가 있었고, 소화 불량에 시달렸으며, 당뇨와 고혈압으로 고생하고 있었다. 일주일 동안 소금을 제대로 섭취한 뒤에 그는 이렇게 말했다. "몸에 좋다는 여러 가지 보양식과 약을 챙겨 먹은 지도 꽤 오래되었는데, 소금을 제대로 먹은 일주일보다 그 효과가 못한 것 같다."라고. 소금 섭취를 피하는 것은 소금을 제대로 알지 못하기 때문이다. 이제 소금에 대한 진실을 제대로 알고 무엇보다 건강에 크게 도움을 주는 소금을 마주하고 싶다면 편견 없이 이 책의 내용을 받아들여야 한다.

2019년 9월 9일 옮긴이

# 추천의 글

저자인 제임스 디니콜란토니오James DiNicolantonio 박사는 미국의 존경 받는 심혈관 연구 과학자이자 약학 박사이며, 유명한 의학 저널에 많은 논문을 발표하면서 영양과 건강에 관한 왕성한 저술 활동을 하고 있습니다. 디니콜란토니오 박사의 The Salt Fix[번역본:소금의 진실]는 소금에 대한 광범위한 사실적 증거와 설득력 있는 과학적 연구를 기반으로 전통적인 저염식 지침에 도전합니다. 그는 인류가 역사적으로 현재 권장되는 것보다 더 많은 소금을 섭취했다는 사실을 제시하며, 우리 몸이 높은 수준의 소금 섭취를 효율적으로 처리하도록 진화했다고 주장합니다.

그는 본문에서 암바르Ambard와 보차르Beauchard의 저염 가설 지지 연구가 근본적으로 결함이 있다고 설명하고, 여러 예를 들어 저염 권장이 확실한 과학적 증거가 부족함을 보여줍니다. 또한, 그는 장기간의 저염식은 중성지방과 인슐린 저항성을 증가시키고, 심장병으로 인한 사망 위험 증가와 같은 잠재적 위험을 더욱 높인다는 연구 결과를 제시합니다.

30년 동안 소금을 연구한 전문가로서 저는 너무 낮은 소금 섭취가 지속되면 오히려 건강에 좋지 않다는 생각입니다. 소금의 적절한 섭취와 건강은 알파벳 U자 모양을 그리는데 너무 적게 섭취하거나 많이 섭취하여도 건강에 문제가 생길 수 있습니다. 세계적인 역학 조사 결과에 따르면, 하루에 7~15g의 소금을 섭취할 때 각종 질병에 노출될 확률이 낮아지며, 기대수명도 높아진다는 것을 많은 논문과 과학적 증거들이 제시하고 있습니다. 따라서, 저자가 말한 대로 몸이 원하는 수준으로 소금을 섭취하는 것이 가장 적절하다고 볼 수 있습니다.

우리나라에서는 천일염을 이용한 김치, 된장, 간장과 같은 발효식품을 통해 비교적 염분 섭취가 높은 편이지만, 발효식품 안에 생성된 발효산물 Metabolites들이 소금의 흡수와 배설을 돕기 때문에 한국인은 다른 국가에 비해 매우 낮은 심혈관 질환 유병률을 보이고 있습니다. 이를 '한국의 역설 KOREAN PARADOX'이라고 할 수 있으며, '소금은 해롭다'는 일반적인 통념을 반박하는 좋은 예입니다. 또한 어떤 종류의 소금을 섭취하는지도 중요합니다. 바닷소금은 미네랄 함량이 높아 정제염보다 건강에 더 이롭고, 선조들이 만든 죽염은 염증 및 여러 가지 질병을 예방하는 건강 소금으로 사용되고 있습니다.

인체의 건강을 지키는 제1 조건은 항상성이며, 특히 혈액 내 삼투압 조절에 가장 중요한 물질은 소금입니다. 소금이 부족하면 위산 생성이 감소하고 이로 인해 소화기관의 신진대사가 교란되어 결국 면역계에도 악영향을 미칩니다. 더욱이 각 나라의 음식 문화에 따라 적절한 소금 섭취량이 다를 수 있으며, 세계적으로 저염식을 일률적으로 권장하는 정책은 인류의 건강에 매우 바람직하지 않은 결과를 초래할 수 있습니다. 특히 우리나라에서는 발효 식품을 전통 음식으로 많이 섭취하고 정제염, 천일염, 죽염 등 다양한 소금이 사용되므로 소금의 종류와 양을 잘 설정할 필요가 있습니다.

디니콜란토니오 박사의 연구는 과학적 자료를 바탕으로 저염식 권장의 통념이 그릇되었음을 입증하며, 소금에 대한 편견과 오해를 깨뜨립니다. 이를 통해 독자들은 소금에 대한 보다 사실적인 정보를 바탕으로 올바른 결정을 내릴 수 있게 됩니다. '소금의 진실'은 많은 사람들이 소금의 가치를 재평가하고 더 건강한 식습관을 채택할 수 있는 기회를 제공할 것입니다. 학계와 정부 모두 소금에 대한 입장을 재평가하고 과거 소금에 대한 오해와 오판을 용기 있게 인정하고 대중에게 정확한 증거 기반 정보를 제공함으로써 건강한 소금과 소금 섭취량을 선택할 수 있도록 도와야 합니다.

이처럼 의미 있는 책을 출판한 출판사 대표의 현명한 결정과 번역자들의 노고에 감사한 마음을 전하며, 앞으로도 건강과 영양에 관한 진실을 전파하는 더 많은 우수한 도서를 출판해 주길 기대합니다.

박 건 영

CHA의과학대학교 통합의학대학원 교수(현)
대한 암예방학회 회장(전)
부산대학교 식품영양학과 교수(전)
한국과학기술 한림원 종신회원(현)

# 책을 읽기 위한 준비

소금에는 80종 이상의 미네랄이 들어 있고, 그중 가장 많은 두 가지 미네랄인 나트륨과 염소는 소금 성분의 약 95~99%를 차지한나. 소금 100g에는 나트륨이 약 38g 존재하며, 염소가 더 큰 원자량을 가지므로 염소는 약 59g 존재하게 된다. 천일염이나 암염과 같이 자연 상태에서 얻은 자연 염鹽일 경우 나트륨과 염소를 제외하고 약 1.5~4.5%의 기타 미네랄이 함유되어 있다. 따라서 소금 100g에서 염소와 나트륨의 무게를 제외한 1.5~4.5g 정도가 나머지 미네랄이 된다(미네랄의 개수상으로는 나트륨과 염소가 비슷하지만 염소 화합물이 소금에 다수 존재하므로 실제로는 염소의 원소 개수가 나트륨의 원소 개수보다 많다).

이 책에서는 나트륨의 무게를 주로 g, mg 단위로 표기했고, 1g은 1,000mg과 동일하다. 그리고 1g은 1,000,000mcg(마이크로그램)과 같다. 나트륨이 2,300mg이라는 것은 나트륨 2.3g이며, 이를 소금의 무게로 환산하면 나트륨과 염소, 기타 미네랄의 무게를 더해서 약 6g(6,000mg)이 된다. 나트륨의 무게를 소금의 무게로 혼동해서는 안 된다. 이 책에는 가끔 나트륨의 무게를 소금의 무게로 환산하여 괄호 안에 병기併記했는데 이는 독자의 이해를 돕기 위함이다. 그리고 전문적인 용어와 이해하기 어려운 문장에는 작은 고딕체로 간략한 설명을 추가했는데 이 또한 독자의 이해를 돕기 위함이다. 소금에 대해 더 깊이 이해하기를 원하는 독자를 위해 저자가 활용한 500여 편의 참고 문헌(인터넷 주소 포함)을 원서에서 적시한 대로 옮겨 두었다.

# 들어가며

**식탁 위에 놓인 소금을 두려워하지 마라.**

스칸디나비아의 소설가 이자크 디네센Isak Dinesen의 유명한 구절을 인용해 보자. "대상이 무엇이든 그 치료제는 소금물이다. 땀과, 눈물과, 바다의 모습으로."

위 인용 문구는 다소 시적詩的으로 표현되었지만, 우리에게 인체의 생물학적인 진실을 말해 준다. 인체의 내부세계는 바다가 그 근원이고, 바다의 짠맛을 체내에 지니고 있다. 소금은 우리 몸을 유지하는 필수적인 영양소이다. 체내 소금의 적절한 균형이란 우리 몸이 생리적 상태를 안정된 범위 내로 유지하는 평형 상태를 말한다.

그러나 지난 세기 동안 우리 문화는 이러한 몸의 자연스러운 생리적 본능을 거부해왔으며, 우리가 모두 익히 들어온 소금에 대한 지침The guideline은 소금을 '중독성 있는 파괴적인 요소'로 간주하면서 소금에 대한 신체의 욕구를 폄하했다. 건강을 위해서는 포화 지방이 낮은 식단을 섭취해야 하고, 담배를 피우지 말아야 하며, 운동을 해야 하고, 심신의 긴장을 풀어야 하며, 소금을 가능한 한 줄여야 한다고 알려져 있다. 이러한 지침은 확실히 여러 측면에서 틀림이 없지만, 한 가지 크게 간과되는 문제가 있다. 즉, 대부분의 사람들은 소금을 절제하거나 적게 섭취할 필요가 없다는 것이다. 실제로, 소금을 많이 섭취하는 것이 적게 섭취하는 것보다 훨씬 더 건강에 좋다.

우리가 오랫동안 악마처럼 취급했던 흰색 결정체인 소금은 설탕 대신 건강을 해친다는 죄를 뒤집어쓰고 있었다. 설탕의 유혹은 너무 달콤한 탓에 건강에 유익하지 않다는 사실을 믿기 어려웠기 때문이다. 과도하게 섭취했을 때 고혈압, 심혈관 질환, 만성 신장 질환을 초래할 수 있는 흰색결정체는 소금이 아니라 바로 설탕이다. 다행스럽게도 주류 언론은 설탕이 양의 탈을 쓴 늑대라는 사실을 인식하기 시작했고, 이와 함께 저당식이low-sugar diets가 인기를 얻어가고 있다. 그리고 지방이 많은 생선, 아보카도, 올리브 등에서 유익한 지방을 찾도록 권장 받기 때문에 심지어 지방조차도 이제 새로운 관점에서 살펴보게 되었다.

그런데도 어째서 우리는 여전히 마트에서 식품을 구입할 때 소금을 독성 물질로 인식하도록 유도하는 식품 라벨을 보게 되는 것일까? 그리고 평판 좋은 주류 언론 매체에서 내보내는 소금 섭취에 대해 공포감을 조장하는 다음과 같은 헤드라인headline을 왜 계속 마주하게 되는 걸까?

## 과도한 소금 섭취가 수백만 명을 죽이고 있다

– *Eating Too Much Salt is Killing Us By the Millions (Forbes, 2013년 3월 24일)*

## 과도한 소금 섭취가 초래한 심장병으로 매년 160만 건의 심장병 사망

– *1.6 Million Heart Disease Deaths Every Year Caused by Eating Too Much Salt (Healthline News, 2014년 8월 14일)*

## 미국 10대들은 소금을 너무 많이 먹어서 비만 위험이 높아지고 있다

– *U.S. Teens Eat Too Much Salt, Hiking Obesity Risk (HealthDay, 2014년 2월 3일)*

## 심장 건강을 위해 소금을 제한하라

– *For the Good of Your Heart, Keep Holding the Salt (Harvard Health Blog, 2016년 7월 11일)*

그 이유는 많은 사람들이 가장 신뢰하는 보건기관들이 소금에 대해 낡고 증명되지 않은 이론에 매달리는 데 있으며, 소금에 대한 그들의 진실 외면이 공중보건을 위험에 빠뜨리고 있기 때문이다. 소금을 적게 섭취하는 것이 좋다는 근거 없는 독단적인 신념이 제대로 된 반대의견에 맞닥뜨려 흔들릴 때까지 우리 몸은 소금 부족, 설탕 중독, 궁극적으로 많은 중요한 영양소가 결핍되는 계속되는 악순환에 갇히게 될 것이다. 그 결과 사람들은 대부분 만족할 수 없는 굶주림에 시달리게 되고, 저염식을 권장하는 생활 방식을 따름에도 불구하고 허리둘레는 계속 늘어나게 될 것이다.

만약 당신이 건강에 관심이 높은 사람이라면 하루에 2,300mg의 나트륨(소금 약 6g) 이하로 섭취하려고 애쓰고 있을 것이다. 나이가 많거나, 흑인이거나, 고혈압 환자라면 심지어 나트륨 1,500mg(소금 약 4g)으로 제한하는 저염low-salt 지침guideline을 달성하기 위해 노력하고 있을 것이다. 실제로 미국 질병관리예방센터CDC Centers for Disease Control and Prevention에 따르면 미국 인구의 50% 이상이 현재 자신의 나트륨 섭취량을 모니터링하거나 줄이고 있으며, 약 25%는 건강 전문가들에 의해 나트륨 섭취를 제한할 것을 권고 받고 있다.[1]

만약 자신이 위에서 언급한 사람 중 하나라면, 맛이 없을지라도 저低나트륨 함량 표시가 된 음식을 구입해서 섭취하고 있을 것이다. 또 소금에 절인 반찬을 섭취할 때 약간의 죄책감을 느낄지도 모른다. 샐러드에서 소금에 절인 올리브를 골라 냈을 것이며, '맛을 내기 위해 소금 간을 하세요!'라는 조리법의 모든 요구를 무시했을 것이다. 아마도 그 악마 같은 나트륨의 중압감 때문에 따뜻하고 짭짤한 김치찌개를 꺼리게 되고 국을 먹을 땐 언제나 국물을 남기는 식습관을 가지고 있을 것이다.

목이 마르면 갈증을 느끼는 것처럼 소금에 대한 욕구가 생리적으로 지극히 정상적이라는 것을 모른채, 당신은 소금을 제한하기 위해 엄청나게 애를 썼을 것이다. 학자들은 모든 인구 집단에 걸쳐 제한 없이 나트륨을 섭취하게 하면 하루에 3,000~4,000mg(소금 약 8~10.5g)의 나트륨에 적응하는 경향이 있다는 것을 발견했다. 이 양은 그 어떠한 지역이나 기후, 환경에서 살거나 어떤 문화적 차이가 있든지 간에 지구상의 모든 사람에게 유효한 양이다. 소금에 자유롭게 접근할 수 있다면 우리는 결국 동일한 소금 섭취의 경계값threshold 에 도달하게 된다. 이 경계값은 최적의 건강을 위한 나트륨의 범위를 말한다.

알다시피 몸은 항상 우리에게 말을 걸어왔다. 이제는 자신의 몸이 말하는 소리에 귀를 기울일 때가 되었다. 좋은 소식은 우리가 음식을 섭취할 때 소금을 줄일 필요가 없다는 것이다. 실제로 우리 몸은 더 많은 소금이 필요할 수 있다. 소금에 대한 갈망을 무시하지 말고 오히려 그것을 받아들여야 한다. 이 갈망이 우리를 더 나은 건강으로 인도할 것이기에.

이 책을 통해 필자는 소금에 대한 잘못된 정보와 일상화된 편견을 바로잡기를 원한다. 인류가 어떻게 짠 바닷물에서 진화해왔는지, 우리의 생명 활동이 소금에 대한 미각을 어떻게 형성했는지, 그리고 이렇게 형성된 맛이 얼마나 신뢰할 수 있는지를 살펴볼 예정이다. 더불어 지난 세기에 펼쳐진 소금 논쟁과 그릇된 식이 지침에 대해서도 다룰 것이다.

필자는 또한 소금에 대한 필수적인 생리적 욕구가 현대 생활 요구에 의해 어떻게 증가했는지, 그리고 현재 우리가 소금 고갈 위험에 어느 때보다 더 처해 있다는 것을 설명할 것이다(전 세계 인구의 3분의 2가 세 가지 이상의 만성 건강 문제로 고통 받고 있으며, 이러한 건강 문제 중 다수가 소금 부족의 위험을 증가시킨다). 흔히 처방되는 약, 사랑받는 카페인 음료, 그리고 널리 홍보되는 식이 요법들이 얼마나 소금 고갈을 조장하는지도 알아볼 것이다.

소금 탓으로 돌려진 건강상의 부정적 영향 중 많은 것들이 실제로는 설탕 과다 섭취 때문이며, 더 많은 소금을 적절한 방식으로 섭취하는 것이 설탕 중독의 악순환을 끊는 데 중요한 역할을 하는지를 살펴볼 것이다.

이 과정에서 소금을 섭취함으로써 운동 능력을 향상시키고 근육량을 늘리는 방법과 인체에 중요한 미네랄인 요오드가 부족하지 않도록 하는 방법을 소개할 것이다. 우리 신체가 필요로 하는 양만큼 전략적으로 적절한 종류의 소금 섭취를 증가시킬 수 있는 구체적인 권고안을 제시 할 것이다(왜냐하면 어떤 사람들은 다른 사람들보다 더 많은 양의 소금이 필요하기 때문이다). 우리의 몸이 원하는 수면, 에너지 수준, 정신 집중에서부터 생식 능력, 성 기능에 이르기까지 소금을 어떻게 먹는 것이 이 모든 것을 향상시킬 수 있는지를 배울 것이다. 마지막으로 소금 부족을 유발하는 수많은 약품, 질병 상태, 생활 방식 등을 다루어 만약 자신이 소금이 부족할 수 있는 위험에 처한다면 소금 섭취를 통해 더 나은 결과를 얻을 수 있게 할 것이다.

이러한 연구 결과를 공유함으로써 고혈압, 심장마비, 비만, 신장 질환과 같은 만성 질환에 시달리는 사람들부터 경쟁 우위를 추구하는 활력이 넘치는 전문 운동선수들에 이르기까지 많은 사람들의 경험담을 들을 수 있을 것이다. 여러분은 특정 종류의 소금을 먹거나 몸이 원하는 만큼 소금을 먹을 때 더 건강하고 더 많은 활력을 가지게 되며, 운동 기능을 향상할 뿐만 아니라 오랫동안 지속되어 온 만성적인 상태를 해결하고, 심지어 체중을 줄이는 데도 도움이 된다는 사실에 대해 알게 될 것이다.

고혈압을 앓고 있는 31세의 에이제이AJ는 권고대로 섭취하는 소금 양을 줄여보았지만 혈압 수치에는 변화가 없었다. 반면에 그의 에너지 수준은 급격히 떨어졌으며, 심한 두통이 재발했다. 에이제이AJ가 탄수화물 섭취를 줄이는 동안 두통이 멎고 체중이 35kg이나 빠졌으며 혈압을 80포인트나 낮춘 것은 그가 원하는 만큼 소금을 다시 섭취하게 한 후였다(다음 페이지의 에이제이AJ 전체 이야기를 참조하라). 그리고 마지막 장에서는 이러한 모든 사례가 주는 교훈을 모아서 다섯 가지 간단한 단계로 나누어 소금에 대한 생리적 본능에 다가갈 것이다. 가장 건강한 형태의 소금을 더 섭취토록 할 것이고, 수년 동안 이어진 우리 몸속의 소금 불균형을 바꾸어 나갈 것이다.

소금이 가지고 있는 힘에 대한 이야기를 들은 뒤 이런 분명한 연구 결과가 있음에도 불구하고, 아마도 여러분은 계속해서 연구 결과를 받아들이지 못하는 자기 자신에 대해 필자만큼이나 당황할 수도 있을 것이다. 그리고 이와 같이 진실을 받아들이기를 완강히 거부하는 저의를 살펴보고 구시대적이고 독단적인 신념을 고수하는 시기는 끝났음을 입증할 것이다. 우리는 기존의 과학이 변했다는 것을 인식해야 하고, 이에 따라 식생활 지침 또한 변경할 필요가 있다. 우리의 마음, 우리의 건강, 그리고 행복의 이름으로 소금이 우리의 식탁에서 정당하고 중요한 지위를 되찾을 수 있도록 도와야 한다. 간단히 말해서 우리의 삶과 행복은 소금에 달린 것이다.

## 소금 섭취를 늘려서 체중이 감소한 사례

내 친구이자 전문의인 호세 카를로스 수토Jose Carlos Souto가 처음 에이제이AJ를 진단했을 때 그는 비만인 상태였고 고혈압(220/170)이었으며 잦은 두통에 시달리고 있었다. 에이제이는 표준 권고안이 자신의 건강을 증진할 수 있을 것으로 보고 소금 섭취를 줄이려고 노력했다. 그 후 얼마 지나지 않아 그는 항상 피곤함을 느끼기 시작했고 때때로 설명할 수 없는 오한이 나기 시작했으며 혈압은 여전히 높았다. 수토Souto는 또 다른 접근법을 시도했다. 수토는 에이제이에게 탄수화물 섭취를 적게 하고, 몸이 원하는 대로 소금을 섭취하라고 충고했다. 그러자 즉시 그는 활력을 되찾았고 오한이 사라졌다. 또, 두통은 극적으로 감소했다. 그리고 체중이 감량되면서 혈압도 동시에 떨어졌다. 1년 후 그는 체중 30kg을 감량했고, 혈압은 어떤 약물의 도움도 없이 140/90mmHg로 안정되었다.

# | 01 소금은 고혈압을 유발하지 않을까?

지난 40여 년 동안 의사들과 정부 및 국내 유수의 보건협회에서는 소금 섭취가 혈압을 증가시켜 만성적인 고혈압을 유발한다고 경고했다. 그러나 이 경고를 뒷받침할만한 어떤 확실한 과학적 증거도 제시하지 못했다. 1977년에는 심지어 미국 정부의 식이 지침에 따라 미국인들이 소금 섭취를 제한할 것을 권고 받았을 때조차 미국 연방정부 의무감醫務監 보고서는 저염 식이가 나이가 들면서 종종 발생하는 혈압 상승을 예방할 수 있다는 증거는 없다고 인정했다.[2] 1991년이 되어서야 혈압에 영향을 미치는 나트륨 제한에 대한 최초의 체계적인 검토와 종합적인 분석이 이루어졌는데 그것에 대한 근거는 대부분 취약했고, 무작위적randomized 과학적 실험에서 일정한 패턴이나 규칙 없이 임의적으로 참가자나 실험 샘플을 선택하는 것. 공정한 결과를 얻기 위해 사용되며, 편향(bias)을 최소화 하기 위함. 예: 난수 생성, 동전 던지기, 주사위 던지기 으로 만들어진 과학적인 데이터도 아니었다.

그러나 당시에 이미 15년 동안 미국인들에게 소금 섭취를 줄이라고 경고해 왔고, 오늘날처럼 소금 섭취는 고혈압의 주요 원인으로 인식되어 사람들의 머릿속에 각인되었다. 그 경고는 주로 가장 기초적인 수준의 설명인 '소금-혈압 가설'에서 비롯되었는데, 소금 섭취량이 많을수록 혈압이 더 높아진다는 것이 주된 내용이었다. 여기에는 반론의 여지가 없었다. 하지만 이것만이 전부는 아니었다. 많은 오래된 의학 이론이 그런 것처럼 실상은 더 복잡했다. 그 가설은 다음과 같이 진행된다. 혈압은 두 가지 방법으로 측정되는데, 일반적인 혈압 측정치의 최고 수치는 수축기 혈압으로 심장 수축 시 동맥의 압력을 의미하고, 최저 수치는 이완기 혈압으로 심장 이완 시 동맥의 압력을 의미한다. 소금을 섭취하면 갈증을 느껴 더 많은 물을 마시게 된다는 소금-혈압 가설에 따르면, 과도한 소금 섭취로 높아진 혈액의 소금 농도를 희석하기 위해 인체는 많은 물을 체내에 보유하게 되고 결과적으로 혈액량이 증가하면서 자동으로 혈압이 높아진다는 것이다.

그러나 이것은 단지 이론일 뿐이다. 여기서 과연 이 이론을 뒷받침 하는 타당한 증거가 실제로 존재하는가?

위 설명은 이론적으로 의미가 있고 어느 정도 이를 뒷받침하는 간접 증거도 있었다. 또 다양한 모집단母集團에서 소금 섭취와 혈압에 대한 데이터 수집이 있었고, 몇몇 경우에는 상관관계도 관찰되었다. 그러나 어느 정도 상관관계가 일치한다고 하더라도 상관관계가 인과 관계를 의미하지는 않는다. 다시 말하면, 단지 첫 번째 요인(소금)이 간혹 두 번째 요인(고혈압)으로 이어지고, 그 두 번째 요인(고혈압)이 우연히 세 번째 요인(심혈관 질환)과 관련이 있다는 이유 때문에 첫 번째 요인이 곧바로 세 번째 현상을 필연적으로 일으킨다는 것을 증명하지는 못하기 때문이다.

예상대로 소금-혈압 가설과 상반되는 데이터가 그 데이터를 뒷받침하는 자료와 함께 곧이어 발표되었다. 소금을 둘러싼 과학적 토론의 과정에서 소금이 만성적으로 고혈압을 유발하는지, 아니면 일시적이고 미미한 혈압 상승을 일으키는지에 대해 옹호론자와 회의론자 사이에 격렬한 논쟁이 벌어졌다. 사실 다른 영양소나 심지어 콜레스테롤이나 포화 지방과 비교했을 때도 소금은 가장 많은 논란의 대상이 되었다. 그리고 한번 소금이 고혈압을 일으킨다는 가설에 편승하게 되면 쉽게 내려놓을 수 없게 되는 것이다. 예를 들면 소금에 대한 정부와 보건 기관의 태도를 들 수 있다. 스스로 틀렸다는 것을 인정하는 것은 사회적 이미지에 손상을 입을 수 있기 때문이다. 정부와 보건 기관들은 그들의 의견을 반박할 수 있는 압도적인 증거가 제시되기 전까지는 소금에 대한 그들의 성급한 결정을 뒤집는 것을 거부하며 '소금을 적게 섭취해야 한다.'는 주문을 계속했다. "우리가 애초에 사람들에게 나트륨 섭취를 제한하라고 권고했다는 어떤 증거가 있었는가?"라고 되묻지 않고 자신들의 추정이 틀렸다는 확실한 증거가 나오기 전까지는 아무도 그 편견을 내려놓으려고 하지 않았다.

사람들은 혈압을 건강의 지표로 생각한 탓에 나트륨의 제한을 맹신하게 되었다. 저염 옹호자들은 심지어 혈압을 1mmHg 낮추는 것은(수백만 명의 사람들에게 적용되는 경우) 실제로 뇌졸중과 심장마비의 감소와 같을 것이라고 주장한다. 그러나 의학 문헌을 살펴보면 정상 혈압(120/80mmHg 미만)을 가진 사람들의 거의 80%가 소금의 혈압 상승 효과에 전혀 민감하지 않다는 것을 알 수 있다. 고혈압의 전조 증상을 가진 사람들 중 약 75%는 소금에 민감하지 않고, 심지어 중증 고혈압 환자들 중 약 55%는 소금이 혈압에 미치는 효과에 완전히 영향을 받지 않는다. 심지어 혈압이 가장 높은 사람들 중 절반 정도는 소금에 전혀 영향을 받지 않는다는 것이다.[3]

엄격하게 저염 식이를 하라는 지침은 근본적으로 도박과 같은 추측에 불과했다. 그 지침은 저염 식이를 한 일부 환자들에게서 볼 수 있는 혈압에 대한 작지만 좋은 결과가 전체 인구에게도 크게 영향을 미칠거라는 도박성 추측을 했기 때문이다. 그리고 그 도박을 하는 동안 소금이 어떤 사람들에게는 혈압을 증가시키지만 다른 사람들에게는 그렇지 않다는 것에 대해 생각했어야 했지만 가장 중요한 점을 간과했다. 만약 우리가 이 부분에 초점을 맞춰 생각했다면, 사람들의 소금 민감성salt-sensitivity을 교정한다는 점을 인식했을 것이다. 또 혈압이라는 것은 많은 건강 요소에 의해 영향을 받는 순간적인 측정 단위임에도 불구하고 '항상' 소금에 의해 영향을 받는다고 추측했다. 그리고 이런 근거 없는 확신때문에 소금 과다 섭취가 뇌졸중이나 심장마비와 같은 치명적인 결과를 반드시 가져올 것으로 추측했다.

이와 같은 실수는 표본의 수가 지나치게 적었던 데서 기인했다. 비윤리적일 만큼 너무 적은 양이었다.통계학에서 표본의 크기와 신뢰도는 상관관계가 있다고 본다. 너무 적은 표본의 수로는 신뢰도에 부정적인 영향을 미친다는 것이다. 그리고 그에 따른 위험을 전혀 언급하지 않고 저염 식이의 이점을 터무니없이 추정했다. 대신에 저염 식이에 의해 야기되는 많은 다른 건강 위험들을 완전히 무시하고 혈압의 극히 작은 감소에만 초점을 맞추었다. 여기서 건강 위험이란 심장 질환의 위험을 실제로 확대시키는 몇 가지 부작용들, 즉 심박수 증가, 면역 반응이 제대로 발휘되지 못하는 신장 기능 및 부신 부전adrenal insufficiency, 갑상선 기능 저하, 트리글리세라이드triglycerides, 콜레스테롤, 인슐린 수치 등의 증가, 그리고 결국에는 인슐린 저항성, 비만, 제2형 당뇨병으로 이어지는 것 등을 포함한다. 아마도 이러한 위험을 고의적으로 무시하는 분명한 예는 심박수heart rate일 것이다. 저염 식이에서는 심박수가 증가한다는 것이 증명되었다. 이러한 해로운 결과는 소금 섭취를 제한하는 거의 모든 사람들에게서 발생한다. 이런 결과가 의학 문헌에 더 철저히 기록되어 있음에도 불구하고, "저염 식이가 심박수 증가의 위험을 높일 수 있다."는 식품 광고나 식이 지침은 없다. 그렇다면 사람들의 건강에 좀 더 큰 영향을 미치는 것은 과연 무엇인가? 이를테면 혈압의 1mmHg 감소인가, 아니면 심박수의 분당 4번의 증가인가?(4장에서는 이 지표들이 무엇을 의미하는지 자세히 살펴보면서 여러분들의 판단에 도움을 줄 것이다)

만약 우리의 몸이 이러한 위험들을 각각 분리할 수 있다면, 우리는 아마도 어떤 것이 가장 중요하다고 말할 수 있을 것이다. 그러나 소금 제한 식이의 알려진 위험들을 모두 종합해 보면 발생할 수 있는 이익보다 해로움이 훨씬 더 크다는 것을 쉽게 알 수 있다. 다시 말해서 저염 식이가 혈압을 바꿀 수 있을 것이라는 단 하나의 지표에 초점을 맞추었고, 그 과정에서 저염 식이의 다른 모든 해로운 영향들은 완전히 무시되었다.

이제 우리는 국가 공중 보건 정책 분야에서 이와 같은 어리석음을 인식할 수 있게 되었으므로 스스로에게 다음과 같이 질문할 필요가 있다고 본다. "우리가 여러 세대의 사람들에게, 특히 이미 건강이 위태로운 사람들에게 그들의 건강 악화 속도를 더욱 촉진하는 '지침'을 따르게 한 것은 아닌가?"라고.

현대 생활에서 겪게 되는 스트레스가 우리 몸에 복합적인 피해를 입히면서 이 문제는 더 시급해지고 있다. 저탄수화물low-carb 식이 요법, 케토제닉ketogenic 식이 요법 또는 초기 구석기 시대의 식단을 따라함으로써 체내의 소금이 손실되는 것뿐만 아니라 소금 손실을 일으키는 약물도 더 많이 복용하고 있다. 이를테면 크론병Crohn's disease, 궤양성 대장염ulcerative colitis, 과민성대장증후군IBS, 장누수증후군leaky gut을 포함하여 소금 흡수력을 떨어뜨리는 많은 손상이 대장에 가해지고 있다. 그리고 더욱 정제된 탄수화물과 설탕(신장의 소금 보유 능력을 감소시킨다)을 섭취함으로써 신장에도 많은 손상을 입히고 있다.

심지어 최근의 연구에서는 만성적인 소금 고갈이 내분비학자들이 언급하는 '내부 기아internal starvation 세포 내부에 포도당이 부족한 상태'의 한 요인이 될 수 있다는 것을 시사한다. 소금 섭취를 제한하기 시작하면 몸이 공황 상태에 빠지기 시작한다. 이에 대한 인체의 방어 메커니즘 중 하나는 인슐린 수치를 증가시키는 것인데, 인슐린은 신장이 더 많은 나트륨을 계속 체내에 유지하도록 도와주기 때문이다. 높은 인슐린 수치는 또한 지방 대사 체계를 약화시켜서 체내에 저장된 지방을 지방산으로 분해하거나 체내에 저장된 단백질을 아미노산으로 분해해서 에너지를 만드는 데 어려움을 준다. 인슐린 수치가 상승할 때 효율적인 에너지로 가용할 수 있는 대량 영양소는 탄수화물이 유일하다.[4]

그렇다면 다음 과정은 어떻게 전개될까?

여기서 우리 몸은 탄수화물이 유일한 가용 에너지원이라고 믿기 때문에 설탕과 정제된 탄수화물을 미친 듯이 갈구하게 된다. 빈번하게 들어 익숙한 말이 되었겠지만 정제된 탄수화물을 먹을수록 더욱 더 정제된 탄수화물을 찾게 된다. 이런 가공된 탄수화물 및 고당류high-sugar 식품의 지나친 섭취는 사실상 지방 세포의 축적, 체중 증가, 인슐린 저항성으로 이어지며 결국 제2형 당뇨병을 일으킨다.

분명한 것은 우리가 줄곧 나쁜 흰색 결정체인 설탕 대신 소금에 초점을 맞추어 왔다는 점이다. 그리고 뚜렷한 증거도 없이 나트륨을 악마로 만들었으며, 이에 따라 우리의 건강은 그 이후로 계속 그 대가를 치르고 있다. 만약 소금을 식이의 한 요소로 그대로 받아들였다면 우리가 겪는 건강 문제들, 특히 설탕과 관련된 문제들은 조금 덜 극적일 수도 있었을 것이다.

이제 소금과 관련된 잘못된 기록을 바르게 수정할 때가 되었다. 잘못된 판단에 따른 죄책감을 벗어버린 다음, 소금통salt shaker을 잡고 다시 소금을 즐길 때이다!

## 진실을 위한 시간

나는 고등학생 시절 늘 몸이 탄탄했었고, 크로스 컨트리와 레슬링을 아주 잘했기 때문에 영양(또는 그 부족)이 운동 수행에 어떠한 영향을 미치는지 잘 알고 있었다. 달리기를 하는 오후 내내, 그리고 레슬링 선수로서 체중 감량을 위해 사우나에서 시간을 보내면서 운동선수들에게 소금이 얼마나 중요한지 인식하게 되었다.

고등학교 졸업 후 버팔로Buffalo에 있는 대학에 진학해서 약학 박사 학위를 받은 다음, 지역 사회에서 약사로 일하기 시작했다. 내 환자 중 한 명이 피로감, 현기증, 무기력감을 호소하고 있다는 것을 알게 되면서 소금에 좀 더 관심을 갖게 되었다. 그녀의 이런 증상에 대해 골똘히 생각하는 동안 나는 그녀가 혈액 내 낮은 나트륨 수치의 위험을 증가시킬 수 있는 약물(항우울제인 설트랄린sertraline)을 복용하고 있다는 사실을 기억해 냈다. 이뇨제의 추가 처방으로 그녀의 소금 섭취를 줄이라는 의사의 지시를 종합해서 살펴볼 때 나는 즉시 그녀가 소금 고갈로 인해 탈수증을 겪고, 혈액 내의 나트륨 수치가 낮을 거라 판단했다. 나는 그녀가 소금을 더 많이 섭취해야 할지도 모른다고 제안했다. 그리고 나의 의심을 확인하기 위해 그녀에게 나트륨 수치를 먼저 검사하라고 충고했다.

아니나 다를까 그녀의 나트륨 수치가 극도로 낮을 거란 나의 의심은 사실로 드러났다. 의사는 그녀의 이뇨제 복용량을 반으로 줄였고 그녀에게 소금을 더 섭취하라고 충고했다. 그 후 얼마 지나지 않아 그녀가 겪고 있던 모든 증상이 사라졌다. 한 주가 지난 후 그녀는 약국으로 찾아와서 내가 그녀의 삶의 질을 극적으로 향상시키는 데 도움을 주었다고 말했다. 이는 의료 분야에 종사하는 사람이 들을 수 있는 최고의 찬사였다. 나는 그녀의 고통에 대한 해결책이 너무나 간단하고, 경제적이며, 즉각적으로 효과가 있다는 사실에 대단히 안도했으며 고무되었다.

이와 같은 경험으로 인해 나는 저염 지침을 더 깊이 들여다보게 되었다. 깊이 들여다볼수록 사람들에게 권고해 왔던 소금 섭취를 줄이라는 조언이 결국 정확하지 않다는 것을 알 수 있었다. 비슷한 시기인 2013년 무렵에 나는 미국 중부에 위치한 성聖누가심장연구소Saint Luke's Mid America Heart Institute에서 심혈관계 연구원으로 자리를 잡았다. 심장연구소Heart Institute에 합류한 후 계속해서 과학 저널에 거의 200개에 달하는 의학 논문을 발표했으며, 이 중 대부분이 소금과 설탕이 건강에 미치는 영향과 관련 있는 내용이었다. 이러한 학술 간행물들로 인해 같은 해 영국 심혈관협회의 공식 저널BMJ Open Heart의 부副편집자 자리를 제의받았다. 전체적으로 거의 10년 동안 소금에 대한 연구를 진행하면서 소금 섭취의 복잡성을 해결하고 문제의 핵심에 도달하기 위해 임상의臨床醫들과 함께 연구했다. 연구 주제는 '이런 뒤떨어진 규제들을 없애야 할까?', '누가 소금이 덜 필요한가, 그리고 누가 더 필요한가?', '얼마나 많은 양이 필요한가?', 그리고 '어떤 종류의 소금이 최적인가?' 등이었다. 그리고 가장 흥미로운 연구 주제는 어떻게 소금 섭취량을 늘리는 것이 진행되는 비만의 흐름을 되돌리고, 미국과 전 세계에 압도적인 위협이 되는 제2형 당뇨병의 확산을 막는 데 도움이 될 수 있을까 하는 것이었다.

이를 위해 우리는 다음과 같은 진실을 말하는 것으로 시작할 수 있다.

**저염low-salt은 비참한 것이다.**
**저염low-salt은 위험한 것이다.**
**우리 몸은 소금이 필요하도록 진화했다.**
**저염 지침Low-salt guidelines은 과학적 사실이 아닌 전래된 지식에 기반한다.**
**그동안 진짜 범인은 설탕이었다.**
**마지막으로 소금은 국가의 만성적인 질병 위기의 원인이 아니라 하나의 해결책이 될 수 있다.**

우리 인체는 매일 8~10g의 소금을 섭취하도록 유도하여 당신으로 하여금 몸에 가장 적은 스트레스를 주는 최적의 상태인 항상성homeostasis 인체는 어느 한 곳에 불균형이 생기면 스스로의 힘으로 자연스럽게 불균형을 완화하는 방향으로 움직인다. 즉, 항상성은 우리 인체의 시스템에 변동이 일어나 정상치에서 벗어나면 다시 설정치로 되돌아오면서 건강한 기능을 하게 되는 것을 뜻
한다.을 유지하게 한다. 만약 당신이 첨가당added sugar, 천연당을 제외한 설탕, 액상과당을 먹지 않는다면 말 그대로 남은 여생을 훨씬 더 오래 살 수 있다.

소금의 해악에 대한 수년간의 주입된 편견을 없애는 데는 어느 정도 시간이 소요될 것이다. 이것이 내가 이 책을 쓴 이유이기도 하다. 앞으로 계속 이어지는 내용으로부터 이와 관련된 전체적인 이야기를 배우게 될 것이다(7장과 8장을 읽고 나면 자신에게 맞는 소금 섭취 방법을 찾아 실행할 수 있는 구체적인 권고안을 알게 될 것이다). 그러나 이러한 이해는 수많은 방법에 대한 재교육과 함께 시작될 것이며, 소금이 본연의 모습으로 다시 우리의 삶 속으로 돌아오는 것을 반길 때 삶이 더 건강하고, 강하며, 더 길어질 수 있다.

만약 소금이 항상 인간의 건강에 그렇게 근본적인 역할을 지속해 왔다면, 우리는 어떻게 해서 소금의 역할을 의심하기 시작했을까? 소금은 어느 곳이나 흔히 존재했고, 우리는 그것을 당연하게 여겼다. 아마도 그 소금의 흔함이 소금에 대한 편견을 갖게 한 요인 중 하나였을 것이다. 우리가 어떻게 그렇게 오랫동안 소금의 역할을 잊을 수가 있었는지 이해하기 위해서는 생명이 바다에서 태동하는 순간부터 현대 의학이 탄생할 때까지 소금이 항상 인간의 건강에서 지속해 왔던 중요한 역할을 이해해야 한다. 우리는 우리의 지난 과거에서 소금의 결정적인 역할을 자세히 살펴봄으로써 소금의 손상된 명성과 명예를 회복하고 소금의 지위를 빛낼 수 있을 것이다.

# | 02 우리 몸은 소금물로 이루어져 있다

우리 몸은 본질적으로 소금물로 이루어져 있다. 눈물과 땀은 소금물이며 우리의 세포도 소금물에 잠겨 있다. 소금이 없다면 인간은 생존할 수 없을 것이다.

평범한 요리에 약간의 소금을 넣는 것만으로도 한껏 풍미를 높일 수 있으며 특별한 맛을 선사한다. 소금은 쓴맛을 잡아 주고 음식의 맛을 더 감미롭게 하여 설탕의 필요성을 줄인다. 그리고 소금이 음식에 더해 주는 만족감과 풍미 가득한 즐거움을 맛보는 만큼 소금은 인체의 수십 가지 중요한 기능에 필수적인 역할을 한다.

또 소금은 우리 몸에 최적의 혈액량을 유지하기 위해 필요할 뿐만 아니라 심장에 의해 몸 전체 구석구석에 혈액을 공급하기 위해서도 필요하다. 소금은 소화, 세포 간 소통, 뼈의 형성 및 강도, 탈수 예방에 필수적이다. 또한 생식, 세포와 근육의 적절한 기능, 그리고 심장과 뇌와 같은 장기臟器 간에 최적의 신경 자극 전달에 있어서 중요한 역할을 한다. 실제로 우리 몸은 신체의 많은 기능을 조절하는 전기적 자극의 수행을 돕기 위해 체액에 있는 나트륨, 칼륨, 마그네슘, 칼슘과 같은 전해질이라고 불리는 원소들에 의존한다. 나트륨이 적절하게 섭취되지 않으면 혈액량이 감소하고, 이는 뇌와 신장 같은 특정 장기의 기능이 말 그대로 정지되는 결과를 초래할 수 있다. 간단히 말해서, 만약 식단에서 나트륨을 모두 제거한다면 인간은 죽음을 맞이할 것이다.

인간의 뇌와 몸은 얼마나 많은 나트륨을 섭취하고, 다시 흡수하며, 배설하는지를 자동적으로 결정한다. 소금과 물을 보존하는 인체의 능력은 이른바 '파충류의 뇌Reptilian Brain'의 한 부분인 시상 하부에 의해 조절된다고 생각되는데, 이는 소금을 갈망하게 하거나 갈증을 느끼게 하는 신호를 받고 전달하는 역할을 한다.

인간이 그러한 신호의 요구에 따른다면 그 신호들은 자연스럽게 인체에서 최적 수준의 물과 소금을 유지하도록 이끌 것이다. 그런 강력한 본능적인 조절은 생명이 진화했음을 보여 주는 사실들의 직접적인 결과이기 때문이다. 지구상에 첫 번째로 나타난 생명체들은 그 당시 바닷물에 몸을 담그고 있었고, 그들이 육지에 도착했을 때도 바다로부터 소금을 얻었다.[5] 그리고 수백만 년이 지난 지금까지도 인간의 체액을 구성하는 성분은 고대 바다의 그것과 유사하다.

## 바다 밖에서도

바다는 지구 표면의 71%를 차지하고 있으며, 지구상에 생존하는 동식물이 살아가는 데 적합한 서식지의 99%를 차지한다.[6]

소금으로 알려진 염화나트륨은 전체 해양이 가지고 있는 미네랄 함량의 90%를 차지하고 있는데[7], 이는 우리 혈액에서 발견되는 미네랄 함량과 같은 비율이며 둘 사이의 유일한 차이점은 농도이다. 즉, 바다는 인체의 혈액보다 소금 농도가 약 4~5배 높다(바다의 염화나트륨 농도는 약 3.5%이고, 인체의 염화나트륨 농도는 약 0.82%이다).[8] 큰 바다 외에도 소금은 작은 바다, 암염rock salt 巖鹽, 민물과 바닷물이 섞여 있는 담함수brackish water 淡鹹水, 동물이 소금을 핥으러 가는 지역salt licks, 그리고 심지어 빗물에서도 발견된다. 세계의 수많은 지역에서 발견되는 많은 양의 소금은 모든 형태의 생명체에 대한 소금의 중요성을 새삼 강조하는 증거일 뿐이다.

인체의 혈액과 바닷물의 미네랄 함량과 농도 간의 유사성은 수십 년 전부터 알려져 왔다.[9] 세포는 자신을 둘러싸고 있는 세포외액extracellular fluid 내의 협소한 범위의 전해질 수치 밖에서는 살아남을 수 없다. 한 종species 種이 바다를 떠나 육지에서 살아남기 위해서는 여러 소금 조절 시스템salt-regu-lating systems이 발달하고 진화해야 했다. 그 시스템들은 인체의 피부, 부신adrenal glands 副腎, 신장을 포함하여 우리 몸 전체에 걸쳐 작동한다.

세포의 생명을 가능하게 하는 인체의 정밀한 이온 조절ionic calibration 기능은 생명 그 자체의 시작 이후 실질적으로 변하지 않았다.[10] 인체는 지금도 여전히 소금이 결핍될 때는 소금을 체내에 보존할 수 있으며, 필요 없을 때는 과다한 소금을 배설할 수 있다. 우리 몸에 있는 소금의 양을 조절하고 필요할 때 찾아 내는 능력은 인간이 세계의 거의 모든 형태의 지리적인 환경에서 살아남고 번성할 수 있게 해 주었지만, 본질적으로 인간의 혈액은 여전히 생명이 시작되어 진화한 고대 바다의 속성을 나타낸다.

척추동물의 진화 과정에서 발생한 장기의 형태, 구조, 기능 등의 극적인 변화에 비해 세포외액의 전해질 구성은 대체로 일정하게 유지[11] 되어 왔다는 사실은 체내 소금 균형의 적응이 진화의 결과임을 시사한다. 이 진화적 적응evolutionary adaptation 특정한 환경에서 생명체가 생존하고 번식할 수 있는 능력을 향상시키는 유전적 특징은 바닷물과 민물에 사는 물고기, 거북, 파충류, 조류, 양서류 및 포유류를 포함한 모든 척추동물의 생명을 유지하기 위해 엄격히 조절된다.[12] 이런 사실은 인간을 포함한 모든 동물이 바다에서 기원한 생물들로부터 진화되었다고 하는 이론에 근거를 두고 있다.[13] 해양 무척추동물이 폐쇄 순환계closed circu-latory system를 발달시키면서 여러 요소 가운데에서도 소금과 물을 재흡수하고 배설하는 것을 돕기 위해 신장이라고 불리는 장기를 진화할 필요가 있었을 것이다. 그때까지 짠 바닷속은 무척추동물 만으로 통합되었을 것이다. 그렇다면 진화론적 관점에서 볼 때 신장은 처음에 바다에서 진화했을 가능성이 높으며, 따라서 소금을 적이 아닌 친구로 여길 것이다. 이러한 사실이 최적의 소금 섭취에 대한 현재의 논란에서 완전히 간과된 것으로 보인다.

체내에서 소금을 보존하고 배출하는 생물체의 능력은 적절한 세포 기능을 유지하고 수분을 공급하기 위해 필수적이다. 민물과 소금물에서 모두 살 수 있는 물고기보다 더 좋은 예는 없다. 어류는 대부분 염도의 급격한 환경 변화가 있더라도 아가미를 통해 나트륨을 활발히 재흡수하거나 배설할 수 있는 능력을 갖추고 있다.[14] 어류의 아가미 기능은 사람의 신장과 매우 흡사하여 체내에 소금이 너무 적거나 많음에 따라 나트륨을 재흡수하거나 배설하면서 정상적인 전해질과 수분의 균형을 유지하는 데 도움을 준다. 소금과 물의 항상성homeostasis을 유지하기 위한 또 다른 진화적 적응은 민물 파충류에서 볼 수 있는 무겁고 갑옷처럼 생긴 껍데기에서 찾아볼 수 있다. 이 적응은 정상적인 전해질과 유체 간의 균형을 유지할 수 있게 하는데, 이것은 민물 파충류의 껍데기가 혈액의 농도보다 훨씬 적은 민물 환경에서 생활하는 데서 오는 급격한 삼투압의 차이를 상쇄하기 때문이다.[15] 민물 파충류는 환경에 있어서 엄청난 염도 변화에도 불구하고 체내 장기가 혈액 내에서 정상적인 소금 농도와 그에 따른 물의 균형을 유지하기 위해 지속적으로 진화했다. 그들의 이동 경로가 어디든지 상관없이, 심지어 해양에서 육지로의 첫 상륙을 시도한 순간조차도 그러했다.

## 해변 위로 기어오르기

최초의 네 발 달린 척추동물인 테트라포드Tetrapods는 일반적으로 양서류, 파충류, 포유류의 마지막 조상이라고 여겨진다. 이 동물들은 그들의 내장 안으로 공기를 삼킨 채 바다를 떠날 수 있었던 최초의 종種이었다.[16] 이 동물들이 육지에 도착하자마자 그들의 신장은 소금 함량이 많은 바다 환경에서 살다가 비교적 소금 함량이 적은 지역의 환경에 적응해야 했다. 육지 동물의 기원과 무척추동물에서 척추동물로의 출현에 관한 많은 이론이 있지만, 체내 신장의 기능과 소금에 대한 욕구는 인간이 담수淡水 생물체보다 해양 생명체에서 진화했을 가능성이 높다는 것을 보여 주는 큰 단서이다.[17] 만약 인간이 바다에서 기원했다면 나트륨을 체내에 보유하는 진화적 능력은 육지에 정착하자마자 조직을 통해 혈압을 유지하고 혈액 순환을 가능하게 하는 필수 조건이었을 것이다.[18] 한때 소금물 속에 잠긴 채 생활하던 이 동물들은 이제 생활의 터전이 된 사막, 열대우림, 산 및 비해양nonmarine 非海洋 지역에서 상대적인 염분 부족에 직면하게 되었다. 따라서 소금을 체내에 보유하는 것뿐만 아니라 소금에 대한 욕구 또한 이러한 동물들에게 충족되도록 진화했을 것이다. 이러한 욕구는 소금 결핍이 눈앞에 닥치는 위기 시에 소금을 찾으려는 생리적 신호인 식욕을 느끼게 한다. 또 새로 얻은 폐쇄 순환계는 나트륨과 물의 항상성을 유지할 수 있는 향상된 능력을 갖게 했는데, 이는 고대 해양 무척추동물에서는 찾아볼 수 없었던 신장, 방광, 피부, 장 및 기타 내분비샘의 발달이 주된 이유였다.[19]

동물의 세계에는 당연히 식이 지침이 존재하지 않고, 소금 섭취를 제한하기 위해 의식적으로 노력하라는 의학적 지시도 없다. 실제로 많은 동물(특히, 바다에서 사냥하는 동물들)은 일상생활에서 많은 양의 소금을 쉽게 섭취한다. 예를 들면 바다사자, 해달, 바다표범, 바다코끼리, 북극곰과 같은 해양 포유류와 파충류, 새 등이다. 이 동물들은 먹잇감 자체와 바닷물에서 많은 양의 소금을 섭취하는데, 특히 바다와 같은 소금 농도를 가진 해양 무척추동물을 먹잇감으로 할 경우 그러하다.[20] 이러한 해양 포유류의 경우 혈액 내의 소금 함량은 육지 포유류[21]의 것과 크게 다르지 않다. 그리고 그들은 혈액의 소금 농도보다 4~5배 더 소금기가 많은 바닷물을 섭취하고 있으므로 과량의 소금은 신장을 통해 배설되어야 한다. 말하자면 그들의 신장은 엄청난 양의 소금을 배설하는 능력이 있어야 한다.

신장의 이러한 기본적인 생리 작용은 인간에게도 다르지 않다. 실제로 혈압과 신장 기능이 정상인 환자들은 보통 하루에 소비하는 양의 10배나 되는 소금을 쉽게 배설할 수 있다는 연구 결과가 나왔다.[22] 인간이 바닷물만을 마시며 살 수 없는 이유는 우리의 신장이 높은 소금 함량을 배설하는 것을 감당할 수 없어서가 아니다. 고농도의 소금을 배출하기 위해서는 물이 소금과 함께 배출되어야 하는데, 이와 같이 되면 결국에는 탈수를 일으키고 심지어 사망에 이르게도 할 수 있기 때문이다. 그러나 만약 바닷물 속의 소금을 배출하면서 잃어버린 수분을 보충하기 위해 신선한 물을 충분히 섭취할 수 있다면 인간은 틀림없이 바닷물을 마실 수 있을 것이다. 거의 예외 없이 소금과 물의 조절 능력은 모든 동물에게 잘 적용된 생존 메커니즘이며, 이는 인간을 포함한 모든 영장류에 해당된다.

## 인류 이전의 영장류

오늘날에도 대부분의 사람들은 인류 이전의 영장류(오랑우탄, 원숭이, 개코원숭이, 마카크macaques 아프리카·아시아산 원숭이의 하나)가 주로 과일과 육지 식물에 의존했다고 믿는다. 그러한 믿음을 근거로 한 과학지 그룹은 인류 이전의 신체는 저염식으로부터 진화했다고 주장한다. 그러나 이것은 정확하지 않다.

수백만 년 전에 일어난 극심한 건기乾期를 특징으로 하는 기후 변화는 인류가 아닌 영장류들로 하여금 습지를 찾도록 강요한 것은 아닌가 생각된다.[23] 그들의 식단은 수생 식물로 구성되었을 것이며, 나트륨 함량은 육상 식물보다 500배 더 높았을 것이다.[24] 이것은 또한 인류가 아닌 영장류가 고기를 먹기 시작했을 때일지도 모른다. 이때 그들은 수생 식물에 갇힌 물고기와 수중 무척추동물을 처음 마주했을 것이다. 이것은 그들에게 원조 해산물 샐러드를 공급해 준 셈이다.[25] 이러한 음식들을 '우연히' 먹게 된 다음 인류가 아닌 영장류들은 아마도 그것에 특별한 맛을 알게 되고, 이후에는 '의도적'으로 그것들을 찾기 시작했을 것이다. 그들에게 있어서 첫 물고기는 아마도 상처를 입거나 해안으로 밀려오거나 얕은 웅덩이에 갇힌 메기와 같은 좀 더 쉬운 먹이가 아니었나 여겨진다(메기는 조상 영장류와 초기 인류가 이리저리 돌아다니던 지역에 풍부하게 서식했으므로 아마도 이런 식의 추측은 매우 그럴듯해 보인다).

더 많은 지방과 오메가-3를 섭취하게 되는 이와 같은 식단의 전환은 더 큰 (인류의 두뇌 크기에 보다 가까운) 두뇌의 발전을 촉진할 수 있는 잠재력이란 점에서 확실하다. 인류가 아닌 많은 영장류들이 물고기와 다른 수생 동물을 섭취한 것으로 보고되는데, 이러한 먹이 섭취는 그들의 식단에 충분한 양의 소금을 공급했을 것이다.[26] 그들은 상어 알, 새우, 게, 홍합, 면도날 조개, 달팽이, 문어, 굴, 그리고 다른 종류의 껍데기를 가진 무척추동물들, 청개구리, 강바닥에 서식하는 무척추동물, 악어거북 알, 물 딱정벌레, 삿갓조개, 올챙이, 모래톱sand-hopper, 실라이스seal-lice, 지렁이 등과 같은 것을 접했을 것이다.[27] 이것들은 늪, 해안, 담수와 해양수 및 여러 열대 및 온대 지역에 풍부했다. 위

목록을 살펴보면 인류 이전 영장류(초기 인류도 포함)의 식단은 소금 함량이 낮지 않았을 것이 분명하다. 실제로는 소금 함량이 매우 높았을 것이다. 물고기와 다른 수생 생물들에 맛을 느낀 인류 이전의 영장류들은 의도적으로 물고기를 손으로 잡기 시작했고, 나중에는 물고기를 잡기 위해 막대나 모래 및 미끼와 같은 도구까지 이용했을 것이다. 이러한 행위는 인지 발달에 있어 커다란 도약을 가져왔다. 운명의 장난처럼 물고기를 우연히 섭취함으로써 초기 영장류의 두뇌는 도구를 이용하여 활발하게 물고기를 잡을 수 있는 지능을 발달시킬 수 있었다. 정확히 어떻게 소금기 가득한 생물들을 얻을 수 있었는지는 알 수 없지만 그들은 돌을 이용하여 조개 껍데기를 깨뜨려 조갯살을 얻고, 대나무를 두드려서 그 안에 사는 개구리를 찾았을 것으로 보인다. 오랑우탄 이이외에 적어도 서로 다른 다섯 종들이 어류와 다른 소금기 가득한 수생 먹이를 얻기 위해 도구를 사용했다는 증거가 발견되었다. 그 후 현생 인류와 멸종된 모든 인류인 호미닌즈hominins도 인류 이전의 영장류가 했던 물고기 사냥법을 이용했을 것이다.[28]

## 초기 인류

흥미롭게도 초기 호모homo가 보조 도구를 이용해서 어획한 것은 약 240만 년 전으로 거슬러 올라간다. 영장류의 어류 섭취 습관은 호미닌즈hominins가 먼저 수생 식물을 먹기 시작했고 우연히 야간에 먹이 활동으로 포획된 수생 동물을 먹은 다음, 이 새롭게 습득한 고기에 대한 특별한 맛 경험을 계기로 결국에는 '물고기와 다른 수생 먹잇감'을 잡는 것으로 바뀌었음을 시사한다.[29] 일부 연구원들은 초기 인류인 파란트로푸스Paranthropus boysei와 초기 호모Homo가 습지를 파고들어 주로 식물에 기반을 둔 이전의 식단에 척추동물과 무척추동물을 추가시켰다고 주장한다. 이러한 수생 동물은 풍부한 소금과 DHAdocosahexaenoic acid, 생선 기름에 있는 불포화 지방산처럼 새롭고 고품질의 영양분을 제공한다. 이러한 필수 지방산이 인류 이전의 영장류의 뇌 성장을 이끈 것과 유사하게 DHA는 초기 인류의 뇌 크기의 증가를 가능하게 했다.[30]

DHA가 인류 뇌의 성장에 중요하다는 사실은 수생 먹이와 함께 우리 조상들의 소금에 대한 갈망이 인류의 뇌를 오늘날의 수준으로 진화시킨 중요한 요인이라는 점을 강력하게 시사한다.[31] 육지 식물은 DHA 함유량이 적기 때문에, 수생 식물과 먹이로의 전환은 인류의 두뇌 크기를 증가시키는 데 필수적이었다.[32] 소금에 대한 갈망이 초기 인류의 위대한 도약에 중요한 역할을 했을 거라 상상해 보자.

바닷물에서 멀리 떨어진 지역에 살았던 초기 인류들도 이런 소금에 대한 갈망을 가지고 있었다. 자료에 따르면 140~240만 년 전 동아프리카의 비非해안 지역을 돌아다니며 살았던 초기 인류는 소금이 극도로 높은 식단을 섭취했을 가능성이 있다고 한다. 넛크래커 맨Nutcracker Man으로 알려진 고대 인류의 조상은 많은 양의 타이거너트Tiger Nuts 견과류를 먹고 살았다고 전해진다.[33] 1959년 탄자니아에서 발견된 초기 인류의 화석을 살펴보면 강한 턱 근육을 가졌으며 어금니가 손상된 것을 알 수 있는데, 이는 타이거너트를 많이 섭취했음을 보여준다. 타이거너트는 소금 함유량이 극도로 높다. [현대인이 하루 평균 섭취하는 나트륨 양인 100g당 최대 3,383mg(소금 약 9g에 해당하는 양) 정도의 나트륨이 포함되어 있다.][34] 이런 견과류의 덩이줄기 한 줌(85g)은 오늘날 하루에 필요한 나트륨 양에 해당하는 양을 제공했을 것이다.

이 넛크래커 맨은 견과류만을 섭취하면서 살지는 않았다. 그들은 주로 메뚜기로 구성된 식단으로 생존했다. 메뚜기와 가까운 친척인 귀뚜라미에는 매우 많은 양의 나트륨(귀뚜라미 5마리당 약 152mg의 나트륨)이 들어 있다.[35] 틀림없이 어떤 곤충들은 체내에 나트륨 함량이 매우 높아 더 빨리 움직이고 날 수 있었기 때문에 동족 곤충들에게 잡아먹히는 것을 피할 수 있었을 것이다.[36] 과학자들은 나트륨 결핍이 결국 동족끼리 잡아먹고 먹히는 것으로 이어질 수 있다고 봤다(다른 동물도 마찬가지일 것이다).[37] 이 이론에 따르면 동물들은 소금이 자신의 혈액, 세포 간 체액, 피부, 근육 및 신체의 다른 부분 안에 들어 있다는 것을 본능적으로 알고 있다고 한다. 마땅히 전문가들은 인간이 수천 년 동안 야생 곤충으로부터 단백질과 미량 영양소를 얻어 왔다고 믿고 있다. 특히 아프리카, 아시아, 멕시코의 일부 지역에서는 오늘날까지 그렇게 하고 있다.[38]

# 소금이 그녀의 호흡을 돕다

내 친구이자 동료이고 의학 박사이면서 공중보건학 석사인 션 루칸 Sean Lucan은 알버트 아인슈타인Albert Einstein 의과대학 부설 몬테피오레Montefiore 의학센터 가정사회의학부 부교수인데, 그는 소금에 대한 자신의 관점을 완전히 바꿨다고 말했다. "나는 예전에는 소금 섭취에 대해 아주 반대했었지. 당연히 난 소금통salt shaker을 갖고 있지 않았고 내 환자들에게도 요리나 음식에 소금을 사용하지 말라고 충고했어."라고 그는 회상한다. "난 소금이라는 것이 단기적으로는 고혈압을 일으키는 원인이지만 장차 심장마비와 뇌졸중도 일으킬 수 있다는 과도기적인 주장을 받아들였어. 그런데 영양에 대한 관심이 높아지고 그에 관한 증거를 찾아보기 시작하면서 소금 기피의 이점과 환자에게 주는 조언에 대해 점점 더 회의적으로 변했어."

몇 년 전에 션은 미국의 어느 요리 연구소에서 열린 영양과 요리에 관한 심포지엄에 참석했었는데, 그는 이를 계기로 소금에 대한 자신의 관점을 바꾼 것을 인정했다. "나는 요리 재료로서 소금의 진가를 알아보게 되었고, 내 요리에 소금을 사용하기 시작했어. 그 결과는 즉각적이고 극적이며 환상적이었어. 내가 진짜 음식을 요리하고 있었군. 먹어 보았더니 실제로 정말 맛있었어."

그의 가족은 소금이 모든 음식을 더 맛있게 만드는 것에 감격했고, 그럼에도 불구하고 이와 같은 나트륨 섭취 증가로 인해 건강에 좋지 않은 결과를 겪은 사람은 가족 중에 아무도 없었다. 그는 가장 엄격한 나트륨 제한 식이요법을 하고 있던 말기 울혈성 심부전 여성 환자의 관리에 관여하게 되었을 때의 경험을 떠올렸다. "그녀가 원했던 것은 약간의 소금으로 음식맛을 내는 것뿐이었지만 의사들은 식단에서 소금을 금지했고, 그녀의 가족은 집에서 소금을 치웠어."라고 그는 회상했다. "그녀가 죽음에 가까워지고 있을 때가 되어서야 마침내 그녀의 가족에게 약간의 소금을 허락하도록 설득했지. 그런데 그녀의 가족들은 그녀가 대상 부전decompensate 代償不全이 될 것을 우려해 소금 사용을 주저하더군." 하지만 가족들은 그녀의 절박함을 알아보고 그 간절한 소망을 막고 싶지 않아서 소금을 사용하는 데 동의했다.

"그런데 그거 알아? 그녀의 상태가 생각보다 좋더라고. 아니, 그녀의 심부전은 해결되지 않았어. 하지만 높은 혈압 때문에 더 이상 고통받지 않게 되었고, 숨이 차는 것도 멈추었으며, 일상적인 일이 되어버린 병원에 입원하는 일도 없어졌지. 게다가 쓸데없이 소금을 줄이는 일에 시달리지 않고 여전히 식사를 즐기고 여생을 즐겁게 보냈어."

"나는 아직도 그녀의 증손자 중 한 명이 그녀의 무릎 위에 앉아 있는 사진을 가지고 있는데, 아마 그 아이가 지금쯤은 몇 살 더 먹었겠지. 그런데 또래 대부분의 아이들과 달리 자기 입맛에 따라 소금으로 간을 하고 진짜 음식만 먹더군. 그는 건강하고 우리 모두에게 본보기가 되고 있지."

## 사례는 명확하다

진화론적 관점에서 살펴볼 때 인류가 저염 식단으로 진화하지 않았다는 것을 알 수 있다. 대신에 진화론 중 상당 부분은 인류가 고염 식단으로 진화했다는 사실을 뒷받침하는 것으로 보인다. 그렇다면 우리의 원래 식단에 대한 이 끈질긴 오해는 어디에서 오는 걸까?

인류의 조상들이 소금을 거의 섭취하지 않았다는 생각, 즉 일반적으로 하루에 1,500mg 미만의 소금을 섭취했다는 생각은 예나 지금이나 동일하다.[39] 진화론적 식단에 대한 일부 논쟁은 1985년 세계 최고의 의학 잡지 중 하나인 뉴잉글랜드 의학 저널에 발표된 이 주제에 대한 영향력 있는 논문에서 비롯된 것으로 보인다. 이 논문의 저자들은 구석기 시대(약 260만 년 전에서 약 1만 년 전) 동안 인류의 나트륨 섭취량은 하루에 700mg에 불과했다고 추정했다.[40] 그러나 이 수치는 수렵 채집인에게 이용 가능한 육상 식물과 선택된 육상 동물의 육질 부분의 나트륨 함량에 기초했다. 이 추정치에는 타이거넛Tiger nut, 곤충, 수생 식물 또는 먹이로부터 얻을 수 있는 나트륨은 포함되지 않았으며, 수렵 채집인들이 섭취한 것으로 알려져 있는 육질 부분을 제외한 또 다른 나트륨의 거대한 저장소인 피부, 간질액interstitial fluid 間質液, 혈액 및 골수도 포함되지 않았다. 여기서 육상 동물의 육질 부분을 제외하고라도 근육,

기관, 내장, 피부, 혈액 자체가 소금에 대한 아주 좋은 공급원이라는 것을 잊어서는 안된다. 예를 들어 근육은 kg당 1,150mg 정도의 나트륨을 함유하고 있다. 호주 원주민들은 도축하는 동안 한번에 2~3kg의 고기를 섭취했을 것으로 추정된다.[41] 이것은 하루에 3,450mg의 나트륨 섭취와 맞먹는 양이며, 현재 미국인들이 하루에 섭취하고 있는 정확한 나트륨의 양이다(저염 식이 지침을 달성하기 위해 애쓰지 않을 때의 바로 그 양이다). 동물의 특정 부분이나 장기는 육질보다 소금기가 더 많다. 단지 약 250g(10온스oz)의 들소 갈비는 1,500mg의 나트륨을 공급하는데, 이는 약 382g(13.5온스oz)의 들소의 신장과 2파운드(약 907g)에 해당하는 들소의 간肝에 있는 나트륨 양과 같다. 그리고 이 수치에는 피부, 간질액, 혈액, 골수에서 발견되는 소금 양은 포함되지 않았음을 인지할 필요가 있다.

초기 인류는 또 다른 방법으로도 소금을 얻었을 것이다. 일부 인류는 아프리카의 키쿠유 여성들이 여전히 나트륨이 풍부한 흙으로 음식을 만드는 것처럼 흙을 먹었을 것이다.[42] 또 인류의 조상들은 소금 핥기를 했고 빗물도 마셨던 것 같다. 이는 인간의 진화 과정에서 나트륨 섭취에 대한 이전의 추정치가 극단적으로 낮았을 가능성이 있는 분명한 증거를 제공한다.

유감스럽게도 인류 초기 조상들의 엄격한 채식주의 식단에서는 매일 약 230mg의 나트륨만을 공급하고, 육식주의 식단에서도 겨우 약 1.4g의 나트륨만을 공급한다는 주장이 늘 있었다. 이러한 낮은 추정치는 대부분의 전문가들로 하여금 현재 인간의 소금 섭취량이 조상들보다 2~20배 정도 높다고 믿게 만들었다. 만약 인류가 진화하는 동안에 많은 소금을 먹지 않았다면, 현재 소금 섭취량이 우리 건강에 긍정적일 수 없다는 것이다.

구석기 시대 인류의 조상들이 소금을 얼마나 많이 먹었는지 또는 인간의 뇌가 얼마나 많은 소금에 비례해서 진화해 왔는지 실제로 아무도 알지 못하지만 아마도 대부분의 전문가들이 생각하는 것보다 훨씬 더 많았을 것이다. 일부 전문가들은 구석기 조상들의 칼로리 중 45~60%가 자연적으로 소금이 높은 동물성 음식[43]에서 나왔다고 믿고 있다.

## 인간은 항상 소금을 필요로 했다

우리는 우리가 태어난 해양 환경을 반영하고 재현해 보면서 초기 인류에게 소금이 중요했다는 것을 알고 있다. 하지만 인류는 그 단계를 훨씬 넘어서 진화해 왔을 것이다. 그렇다면 소금은 지금 우리에게 어떤 영향을 미치고 있는가?

소금(일반적으로 염화나트륨NaCl이라고 알려진)은 우리가 익히 아는 바와 같이 식탁 위에 놓인 하얀 물질이다. 염화나트륨NaCl은 혈액과 다른 체액에 용해되면 전해질로 변하여 양전하를 띤 나트륨이온$Na^+$과 음전하를 띤 염소이온$Cl^-$을 형성한다. 나트륨 이온$Na^+$은 우리의 세포를 둘러싸고 있는 액체를 구성하는 양이온으로 알려진 양전하 전해질이며, 염소 이온$Na^+$은 우리 혈액 내에 음이온으로 알려진 주요한 음전하 전해질이다. 나트륨 이온$Na^+$과 염소 이온$Cl^-$은 다른 전해질(예를 들어 칼륨, 마그네슘, 칼슘)에 비해 혈액 내 농도가 가장 높은 전해질이다.

요오드는 나트륨이나 염소와 같은 미네랄이며, 체내에서 미량 발견된다. 요오드는 미량 미네랄임에도 불구하고 인간의 건강에 필수적이다. 요오드는 갑상선 호르몬의 주요 구성 요소로서 갑상선 호르몬 T3(triiodothyronine)를 구성하는 3개의 요오드 원자와 T4(thyroxine)를 구성하는 4개의 요오드 원자로 구성된다. 요오드가 결핍되면 체내의 T3와 T4의 생성이 저하되고, 갑상선 조직이 확대되어 갑상선종을 일으키고, 결국에는 갑상선 기능 저하 또는 항진으로 이어질 수 있다.

인체의 수분과 나트륨 수치는 지속적으로 서로 균형을 맞추고 있는데, 이것은 삼투압 조절이라고 알려진 과정이다. 혈액 내에 나트륨 농도가 높아질 때마다 신장은 나트륨을 덜 흡수하고, 과잉 부분은 소변으로 배설하며, 신체는 혈액 내 정상적인 혈중 나트륨 수치를 유지한다. 이 메커니즘은 세포 안팎으로 이동하는 유체로부터 세포의 손상을 방지하는 데 도움이 된다.

만약 혈액 내 나트륨 수치가 너무 낮아지면 나트륨 수치를 정상으로 올리기 위해 혈액 속에 있는 물이 조직 세포로 이동하게 되며, 이로 인해 세포가 팽창할 수 있다. 반대로 혈액 내 나트륨 수치가 올라가면 나트륨 수치를 정상으로 낮추기 위해 조직 세포에서 물이 빠져나와 혈액으로 들어가게 되고, 이것은 세포 수축을 일으킬 수 있다. 세포의 팽창과 수축은 인체에 극도로 해로울 수 있는데, 이것은 우리 몸이 혈액 속에 정상적인 나트륨 수치를 유지하기 위해서라면 무슨 일이든 한다는 것이며, 나트륨의 흡수와 균형이 엄격하게 조절되는 이유이기도 하다. 만약 우리 몸이 나트륨 균형을 조절할 수 없다면 낮은 혈액 내 나트륨 수치는 뇌에 너무 많은 물을 발생시켜 결국 죽음을 초래할 수 있다.

인류가 바다에서 나와 육지에 도착했을 때 보다 나은 체내의 소금 균형을 있게 해 준 진화적 적응 중의 하나가 부신 호르몬 생성의 변화였다. 소금이 많은 환경에 서식하는 하등 척추동물들은 코르티솔cortisol과 코르티코스테론corticosterone을 생산하는 반면, 비수생非水生 육상 동물들은 코르티코스테론과 알도스테론aldosterone을 생산하면서 진화했다.[44] 그 후 인간은 코르티솔과 알도스테론을 생산하도록 진화했다. 이러한 부신 호르몬은 우리의 소금 균형(코르티솔과 알도스테론)뿐만 아니라 투쟁-도피 반응fight-flight reaction(코르티솔)에도 매우 중요하다.

가장 많이 알려진 스트레스 호르몬인 코르티솔은 스트레스를 받을 때 부신에 의해 생성되는 주된 글루코코르티코이드glucocorticoid이다. 또 코르티솔은 우리가 스트레스를 받는 동안에 스트레스의 해소를 위해 피부에 저장된 나트륨을 방출하는 것에 관여하는 것으로 보인다. 곤충들이 체내에 소금이 많다면 더 빨리 날 수 있다는 것을 기억하는가? 아마 사자에게 잡아먹히는 것을 피하려고 할 때 인간에게도 같은 일이 일어날지도 모른다. 부신에 의해 분비되는 또 다른 호르몬인 알도스테론은 나트륨을 모아서 피부 속으로 전달하고 나트륨이 부족하거나 필요할 때 신장으로부터 더 많은 소금을 재흡수하게 한다. 그래서 알도스테론이 소금을 저장하는 역할을 하고, 코르티솔은 소금을 방출하는 역할을 하는 것으로 보인다. 두 호르몬의 상호 작용이 우리의 전반적인 소금 상태를 결정하는 데 도움을 준다.

소금 상태의 또 다른 생리적 조절 역할자physiological regulator는 체적 센서volume sensor 내지 수용체receptor라는 이름으로 알려진 것이며, 이것은 경동맥과 대동맥 안에 위치한다. 이러한 수용체들은 뇌의 신호를 유발하는 압력 변화를 감지할 수 있어 신장이 체내 나트륨 저장량에 따라 더 많은 소금과 물을 유지하거나 배설하게 한다.[45] 평균적으로 인간의 신장은 하루에 1.4~1.6kg(3.2~3.6파운드)의 소금(나트륨 580~653g)을 걸러 낼 수 있는데,[46] 이것은 우리가 매일 섭취하는 소금의 양보다 약 150배 더 많다. 이 점에 대해 살펴보면, 대부분의 보건 기관들이 우리에게 단지 6g의 소금(나트륨 약 2,300mg 또는 소금 1티스푼)을 소비하는 것이 너무 많다고 말하지만, 우리의 신장은 5분마다 이 양의 소금을 걸러 낸다.

소금 제한 권고안은 생리학적인 관점에서 보면 거의 말이 되지 않지만, 이러한 수치들을 보는 것은 관점을 보다 넓게 가지는 데 도움이 된다. 우리가 하루에 먹는 소금의 양은 신장이 매일 걸러 내는 양에 비해 실로 매우 적은 양에 불과하다. 사실 우리의 신장이 겪는 스트레스는 주로 매일 걸러 내는 1.6kg(3.5파운드)의 소금을 보존하고 모두 재흡수해야 하는 데서 온다.[47] 이 재흡수는 다량의 ATPAdenosine triphosphate사용을 요구한다. ATP는 우리가 섭취하는 음식에서 생성된 에너지로서 세포가 많은 신체 기능을 촉진하기 위해 사용된다. 우리의 나트륨 펌프는 신장에 의해 소비되는 기초에너지의 약 70%를 사용한다.[48] 이때 저염식을 하면 막대한 에너지를 소비하게 되고 신장에는 엄청난 스트레스를 주게 되는데 이는 저염 식이가 에너지 저장량을 천천히 고갈시키고 운동 부족으로 이끌어서 비만이 되게 하는 한 가지 원인임을 보여 준다. 무엇보다 소금 섭취가 너무 적다면 어떤 생물이 소중한 나트륨을 땀으로 흘려가면서 움직이고 싶어할까?

저염 식이는 신장의 에너지를 고갈시키는 방식과 마찬가지로 심장에도 똑같이 작용한다.[49] 소금 섭취를 제한하면 심장 박동수가 증가하여 우리 몸 전반에 걸쳐 혈액과 산소 순환을 감소시켜 심장에 산소의 필요성을 증가시킨다.[50] 이와 같이 저염 식이에 의해 발생하는 어떤 효과이든지 모두 심장 마비의 위험을 증가시킬 수 있다.

소금을 충분히 섭취하는 것은 여러 면에서 중요하다. 설사, 구토, 땀 흘림은 소금 부족을 초래할 수 있다. 소금 부족은 운동선수의 체온 조절뿐만 아니라 속도와 지구력을 감소시킬 수 있다.[51] 소금을 충분히 섭취하면 적절한 체액의 나트륨 균형이 형성되어 탈수, 저혈압, 현기증, 낙상, 인지 장애를 예방할 수 있다. 그리고 인류의 운명을 위해 가장 중요한 사항은 소금이 번식에 필수적이라는 점이다.

## 소금과 섹스sex

소금의 가장 흥미로운 특성 중 하나는(성욕과 출산을 비롯하여 임신과 수유에 이르기까지[52]) 많은 부분이 번식에 중요하다는 점이고, 이러한 연관성은 적어도 고대 그리스 시대부터 알려져 왔다. 에게해海 Aegean world에서는 사랑의 여신인, 아프로디테Aphrodite가 짝짓기와 번식을 장려하고 불임을 예방한다. 아프로디테는 일반적으로 짠 바다 거품에서 태어난 것으로 묘사되고 '소금 태생'이라고 알려져 있다. 그녀는 소금의 생식 능력과 인류는 소금 거품에서 기원했다는 고대 그리스인의 믿음을 상징한다고 여겨진다.[53]

그리스 사상가이자 철학자인 아리스토텔레스Aristoteles는 당시 가축들 사이에서 이 힘을 관찰하면서 "양羊들은 물과 미네랄 균형을 유지함으로써 더 나은 상태를 유지할 수 있다."라고 언급했다. 소금이 함유된 물을 마시는 동물들은 더 일찍 짝짓기할 수 있다. 소금은 가축이 새끼를 낳기 전과 수유 기간 동안 제공되어야 한다. 아리스토텔레스의 동시대 사람들은 소금을 많이 먹는 동물들이 더 많은 우유를 생산한다는 것을 알고 있었다. 그리고 소금은 동물들에게 활기를 불어넣어 짝짓기를 열망하게 했다.[54]

오늘날의 농부들 또한 현대의 가축들에게서 이와 같은 효과를 볼 수 있다. 나트륨의 제한은 출생 시 몸무게와 산자 수litter size 産子數 1회 분만으로 출산한 새끼의 수를 줄이는 것으로 밝혀졌다.[55] 수유중인 암퇘지의 사료에 소금을 줄이는 것은 이유기離乳期부터 다음 번 가임기可妊期까지의 시간을 두 배로 증가시키며, 성공적인 짝짓기를 감소시킨다. 그리고 생쥐에서도 나트륨 결핍이 번식의 실패를 유발하는 것으로 밝혀졌다.

모든 경우에 동물들은 나트륨이 부족해지면 중요한 미네랄을 찾기 위해 전력을 다한다. 소금에 대한 갈망은 케냐의 코끼리들로 하여금 동굴 벽에 붙어 있는 황산나트륨을 핥아먹기 위해 엘곤 산Mount Elgon의 칠흑 같이 어두운 동굴로 걸어 들어가도록 유도한다. 소금을 빼앗긴 가봉Gabon의 코끼리들은 나무 전체를 뿌리째 뽑아 뿌리 밑에 있는 나트륨이 풍부한 토양을 찾는다. 고릴라조차도 코끼리를 흉내 내어 소금기가 많은 흙을 먹고 썩어가는 ١나무를 씹으며 짠 미생물을 먹는 것으로 알려져 있다.[56] 상대의 몸을 손질해 주는 원숭이들의 행동은 흔히 추측하는 대로 털 속의 벼룩을 잡아먹기 위한 것이 아니라 소금이 포함된 피부의 분비물을 섭취하기 위한 것이다.[57] 많은 동물들이 흙에서 소금을 얻기 위해 써레질puddling 논바닥을 고르거나 흙덩이를 부수는 일에 참여한다.[58] 그리고 소금을 얻기 위해 소변까지 마신다. 호랑나빗과의 일종인 파필리오 폴라이티스papilio polytes는 필요한 소금 충족을 위해 썰물 때 바닷물을 마시는 것으로 밝혀졌다.[59]

저염 식이는 사실 동물과 인간, 그리고 남성과 여성 모두에게 자연적인 피임약의 기능을 하는 것으로 보인다. 저염 식이는 성욕, 임신 가능성, 산자 수 litter size 産子數(동물의), 유아 체중 등을 감소시키고, 발기부전, 피로, 수면 장애 등을 증가시키며, 여성의 가임기를 늦어지게 한다.[60] 저염 식이를 하는 야노마모Yanomamo 인디언들은 피임을 하지 않았음에도 평균적으로 겨우 4~6년에 한 번 꼴로 출산을 한다.[61] 연구 결과에 따르면 선천성 부신 문제로 인해 염소모성塩消耗性 신장을 가진 여성들은 낮은 임신율과 출산율을 가진 것으로 잘 알려져 있다.[62]

현대 의학이 소금을 일컬어 독성이 있고 중독성이 있으며 필수적이지 않은 식품 첨가물이라고 선언했을 때, 인류를 진화하는 경로에서 멀어지도록 했다. 이 파괴적인 미신의 씨앗은 100년 전에 뿌려졌지만 우리는 아직도 그 씨앗을 뿌린 대가를 치르고 있다.

# | 03 소금 논쟁-

## 우리는 어떻게 소금을 악마로 만들었는가?

우리는 사는 데 필요한 최소한의 양보다 더 많은 소금을 섭취하는 경향이 있다. 표면적으로는 소금의 과잉 섭취가 소금을 줄이라는 주장을 설득력 있게 할 수 있다. 그런데 왜 우리는 필요 이상으로 소금을 많이 섭취하는가? 다른 영양소와 마찬가지로 소금은 장수長壽와 이상적인 건강을 제공하는 최적의 섭취 기준을 가지고 있지만, 그 최적의 섭취 기준이라는 것은 상한선과 하한선을 모두 가지고 있다.

생각해 보면 그 누구도 생명을 유지하기 위해 최소한의 칼슘이나 비타민D를 섭취하라고 권고할 생각은 하지 않을 것이다. 칼슘이나 비타민D를 너무 적게 섭취한 결과 골다공증과 구루병의 위험이 더 높아진다는 것은 잘 알려져 있다. 더욱 우려되는 상황은 어느 쪽을 너무 많이 섭취하는 경우가 아니라 오히려 너무 적게 섭취하는 경우이다. 소금을 충분히 먹지 않는 것의 해로움에 대해서는 훨씬 덜 알려져 있다. 그리고 이런 부분이 제대로 알려지지 않은 틈에, '소금을 과다 섭취하면 고혈압이 발생한다'라는 막연한 두려움이 파고들었다. 우리는 이제 소금에 대한 인식 부족이 얼마나 어리석고 근시안적이며 위험한지를 알게 되었다.

수년 동안 소금 제한에 대한 지지를 얻기 위해 많은 저염 옹호자들은 전 세계적으로 고혈압과 심혈관 질환의 증가가 소금 섭취량의 증가에 비례했다고 격렬하고 끈질기게 주장했다.[63] 우리는 앞 2장에서 읽은 명확한 진화적 증거에도 불구하고 수백만 년 동안 인간은 기껏해야 하루에 소금 약 1g(나트륨 약 400mg)만을 소비했을 것이라는 견해를 들어왔다. 오늘날에도 이 내용은 여전히 많은 사람들에게 공유되고 있는 실정이다.[64] 사실 위 주장을 보류한 채 역사적 자료를 살펴보면 들어온 말들과는 정반대의 사실을 인지할 수 있을 것이다. 서구에서 고혈압과 만성 질환자가 증가하고 있을 때 소금 섭취량은 이미 감소되고 있었다는 사실을.

이런 명백한 모순 상황이 어떻게 의료 분야를 완전히 장악했을까? 역사적으로 인류가 오늘날의 소금 섭취량의 일부만을 섭취했고 소금이 고혈압을 유발한다는 것과, 그렇게 해서 발병된 고혈압이 심장병을 일으킨다는 것, 그리고 이와 같은 모순된 상황이 어떻게 거의 한 세기 동안 난공불락의 요새처럼 견고해졌는가?

사실 이런 맹목적인 추측이 수십 년 동안 과학적 진보의 걸림돌이 되어 왔다. 이러한 믿음의 뿌리를 추적하고 그 뒤에 숨겨진 진실을 찾기 위해 우선 문명이 전개되면서 인간이 소금과 어떻게 상호 작용했는지를 살펴보자. 소금과 우리들간에 있었던 역사와 소금을 대하는 우리들의 심리를 이해함으로써 우리는 몇몇 연구자들의 잘못된 가정에서 그 진행 과정을 추적할 수 있다. 그리고 타성과 출판 편향, 식품 산업계에 의해서 유발된 악의적인 이해관계의 치명적인 조합을 통해 어떻게 그러한 가정들이 의학적 독단과 공중 보건 지침이 되었는지를 알 수 있다.

## 하얀색 금white gold 채굴mining

인간은 적어도 지난 8,000년 동안 메마른 사막 호수의 밑바닥에서 소금을 긁어 내거나 땅에서 소금을 캐내는 방식으로 소금을 생산해 왔다.[65] 소금 채굴은 중국에서 시작되었으나 이집트, 예루살렘, 이탈리아, 스페인, 그리스 및 고대 켈트 족의 영토를 포함한 전 세계의 다양한 지역으로 퍼져 나갔다. 이러한 지역들은 소금과 소금에 절인 음식들, 예를 들어 물고기와 생선 알, 올리브, 염장 육류, 달걀, 식초에 절인 채소 등을 세계 여러 지역과 거래했으며, 이러한 무역은 수천 년 동안 계속되었다. 로마의 모든 중요한 도시의 근처에는 소금 공급원이 위치했다. 로마인은 현대인의 하루 평균 소금 섭취량의 2.5배 이상인 나트륨 10g에 해당하는 소금 25g을 소비했다.[66]

고대의 인류는 소금을 생산하는 데 있어서 창조적인 방법을 동원했다. 그들은 땅속에 염정brine well 鹽井을 판 후 그곳에서 수확한 소금물을 졸여서 소금 결정체를 얻었다. 그들은 마른 강바닥에서 소금 퇴적물을 채취했다. 또 인공 호수와 연못에서 바닷물을 적극적으로 증발시키고, 암염巖鹽을 채굴하며, 사막의 토양이나 습지 식물이 타고 남은 재에서 소금을 얻었다. 그리고 단순히 습지의 물과 토탄peat 土炭을 끓여서 소금을 얻기도 했다.

냉장 기술이 개발되기 전에는 소금이 주된 항균제와 방부제로 사용되었으며, 음식물이 적절히 밀봉되었을 때는 몇 주 또는 심지어 몇 달 동안 신선도를 유지하는 데 도움을 주었다. 소금은 로마에서 병사들에게 급료로 지급될 정도로 가치 있는 것으로 여겨졌고, 법적 구속력이 있는 계약의 상징이었다. 실제로 로마에서는 손님과의 저녁 식사 시 식탁에 소금이 올라오지 않는 경우 비우호적인 행동이라 인식해서 홀대한다는 의심을 받았다. 소금은 고대 세계의 생명력이었다.[67]

16세기 무렵 유럽인들은 소금을 하루에 약 40g 소비한 것으로 추정된다. 18세기에 이르러서는 주로 소금에 절인 대구와 청어[68]를 통해 그들의 섭취량은 70g까지 증가했다. 그 양은 현재 서구인들의 소금 섭취량보다 4~7배나 많은 양이었다. 1725년 프랑스에서는 중重과세로 인한 정부의 소금 수익에 관해 매우 상세한 기록이 남아 있었는데, 하루 소금 섭취량은 13~15g이었다고 한다.[69] 스위스 취리히에서는 하루 소금 섭취량이 약 23g을 넘었다. 소금은 스칸디나비아 국가들에서 훨씬 더 많이 소비되었다. 덴마크에서는 하루 소금 소비량이 약 50g을 넘어섰고, 닐스 알월Nils Alwall은 16세기 스웨덴에서는 하루 소금 소비량이 100g(주로 소금에 절인 생선이나 육류)에 근접했다고

추정하기도 했다.[70]

이 모든 것은 지난 수백 년 동안 유럽 전역에서의 소금 소비량이 현재보다 적어도 두 배, 심지어 최대 열 배 정도 더 높았을 가능성이 있다는 것을 시사한다. 현재 만성 질환자가 증가하고 있는 유럽의 상황을 살펴보자. 그리고 엄청난 양의 소금 소비의 전성기 동안 과연 심장 건강 상태는 어떠했을까?

1500년대부터 1800년대까지 유럽에서 고혈압이 만연했는지는 완전히 확신할 수 없다(어쨌든 혈압계는 1800년대 후반까지는 발명되지 않았다). 그러나 우리는 1900년대 초 미국에서 고혈압의 발생률이 인구의 약 5~10%로 추정되었다는 것을 알고 있다.[71] 1939년 시카고에서는 성인의 고혈압 발생률이 11~13%에 불과했다. 이 수치는 1975년까지 두 배로 증가한 뒤 2004년에 마침내 31%에 도달했다.[72] 이 수치는 계속해서 상승하고 있으며, 2014년 미국의 성인 3명 중 1명이 고혈압을 앓고 있다.[73]

한걸음 물러서서 이 자료를 살펴보더라도 1900년대 초 미국의 고혈압 발생률은 약 10%였다고 일반화할 수 있다. 그러나 현대인의 고혈압 발생률은 지난 50년간 현저하게 안정적인 소금 섭취량에도 불구하고[74] 세 배나 더 높다.[75]

분명히 우리의 소금 섭취량은 20세기 후반 동안 미국의 고혈압 발생률의 증가와 비례하지 않았다. 하지만 심장병은 어떠한가? 이미 1500년대 유럽에서는 하루에 약 40~100g에 이를 정도로 소금 섭취량이 매우 높았다는 것을 알고 있다. 만약 소금이 갑작스럽게 죽음으로 이어지는 가슴 통증을 일으키는 심장 질환을 유발했고 유럽인들이 1500년대에 하루에 약 40g의 소금을 소비했다면,[76] 이 기간 동안 수십만 건의 심장 질환 보고가 있었어야 했다. 그러나 1600년대 중반에 이르러서야 심장 질환에 대한 첫번째 보고가 있었다.[77] 그리고 1900년대 초에 이르러 심장병 발생률이 심각한 수준으로 상승했을 뿐이다. 심장 질환의 증가는 단순히 소금 소비의 증가와 비례하지 않는다. 오히려 그것은 반비례 관계이다.

그렇다면 현재의 영양 지침은 어떻게 되었는가? 연구 실수, 오만함, 자금 조달에 따른 갈등, 동의라고는 절대 모르는 완강한 고집 등 이 모든 것들이 합쳐져서 오늘날에도 그들은 여전히 제자리에 멈춰 서 있다.

## 정확하지 않고 참신하지도 않은 생각

소금이 혈압을 높인다는 가설은 100년이 넘는다. 1904년과 1905년 프랑스 과학자 암바르Ambard와 보차르Beauchard가 단지 6명의 환자로부터 얻은 발견을 근거로 소금-혈압 가설을 제안해서 인정받고 있다.[78] 이 두 과학자들이 그들의 환자들에게 소금을 더 공급했을 때 그들의 혈압이 상승함을 보였다. 그러나 불과 몇 년 뒤인 1907년 로웬슈타인Lowenstein은 신장염 환자들로부터 얻은 상반된 발견을 발표했다.[79] 21세기가 가까워질 무렵 양쪽의 연구의 질은 동등하지 않았지만 과학자들은 소금 섭취의 상대적 이익과 위험을 놓고 논쟁을 벌였다.

이 소금 논쟁은 1920년대 초에 처음으로 유럽을 넘어 미국으로 흘러 들어왔다. 뉴욕 출신의 의사인 프레드릭 엠. 앨런Frederick M. Allen과 동료들은 혈압을 낮추는 '소금 제한'이라는 잠재적인 치료 전략을 들고 나왔으며, 이는 가장 먼저 미국 의학계의 주목을 받았다. 그들은 1920년에 2편, 1922년에 2편 등 총 4편의 논문을 발표했는데, 이것은 누가 봐도 명백히 미국에서 논쟁을 불러 일으키는 것이었다. 논문의 핵심은 소금 제한이 고혈압 환자군## 약 60%의 혈압을 낮췄다고 주장했다. 앨렌은 고혈압에 대한 잠재적인 치료법으로서 소금 제한을 옹호하기 위해 이 사건 보고서를 사용했다. 더 나아가 그는 소금이 신장을 자극하고 혹사하며, 결국 정상적인 신장 기능을 가진 사람들의 혈압도 높일 수 있다고 주장했다. 하지만 앨렌은 증거가 없었다. 그러나 그의 근거는 그럴듯했다. 즉, 소금 제한이라는 것은 "신장의 부담을 줄이려면 주로 소금 섭취를 제한해야 한다."로 들렸다.[80] 그러나 이 시기에 수많은 출판물에서 소금 제한은 고혈압 치료에 좋은 선택이라는 견해를 반박했고 이 견해는 서서히 잊혀졌다.[81]

그리고 20년이 지난 후에 '소금에 혹사당하는 신장에 의한 고혈압 이론'은 무덤에서 부활했고, 그것을 자신의 유산으로 만들려고 한 연구자(월터 켐프너 Walter Kempner)에 의해 도용된 것처럼 보였다. 실제로 월터 켐프너는 증가된 작업량을 처리하는 신장의 부담을 줄이기 위해 엄격한 식이 제한을 처방했으며, 여기에는 소금 제한이 포함되었다. 그는 "전방위 전쟁이 일어나야 한다. 한 가지 요인을 공격하는 것만으로는 충분하지 않다. 나트륨을 줄이는 것만으로는 충분하지 않고, 콜레스테롤을 줄이는 것도 충분하지 않으며, 체액량을 줄이기 위해 마시는 물을 줄이거나 아미노산을 줄이는 것도 충분하지 않다. 간단한 감수로는 충분하지 않기 때문에 신장의 활동을 부추기는 모든 요인은 절대적으로 최대한 감소되어야 한다."라고 썼다.[82]

월터 켐프너는 자신이 주장하는 라이스 다이어트Rice diet 1940년대에 독일계 미국인 내과의사인 켐프너가 공식화 한 고高탄수화물, 고高섬유질, 저低지방, 저염low-salt 식이이다. 쌀, 과일, 과일주스, 차, 디카페인 커피decaffeinated coffee, 설탕, 비타민과 철분 보충제 등으로 구성되어 있다. 켐프너가 고혈압을 치료하기 위해 고안해서 켐프너 다이어트 또는 켐프너 라이스 다이어트라고도 함로 얻은 결과에 대해 전 세계적으로 인정받으려고 했다. 라이스 다이어트의 12가지 식이 제한 중의 하나는 저염 식이였다. 그러나, 저염 식이가 고혈압 치료에 효과적이라는 증거로서의 켐프너의 외삽법extrapolation 外揷法 과거의 추세가 장래에도 그대로 지속되리라는 전제 아래 과거의 추세선趨勢線 을 연장해 미래 일정 시점에서의 상황을 예측하고자 하는 미래 예측 기법은 전체 소금 논쟁에서 가장 터무니없이 잘못 이해된 연구 사례 중 하나이다.[83]

## 켐프너Kempner의 라이스 다이어트Rice Diet

월터 켐프너 시니어Walter Kempner Sr와 리디아 라비노비츠 켐프너Lydia Rabinowitsch-Kempner의 셋째 아들인 월터 켐프너[84]는 제1차 세계 대전 전에 베를린에서 성장하여 그곳에서 의학을 공부한 후 하이델베르크대학교를 졸업했다. 켐프너는 나치의 난민으로 미국에 도착했고, 운이 좋게도 듀크대학교에서 일하기 시작했다. 켐프너가 1939년에 그의 악명 높은 라이스 다이어트를 창안한 곳이 바로 듀크대학교였다.[85]

켐프너 박사는 그의 라이스 다이어트로 수백 명의 환자를 치료하면서 많은 사례 보고서를 작성했다. 그의 사례 보고서의 분석에 따르면, 그의 저염 식이 요법은 주로 쌀과 과일로 구성되었으며 악성 고혈압, 만성 신장 질환, 심지어 당뇨병 등을 앓고 있는 그의 대부분의 환자에게 이 요법이 효과적이었다고 한다.[86] 켐프너는 소금이 신장의 활동 결과 만들어지는 '노폐물'이라 믿었고, 소금을 줄임으로써 환자는 자신의 신장이 과로하지 않고 보호될 것이라고 믿었다.[87]

켐프너 라이스 다이어트 지침은 현대의 내분비학자들의 등골을 오싹하게 할 수 있다. 그 식이 요법은 열량 2,000kal 이하, 지방 5g, 단백질 20g, 염소 200mg, 나트륨 150mg(티스푼 약 1/15)으로 구성되었다.[88] 하루 평균 255~340g의 쌀은 어떤 종류라도 허용되었다. 모든 종류의 과일 주스와 과일은 분명히 섭취 한도가 없는 것으로 허용되었지만 견과류, 대추야자dates, 아보카도, 통조림 과일, 건조 과일 또는 과일 가공물의 섭취를 금지했고, 백설탕만 첨가할 수 있었다.

그의 식이 요법은 평균적으로 하루에 약 100g의 백설탕과 덱스트로스dextrose 조합으로 구성되지만 필요하다면 500g까지 허용된다(무엇이 하루에 125티스푼의 첨가당을 필요하게 만드는지 상상해 보자). 채소류 또는 토마토 주스는 허용되지 않았고 물은 공급되지 않았으며, 액체 섭취량은 하루에 과일 주스 700~1,000mL로 제한되었다. 라이스 다이어트가 효과적이고 상황이 좋아지면 콩류가 아닌 채소, 감자, 기름기 없는 육류나 생선(모두 소금이나 지방 없이 손질된 것이다)을 소량 첨가할 수 있었다.[89]

켐프너의 사례 보고서는 상당한 언론의 주목을 받았다.[90] 그러나 그의 사례 보고서가 의심스럽다고 말하는 것은 나로서는 대단히 절제된 표현일 것이다. 우선 그 사례군#이 임상적 실험으로 얻어진 것이 아니었기 때문에 그는 인과 관계를 증명할 수 없었다. 켐프너는 환자를 비교할 수 있는 대조군#이 없었으며 입원 후 적절한 통제 기간을 사용하지도 않았다. 그의 연구 결과의 결함은 식이 요법과는 무관하게 그 결과가 완전히 그럴싸한 발견일 수 있다는 것을 의미했다. 사실 식이 요법이 '성공'한 가장 그럴싸한 이유 중 하나는 환자들을 관찰하는 그의 독특한 스타일에 있었다. 켐프너는 그의 환자들을 매의 눈을 가지고 지켜봤다고 한다.[91] 그는 심지어 식이 요법에서 벗어난 환자들에게 채찍을 휘둘렀다고 시인했다.[92]

당시에도 동료 연구원들은 라이스 다이어트의 저염식의 효과에 대해 의문을 제기했다. 실제로 고혈압과 복수ascites 腹水 및 부종을 모두 앓고 있는 켐프너의 환자 중 한 명은 표준 저염 식이를 한 후에도 세 가지 조건 모두에 변화가 없었다는 것을 알았다. 환자의 혈압은 174/97mmHg이었지만 쌀 식이 라이스 다이어트를 실행한 지 약 2개월 후 혈압은 137/82mmHg까지 떨어졌다. 이것은 놀랄 일도 아니며, 단지 14kg의 체중 감소에 따른 변화일 뿐이었다.[93]

라이스 다이어트 요법은 혈장plasma 血漿 속 염소 이온 양을 97mEq/L에서 91.7mEq/L로 급격히 낮춰 체내 소금을 위험하게 고갈시키는 것으로 밝혀졌다[94](염소 이온 양이 100mEq/L 미만이 되면 이 자체만으로도 높은 사망률과 관련 있음을 잊어서는 안 된다[95]). 켐프너 자신의 주장에 따르면, 라이스 다이어트는 환자 500명 중 178명(약 36%)에서 혈압을 크게 낮추는 데는 효과가 없었다고 했다. 그러나 그는 500명의 환자 중 322명(약 64%)에게만 집중했는데, 라이스 다이어트는 평균 동맥 혈압을 적어도 20mmHg까지 감소시켰다고 주장했다.[96] 이러한 결과가 사실이라 하더라도 그것은 소금 섭취 제한과는 관련 없는 여러 요인들, 즉 칼륨과 섬유질 섭취의 증가, 단백질, 지방, 트랜스 지방, 종자유seed oil 등의 감소, 그리고 전반적인 칼로리 섭취의 감소와 그에 따른 체중 감소 등의 여러 요인 중 하나일 수도 있다. 그러나 이러한 것들은 그 결과의 설명에 거의 고려되지 않았다.

모든 사람들이 라이스 다이어트의 혜택을 받지 못했다는 사실과는 상관없이 [500명 중 178명(약 36%), 환자의 약 3분의 1에는 효과가 없었다] 켐프너의 저염 라이스 다이어트는 그 후 일반적으로 효과적인 치료법으로 인정되었고, 오늘날에도 저염 식이 요법이 고혈압, 신장 질환, 심장 마비 치료에 효과적이라는 증거로 인용되고 있다.

켐프너의 증거가 효과가 있다고 치켜세워질 때 거의 언급되지 않았던 또 다른 설득력 있는 사실 하나가 있었는데, 그건 켐프너의 환자들이 라이스 다이어트 치료 초기에 모두 극도로 아팠다는 것이다. 그 환자들이 평균 기준 혈압은 199/117mmHg이었고, 이것은 위험한 고혈압으로 간주되는 수치였다.[97] 이 사실만으로도 일반 대중을 위한 라이스 다이어트가 효과가 있을 거란 추측은 맞지 않음을 알 수 있을 것이다.[98] 그리고 아니나 다를까 다른 사람들이

라이스 다이어트를 실험했을 때의 결과는 켐프너가 발견한 것보다 훨씬 설득력이 떨어졌다.

라이스 다이어트를 시도했던 본태성 고혈압 환자들을 대상으로 한 연구에서는 환자의 83%가 혈압이 떨어지지 않은 것으로 밝혀졌다.[99] 신장 기능을 측정한 환자 10명 중 9명은 신장 기능의 표식인 신腎사구체의 여과율이 감소했고, 8명은 신장 혈류량이 감소했으며, 6명은 최대 세뇨관細尿管 배설량이 감소했다. 말하자면 저염 저단백 식이 요법은 본태성 고혈압 환자의 신장 기능을 악화시키는 것으로 보이며, 고혈압 치료에 효과가 없다는 것이다.

이것은 켐프너가 보고했던 내용과 정반대의 결과였다.

더욱 걱정스러운 상황이 1950년 란셋lancet에 발표된 의학연구위원회 보고서로 드러났다. 이 보고서는 환자가 저염 라이스 다이어트를 하던 중 요독증尿毒症 혈액 내 요소尿素 수치가 증가해서 일어나는 중독 증세으로 사망했다고 보고했다.[100] 보고서의 저자들은 이미 고혈압으로 손상된 신장이 소금을 재흡수할 수 없어 혈액 내의 소금 수준이 위험하게 낮아지고, 신부전腎不全이 있는 사람이 소금을 줄이면 엄청난 피해를 입을 수 있다고 주장했다.

켐프너의 연구 결과에 대한 허점을 발견하는 실험들이 계속되었고, 1983년에 뉴욕 프레즈비테리언/웨일 코넬 메디컬 센터New York-Presbyterian/Weill Cornell Medical Center의 고혈압 센터를 설립한 저명한 존 라라그John Laragh와 동료들은 더 잘 통제된 상황에서 연구를 수행했고, 켐프너의 연구에 덜 유익한 결과를 보고한 사람들을 인용하여 검토 논문을 발표했다. 그들은 켐프너가 64%의 효능을 주장했던 것에 비해 라이스 다이어트는 20~40%밖에 효과적이지 않다는 것을 발견했다.[101] 또 연구원들이 라이스 다이어트의 유익한 구성 요소들을 알아내려고 했을 때 소금 제한(일반적으로 1.15g 미만)이 실제로는 라이스 다이어트의 이점을 뒤집는 것처럼 보인다고 했다.[102] 그래서 켐프너의 다이어트에 대한 주된 주장은 실제로 자신의 라이스 다이어트 효과를 밋밋한 것으로 만들어 버렸다. 뒤늦게 깨달은 것이지만 만약 켐프너의 라이스 다이어트로부터 어떤 것을 얻을 수 있다면, 그것은 우리가 과일과 통곡물 형태로 칼륨과 섬유질의 섭취를 늘려야 한다는 것이다. 이것은 그 자체만으로도 효과가 있을 것이다.

이 시점에서 거의 35년 전에 라라그와 동료들은 적당한 소금 제한이 인구 집단 전체 범위의 고혈압을 예방한다는 증거는 없다고 보았고,[103] 심지어 소금에 민감해서 소금 제한을 통해 혈압이 약간 내려가는 25~45% 사람들에서도 마찬가지였다. 효과가 있다는 증거는 거의 없었다. 라라그와 동료들은 라이스 다이어트에 따른 체중 감소와 혈압 감소는 사실상 소금 섭취와는 전혀 별개라고 결론지었다.[104] 그들은 계속해서 나트륨 제한이 효과적인 것으로 판명된 사람들에게만 소금 제한이 시행되어야 한다고 제안했다.

여전히 다른 사람들도 저염 식이 요법을 실험해 보았지만 효과가 부족하다는 것을 알았다. 클리블랜드 클리닉 연구부Cleveland Clinic Research Division(코코란Corcoran이 설립)의 아서 코코란Arthur Corcoran과 그의 동료들은 '심각한 본태성 고혈압'을 앓고 있는 환자에게서도 저염 식이 요법은 환자의 약 25%에게만 효과가 있었을 뿐이었다고 했다. 이와는 대조적으로 고질소혈증高窒素血症 azotemia(요소urea 尿素, 크레아틴creatinine 및 기타 질소 화합물이 혈액에 높은 수준으로 쌓이는 것)과 신장 기능 악화와 같은 명백한 위해성이 지적되었다. 그들은 대부분의 사람들이 혈압을 낮추기 위해 항상 나트륨 섭취량을 200mg 이하(소금 한 티스푼의 1/11에 해당)까지 줄여야 한다고 했는데, 이것은 불가능하지는 않더라도 완전히 비현실적 방법이었다.[105]

실제로 라이스 다이어트에 관한 모든 연구에서 이 다이어트를 시도한 사람들 중 28%만이 계속할 수 있었고, 켐프너의 라이스 다이어트에 충실한 사람들 중 37%만이 혈압의 개선을 보였다. 켐프너가 그의 방법대로 실험할 때마다 환자의 62%가 혈압의 개선을 경험했다.[106] (아마 켐프너의 채찍질에 순응해서 그랬을지도 모른다). 그러나 이상하게도 다른 어떤 연구자도 켐프너의 연구 결과값을 재현하지 못했고, 다른 사람들이 실험했을 때는 라이스 다이어트는 오히려 해를 끼치는 것으로 밝혀졌다.

소금 제한의 알려진 결과, 즉 혈액 내 나트륨과 염소의 낮은 수치는 오랫동안 독자적으로 사망 위험을 증가시키는 것으로 알려져 왔다.[107] 그리고 저염 라이스 다이어트로 고高질소혈증azotemia, 신부전, 심지어 몇 명의 사망자가 발생하기도 했다.[108] 그리고 보고된 다른 부작용들은 신부전의 발생 가능성을 보였다. 부작용에는 활력 부족, 거식증, 메스꺼움, 비정상적인 소량의 소변 생산oliguria, 근육 경련, 복부 경련, 그리고 요독증을 포함한다. 저염 식이 요법의 심각한 위험은 소금-혈압 가설의 약점에 대한 많은 연구자들의 경각심에도 불구하고 어떤 지침에서도 거의 언급되지 않았다. 불행하게도 이 사실은 켐프너의 활동 시기를 거쳐 오늘날에까지 이어져 오고 있다. 슈뢰더Schroeder와 골드만Goldman은 1949년 자마JAMA에 발표한 논문에서 "적당한 나트륨 결핍만이 '전체 인구집단의 고혈압 위험 감소'를 달성할 수 있다는 가정은 더 큰 억측이다. 게다가 우리 사회 전반에 걸쳐 식이 소금을 적당히 줄이는 것은 해롭지 않을 것이라는 생각은 입증되지 않았다."라고 언급했다.[109] 많은 연구자들은 일반 대중에게 전반적인 소금 감소를 권고하는 것에 대해 극도로 회의적이었으며, 그 후 수십 년 동안 또 다른 연구자들은 켐프너의 라이스 다이어트(그리고 일반적인 저염 식이 요법)의 효과가 훨씬 덜하다고 보고했다. 고혈압을 예방하고 치료하기 위한 수단으로서 소금 제한 식이의 인기는 대체로 시들해졌다.

하지만 루이스 키치너 달Lewis K. Dahl 이후부터 이야기는 달라진다.

## 루이스 키치너 달Lewis K. Dahl

루이스 키치너 달 박사Dr. Lewis Kitchener Dahl는 강한 신념의 소유자라고 불린다.[110] 달Dahl은 에스키모와 같이 누가 보아도 저염 식이를 하는 특정 인구 집단이 고혈압을 많이 가지고 있지 않다는 사실에 원래 관심이 있었다. 이와는 대조적으로 일본인과 같이 소금을 많이 섭취한 인구 집단에서는 고혈압의 비율이 훨씬 높았다.[111] 이것은 그가 설치류에 대한 소금의 영향을 연구하도록 이끌었다. 하지만 문제가 있었다. 달Dahl은 소금이 정상적인 쥐의 혈압에 큰 영향을 미치지 않는다는 것을 알았다. 그래서 그는 여러 세대에 걸친 근친 교배를 통해 선택적으로 쥐들을 변형하기로 결심했다. 지금의 '달Dahl 박사의 소금에 민감한 쥐'라고 알려진 것을 만들기 위해서였다. 그렇다. 달은 실험실에서 소금에 민감한 쥐를 만든 다음, 소금-혈압 가설을 증명하기 위해 이 쥐를 이용했던 것이다.[112]

1954년에 루이스 달Lewis K. Dahl과 뉴욕 업턴시Upton의 브룩헤이븐 Brookhaven 국립연구소의 의학연구센터에서 온 로버트 러브Robert A. Love는 미국 내과협회의 내괴기록보관소에 등재되는 논문을 발표했는데, 이 논문은 나중에 서구 사회에서 나트륨을 많이 섭취하면 고혈압이 높아진다는 생각을 되살린 것으로 인정되었다.[113] 기본적으로 역학疫學 연구에 대한 그들의 주장을 근거로 달Dahl과 러브Love는 저염 식이를 한 원시 사회가 더 날씬하고, 더 활동적이며, 고혈압이 생기지 않았다는 증거를 인용했다. 그들은 이러한 원시 사회는 좀처럼 많은 설탕을 섭취하지 않았다는 것을 인정하지 않았다. 어떤 이유에서인지 비만 자체가 고혈압으로 이어질 수 있다는 생각과, 비만이든 고혈압이든 모두 설탕에 의해 발생할 수 있다는 생각은 당시 대중적인 이론이 아니었다. 1983년까지 설탕이 사람의 혈압을 높인다는 것을 보여 주는 단 한 건의 출판물이 없었다는 사실만 보아도 그랬다[114] (오늘날의 우리는 대체로 하나의 질병이 다른 질병과 연관될 수 있다고 생각하지 않는 경향이 있다. 우리는 질병을 서로 분리해서 그 분리된 해당 분야의 전문가들을 통해 그 해당 분야 질병을 각각 치료하는 것을 좋아한다. 하지만 그것은 분명히 신체가 실제로 작용하는 방식이 아니다).

1950년대 중반까지 많은 전문가가 반대 의견을 개진했음에도 불구하고 소금은 이미 혈압을 상승시키는 백색 결정체crystal의 악마처럼 여겨졌다. 엎친 데 덮친 격으로 설탕 업계는 설탕에 대한 비난을 다른 식이 물질(포화 지방과 같은)에 떠넘기는 데 힘을 쏟고 있었다.[115] 그리고 이러한 비난의 이동으로 소금은 고혈압을 일으키는 백색 결정체로 곤경에 처하게 되었다. 아무도 설탕을 고려 대상에 넣지 않았다. 왜 그랬을까? 그 당시 설탕은 대부분의 과학자들과 전문 지식이 없는 일반 대중들에게 완전히 무해한 것으로 간주되었기 때문이다.

달Dahl은 그때 음식물에 첨가되는 소금의 역할은 식이 요법적인 필요가 있는 것이 아니라, 단지 입맛을 살리는 조미료일 뿐이란 것을 최초로 제안한 사람 중 한 명이었다. 1960년에 그는 1954년 이래로[116] 수집한 연구들에서 나온 문헌들을 논평했는데, 이 논평은 5개 범주의 인구 집단에서 소금 섭취량이 증가함에 따라 고혈압의 유병률도 증가했음을 보여준다. 그는 심지어 인간이 소금 1g 미만으로도 쉽게 생존할 수 있다고 결론을 내리기까지 했다. 그는 소금의 섭취량을 하루에 100~375mg까지 떨어뜨리고, 그것을 3개월에서 12개월까지 유지한 자신의 연구 결과를 일부 인용했다. 또 2년에서 5년 동안 하루 250~375mg 사이의 검증된 소금 섭취 방법을 한 것으로 보이는 세 사람을 언급했고, 17세 소녀가 어떻게 몇 달 동안 단지 하루에 10~12mg의 소금 섭취만으로 소금 균형을 유지할 수 있었는가를 언급했다(그러나 17세 소녀에 대한 참고 자료는 제시되지 않았다).[117] 이러한 모든 증거에도 불구하고, 달이 제시한 어떤 결과물도 저염 식이가 유익하거나 해가 없다는 것을 진정으로 증명하지 못했다.

달Dahl은 소금에 민감하게 반응하도록 유전적으로 설계된 쥐에 소금을 먹여서 고혈압을 발생시킨 증거를 인용했다. 이 실험에서 쥐에게 먹인 소금의 양을 인간이 섭취하는 등가等價의 양으로 환산했을 때 어느 정도인지는 언급하지 않았다. 400개 이상의 혈관생리학 분야 논문의 저명한 저자이자 스웨덴 왕립과학원의 회원이기도 한 비욘 포크로우Bjorn Folkow에 따르면, 쥐에게 먹인 소금의 양을 인간이 섭취하는 양으로 환산하면 하루 40g이 되었을 것이라고 했다(정상적인 소금 섭취량의 4배). 이는 마찬가지로 소금에 민감한 사람의 혈압을 높이려면 그만큼의 소금이 필요할 것임을 말해 준다.[118] 소금 저항성salt-resistant이 있는 쥐(소금으로 인한 혈압의 문제가 없었던 쥐)는 심지어 인간의 섭취량으로 환산하면 하루에 약 100g의 소금을 섭취해도 여전히 혈압은 높아지지 않았다. 저자는 단어를 소금 저항성salt-resistant이라 표현했는데, 인슐린 저항성 insulin-resistant처럼 부정적인 것과는 다른 개념이다. 소금에 대해 민감하지 않은 또는 소금에 대한 포용성이 있는 뜻으로 이해하는 것이 더 바람직할 것으로 보인다.

달이 인용한 쥐 연구는 인간과 전혀 무관하다고 해도 과언이 아니다. 그러나 달은 포기하지 않았다. 그의 사례를 뒷받침하기 위해 달은 저염 식이가 인간의 혈압을 낮췄다는 증거로 1945년의 자마JAMA 출판물을 인용했다. 한 가지 문제점은 그 출판물은 소금 제한이 모든 사람들에게 혈압을 현저히 낮춘다는 것을 어떤 식으로도 보여 주지 않았다는 것이다. 사실 그 논문을 자세히 살펴보면 저염 식이 실험으로 인해 실제로 사람들이 죽었을지도 모른다는 것을 알 수 있다.[119] 저염 식이를 꾸준히 해 온 한 환자는 곧 사망했고, 또 다른 환자의 경우에는 지속적인 순환 허탈circulatory collapse 혈액 순환에 심한 장애가 생긴 상태에 놓였는데, 이는 일반적으로 조직에 산소와 영양분의 공급이 유지되는 데 실패했음을 시사한다. 식단에 소금이 다시 첨가되자 순환 허탈 환자는 호전되었다(정말 다행이었다).

이러한 중요한 사항들은 달의 논문에서 언급되지 않았다. 그리고 달은 '소금이 고혈압을 일으킨다.'는 생각이 오늘날 널리 받아들여지고 있으므로 그런 인식의 확장이 곧 진실이라고 결론지었다. 하지만 공중 보건 정책이 수십 년 동안 이 결함 있는 이론을 강화하기 전에 보다 더 '명백한 확장'을 하는 것이 현명했을 것이다.

달은 심지어 유아 식품 속의 높은 소금 수치가 미국의 높은 유아 사망률에 책임이 있다고 했다.[120] 그가 소금에 민감한 쥐에게 유아용 유동식流動食 분유를 주었을 때 쥐들은 결국 죽어버리곤 했다. 하지만 물론 인간의 아기는 쥐보다 훨씬 더 크고, 염분에 민감한 쥐는 정상 쥐가 아니지만 이러한 것은 달을 멈추게 하지 못했다. 그는 유아용 유동식流動食 분유 속의 소금은 유아에게도 해로울 수 있다는 포괄적인 선언을 해버렸다. 물론 그의 실험에서 소금에 민감한 쥐들은 죽음을 초래하는 악성 고혈압으로 발전했다(이것은 인간의 아기에게는 일어나지 않는 일이었다). 달의 부분적인 연구와 아이디어에 근거해서 미국 소아과학원 영양학위원회는 유아들의 소금 섭취량이 너무 많다고 결론지었고 제조업자들은 유아 식품 속의 소금 함유량을 낮추기 시작했다.[122]

연구에서 질quality은 중요하다. 왜 그런지 모르겠지만 소금 섭취량 논쟁 내내 달은 순전히 개인적인 고집과 망설임(관련된 실험 상황에 대한 의문 제기)이 학문의 엄격함과 진실성의 힘을 압도했다. 그리고 우리는 그 이후로 계속 그 대가를 치르고 있다.

## 조지 메닐리George Meneely와 해럴드 배타비Harold Battarbee

소금 제한을 1977년의 식이 목표에 통합하는 데는 두 사람의 저자가 가장 큰 영향을 미쳤을 것으로 보인다. 루이지애나 주립대학교 의학 센터의 조지 메니얼리와 해롤드 배타비는 소금 제한이 고혈압을 예방하고 치료하는 데 도움이 된다는 생각을 지지하는 가장 영향력 있는 과학자들이었다.[123] 사실 메니얼리는 루이지애나 주립대학교의 생리학과 생물물리학과의 책임자로 있었는데 그 직책은 여러 사람들에게 많은 영향력을 미치며 존경받는 자리였다.[124] 메니얼리와 배타비는 모두 고高나트륨high-sodium/저低칼륨low-potassium 식단이 고혈압의 주된 원인이라고 믿었다.[125] 그들은 '소금의 과다'가 세포외액의 용적량 확장과 혈압의 증가로 이어진다고 논문에 썼지만, 얼마만큼의 소금이 이러한 결과를 초래하는지는 구체적으로 언급하지 않았다.

심지어 메니얼리와 배타비는 1976년「고나트륨-저칼륨 환경과 고혈압」이라는 논문에서 소금이 고혈압을 일으킨다는 견해는 단지 이론에 불과한 것이라고 인정했다. 그들의 논문은 당시 소금과 혈압의 관계를 연구한 가장 포괄적인 견해 중 하나였으며, 1977년 식이 목표 직전에 발표되었다. 그런데 이 모든 것이 두 사람에게 많은 악명惡名을 안겨 주었다. 그러자 소금-혈압 관련성은 단지 이론일 뿐이라는 사실이 그들의 요란스러운 주장에서 사라졌다. 아마도 두 사람이 받고 있는 관심을 고려할 때 그들의 업적에 대한 영향이 반감되지 않기를 원했다고 여길 수 있는 대목이었다. 실제로 메니얼리와 배타비의 주장은 '미국 상원 보고서 보충 의견'에 인용되었는데, 이 두 사람은 상원위원회에서 소금 제한을 지지한다는 증언을 한 바 있다.[126]

그러나 미국 상원위원회나 1977년 식이 목표에서 별로 주목받지 못했던 것은 그들의 이론이 고나트륨high-sodium과 저칼륨low-potassium 섭취의 조합이 고혈압으로 이어진다는 것이었고, 여전히 유전적으로 민감한 사람들에게서만 그렇다는 것이었다. 이러한 세부 사항들은 '소금은 고혈압을 일으킨다.'라는 큰 제목에 가려졌다. 우연한 시기에 나타난 사소한 이 일시적인 상황이 그 후 40년 동안 미국인의 건강에 막대한 영향을 미친 것으로 밝혀졌다. 대중은 모든 사람이 소금 제한으로부터 이익을 얻을 것이고, 고혈압을 예방하며 치료하기 위한 안전한 개입이라고 들었다. 그러나 이것은 문헌상의 증거가 그 이전이나 그 이후에도 절대 지지하지 않았던 내용이다.

1977년 영양 및 인간 욕구에 관한 조지 맥거번George McGovern의 상원특별위원회는 식이 목표를 발표했는데, 이 보고서는 모든 미국인이 하루에 소금 섭취량을 3g(나트륨 1.2g)으로 제한할 것을 권고했다.[127] 이 지침은 확실한 증거보다는 당시 전문가의 의견을 바탕으로 한 것이었다. 실제로 이 기간에 확실하고 믿을 만한 증거가 국가의 식이 지침에 요구되지도 않았다. 문헌에 대한 체계적인 검토나 심지어 인간을 대상으로 한 임상 시험에서 나온 증거에 대한 요구는 없었다. 만약 당신이 전문가로 간주되고 충분한 영향력을 가졌다면 당신의 말은 증거로 간주될 것이다. 식품 정책, 산업 규정, 학교 점심 프로그램, 그리고 이후 수십 년간 의사의 진료 기준에 근본적으로 영향을 미친 대규모 공중 보건 강령은 철저히 소수 과학자(소금에 대해서 그들은 비과학자들이다)의 의견에 근거했다.

1977년 2월 식이 목표가 발표된 후 서로 다른 두 청문회가 열려 약 50여 개의 추가 의견을 다루었다. 이 청문회는 3월 24일과 7월 26일에 열렸으며, 청문회의 회의록이 보충 의견서에 실렸다. 이 보충 의견에서 소금 섭취에 대한 심각한 한도치가 어디서 유래했는지를 엿볼 수 있었다. 상원특별위원회는 주로 국립과학아카데미(미국 내 유수의 연구자로 구성된 비영리 단체)와 조지 메니얼리와 해롤드 배타비에게 의존했는데 하루에 단 3g의 소금 섭취 한도를 권고했다.[128] [129]

1977년 식이 목표 제2판이 발간될 무렵에 1년도 채 지나지 않아 하루 소금 섭취량 3g의 한도가 5g(나트륨 약 2g)으로 늘어났다. 이는 상원특별위원회에 제시된 추가 증언에 기인했을 수도 있는데, 이는 누군가가 요오드 첨가 소금 3g을 모두 섭취했더라도 여전히 하루에 요오드 권장량(150mcg)을 달성하지 못하는 양이었다[130] (오늘날에도 54개국의 인구 집단은 여전히 요오드 결핍으로 간주되고 있으며, 요오드를 얻는 최선의 방법은 짐작하듯이 요오드가 첨가된 소금을 섭취하는 것이다).[131] 하지만, 이것은 고작 생명유지에 필요한 최소한의 양이었다.

그 추가적 견해는 소금 지침에 대한 열띤 논의를 반영했다. 그들은 또한 소금을 제거하거나 소금 고갈을 유발하는 약물을 복용하는 사람들을 위한 소금 제한에 대한 소비자 경고제消費者警告制를 언급했다. 그리고 심지어 미국 심장 협회는 "효과적으로 나트륨을 제거하는 이뇨제가 등장하면서 엄격하게 제한된 나트륨 식단의 필요성이 급격히 완화되었다." 라고 말한 것으로 인용되었다. 미국 의학협회AMA는 "역학적 관찰을 통해 소금 섭취와 고혈압 사이에 관계가 있음을 시사하지만, 그들(소금-혈압 가설을 주장하는 사람들)은 소금 소비가 미국 사람들에게 고혈압을 일으키는 주요 요인이라는 가설을 지지하는 데 실패했다."라고 언급했다. 그리고 미국 소아아카데미의 영양학위원회는 "고혈압을 유도하는 환경적 요인으로서 소금 섭취의 역할은 아직 정의되어 있지 않다. 이 나라의 80%의 인구 집단을 대상으로 현재 소금 섭취량이 해로운 것으로 입증되지 않았다. 즉, 고혈압이 발생하지 않았다."라고 했다. 말하자면 주요 의료 기관 세 군데에서는 1977년 식이 목표 초창기에 모든 미국인에게 주어진 저염 식이 권고를 경계했던 것이었다. 만약 이들 저명한 주요 의료 기관들이 몇몇 연구자의 결함 있는 실험 사례를 가지고 이를 전체 의료계를 대표하기보다는 오히려 그들의 실험 사례를 압박했었더라면, 아마도 우리는 식탁에서 소금통saltshaker을 포기하라는 권고를 받지 않았을 것이다. 그리고 우리의 건강, 특히 삶의 질이 훼손되지 않아 더 이상 고통받지 않았을지도 모른다. 소금 논쟁은 오늘날까지 40년 동안 격렬하게 계속되어야 할 운명이었다.

## 이뇨제의 위험성을 극복하다

몇 년 전에 나는 약간의 어지러움을 호소하며 늘 소금을 먹고 싶다고 주장하는 40대 중반의 여성을 상담하고 있었다. 그녀는 고혈압을 앓고 있었는데 하이드로클로로티아지드hydrochlorothiazide라고 불리는 소금 배출을 유도하는 이뇨제를 복용하고 있었고, 의사로부터 음식에 소금을 넣지 말고 식단에서 극히 소금을 피하라는 말을 들었다. 하지만 나는 그녀의 어지러움과 소금에 대한 갈망이 그녀의 몸에서 뭔가 잘못되었다고 보내는 신호라는 생각이 들었다.

나는 그녀에게 혈액 내 나트륨 농도가 정상 수준(보통 137~142mEq/dL 정도)이 되어야 한다고 말했다. 그녀는 의사와의 진료에서 자신의 나트륨 농도가 128mEq/dL에 불과하다고 내게 전화로 전해 왔다(혈액 내 나트륨 농도가 125mEq/dL 미만이면 치명적일 수 있다). 의사는 그녀의 저나트륨혈증 hyponatremia 혈액 내 저나트륨 증상 진단을 토대로 이뇨제 투여량을 반으로 줄였다. 또 그녀에게 "소금이 먹고 싶을 때 먹어야 한다." 라고 주장한 내가 옳았다고 말했다.

그녀는 이뇨제 복용을 반으로 줄였고, 소금이 당길 때 소금을 먹었다. 몇 주 후에 그녀의 혈중 나트륨 농도는 사실상 정상으로 돌아왔다(136mEq/dL). 이것은 우리가 왜 식이 요법 지침과 건강 기관의 충고가 좋은 의도로 보이더라도 맹목적으로 따르지 말아야 하는지를 보여 주는 완벽한 예이다. 현실 세계의 상황을 "지침guideline"이라는 몇 마디 말로 요약할 수가 없는 것이다.

## 저염식 지침의 공식화

소금 논쟁 내내 연구들은 끊임없이 상반되는 결과를 낳았다. 그 결과들은 끝날 줄 모르는 테니스 경기처럼 여러 면에서 설왕설래했다. 소금이 혈압을 높인다는 연구도 있었지만[132] 그렇지 않은 연구도 있었다.[133] 그러나 소금-혈압 가설을 지지하는 사람들은 회의론자들의 주장이 가치가 없다고 지속적으로 주장했고, 소금-혈압 가설을 옹호하는 사람들도 많았다.

미국의 생리학자인 아서 가이튼Arthur Guyton은 1980년대 초 무렵 가장 영향력 있는 학자 중의 한 사람이었다. 그는 소금 섭취량 증가로 인한 세포외액의 증가가 고혈압으로 이어질 수 있다고 믿었다.[134] 그러나 그는 체내의 여분의 소금은 신장에 의해 쉽게 배출될 수 있다는 것이 잘 알려져 있는데, 고혈압이 일어난다는 것은 신장이 제 기능을 하지 못하는 상태일 수밖에 없다고 보았다.[135] 그러나 신장에 해를 끼치고 '소금 민감성 고혈압'을 일으키는 것이 과연 무엇인지 당시에는 알려지지 않았다(이 의문을 추적하는 재미를 반감시키는 정보를 노출하면 그것은 소금이 아닌 다른 흰색 결정체이다).[136]

집단 상호 간을 대상으로 한 어떤 연구에서는 소금 소비와 혈압 사이의 연관성을 찾을 수 있었지만, 같은 집단 내에서 볼 때는 이와 동일한 효과를 발견할 수 없었다. 메니얼리와 배타비는 '포화 효과saturation effect'를 주장했는데, 이는 한 전체 집단이 과도한 양의 소금을 먹을 때 소금 섭취와 혈압을 연관시킬 수 있는 어떤 증거도 감춰질 것이고, 이러한 효과가 실제로 칼륨 섭취를 낮추며, 설탕과 정제된 탄수화물을 더 많이 소비하는 데 기인할 가능성이 더 높을 것이라는 것이다.[137]

그리고 이러한 주장이 설득력이 있는 것 같았지만 저염 식이 옹호자들조차 소금 제한을 주장하기가 어렵다는 것을 알았다. 즉, 4명 중 1명만이 엄격한 소금 제한을 준수할 수 있어 오히려 쓸모 없는 공중 보건 정책이 된다는 것이다.[138]

평균적인 사람들이 저염 식이를 실천하는 데 어려움을 겪고 있음에도 불구하고 닮은 사람들이 어려움을 겪는다는 사실을 받아들이지 않았다. 그와 다른 저염 식이 옹호자들은 단지 대중들이 소금을 먹고 싶은 식욕을 억제하기 위해 더 열심히 노력할 필요가 있다고 요구했다.[139]

1977년 식이 목표를 발표한 지 6년 후인 1983년에 뉴욕 장로교인회 고혈압 센터/웨일코넬의료센터the Hypertension Center at New York-Presbyterian/Weill Cornell Medical Center의 설립자인 요한 라라Johan Laragh[140]와 동료들은 국가 전체가 그러한 엄격한 지침을 채택하도록 이끌었으며, 저염 식이 옹호자들에 의해 영속화되고 서둘러서 잘못 이해된 몇 가지 부분을 폭로한 논문을 발표했다. 라라Laragh와 동료들은 고혈압을 치료하기 위해 적당한 소금 제한 권고를 받은 환자 수가 모두 합해도 200명 미만뿐이라는 혐의를 제기했다.[141] 라라는 또한 대부분의 연구가 짧은 기간이었고, 그들은 회복이 거의 어려운 말기 상태(심혈관 질환이나 죽음 등)를 고려하지 않았다고 강조했다. 이런 형편 없는 연구 결과에도 불구하고, 모든 미국인은 공중 보건 명령에 휩쓸려 소금 섭취를 제한하라는 지시를 받았다. 게다가 정상 혈압을 가진 사람들에서는 소금 섭취 제한의 뚜렷한 이점이 발견되지 않았다. 고혈압 환자의 저염 식이(위에서 언급한 것과 같이 200명 미만의 환자에 한함)의 이점이 미국 모든 사람들에게 심지어 정상 혈압을 가진 사람들에게까지도 적용될 거라고 그럴듯하게 추론되었던 것이다.

1982년 최고의 연구 중 하나는 영국 심혈관계 연구원 그레이엄 맥그리거 Graham MacGregor와 런던에 위치한 췌어링 크로스Charing Cross 의과대학의 동료들이 위약placebo 僞藥 대조 실험에서 경미하거나 중간 정도의 본태성 고혈압 환자 19명을 대상으로 한 연구였다. 그 대조 실험에서는 저염 식이(하루 1,840mg의 나트륨)와 정상 소금 식이(하루 3,680mg의 나트륨)를 테스트했다.[142] 저염 식이군群에서는 평균 혈압이 수축기/이완기 9mmHg/5mmHg 정도 낮았지만, 그 환자들 19명 중 7명(37%)은 주목할 만한 이득이 없어 보였고, 환자 2명은 소금 제한으로 혈압이 실제로 상승하는 것을 경험했다. 중요한 점은 24시간 동안 소변에서 검출되는 칼륨 수치를 기준으로 했을 때, 실험에서 검출된 칼륨 섭취량이 낮았다는 것이다(하루에 약 2.2~2.5g, 즉 하루 권장 섭취량 4.7g의 절반 정도[143]). 이 실험이 실제로 보여 준 것은 칼륨 섭취량이 적은 정상 소금 식이와 비교했을 때 저염 식이는 고혈압 환자 3명 중 약 2명에서 혈압을 낮추지만 다른 환자에서는 혈압을 높일 수 있다는 것이었다. 말하자면 실험 결과가 혼재混在되었다는 것이다. 이 연구는 통제된 임상 환경에서 나온 결과를 가지고 실제 외부 세계의 결과로 어림잡아 추론할 때 나타나는 문제점을 보여 주고 있다. 그 누구도 채소에 소금을 첨가하는 것이 채소에 대한 호감을 증가시켜 우리가 얼마나 많은 채소를 소비하는지를 고려하지 않았다. 다시 말해 소금을 사용하면 채소(즉, 칼륨)를 더 많이 섭취할 수 있으며, 이는 건강과 혈압을 전반적으로 개선시킨다. 대신 우리는 사람들이 실제 생활 방식과는 거의 관련이 없는 증거를 바탕으로 잘못된 메시지를 받고 있었다.

안타깝게도 맥그리거Macgregor는 이러한 결과들의 결점 있는 해석을 고수하기로 결정하고, 세계적인 규모의 소금 섭취 감소를 위한 사명을 맡았다. 이 연구 후에 맥그리거는 수십 년 동안 지속되어 온 소금 섭취에 반대하는 끈질긴 1인 운동을 시작했고, 자신의 영향력을 널리 휘두르며 정부 및 보건 기관의 자문 위원회에 자리를 잡았다. 그는 매우 효과적으로 산업계와 공공 의료 기관에 영향력을 행사하여 그들을 자신의 뜻에 굴복하게 했다.

맥그리거는 1995년에 소금이 건강에 해롭다는 것을 연구하고 홍보하기 위한 단체인 캐쉬CASH Consensus Action on Salt and Health를 시작하고[144], 2005년에는 '소금과 건강에 대한 세계의 행동'이라는 이름의 워쉬WASH World Action on Salt and Health를 창설했다.[145] 이 반反소금 연구와 자신을 지지하는 단체에 힘입어 그는 격상된 위상을 가지게 되었다. 이로써 맥그리거는 소금이 혈압을 상승시켜 틀림없이 뇌졸중과 심장 마비의 위험을 높인다는 그의 열렬한 신념을 확산할 수 있었다. 그와 같은 확고한 믿음 하에 그는 수십 년 동안 전 세계 정부들을 상대로 소금 섭취량과 음식의 소금을 줄이기 위한 끈질긴 로비를 벌여왔다. 실제로 캐쉬CASH는 연구 지원이 부족함에도 불구하고 영국 식품 제조업자들에게 소금 함량을 낮추도록 하는 데 매우 성공적이고 큰 영향력을 행사해 왔으며, 이어 80개 국가 이상의 나라들이 맥그리거가 영국에서 강제로 통과시킨 것과 동일한 지침을 채택하는 것을 고려하게 되었다. 그의 노력이 더 설득력 있게 작용했을지도 모르는 한 가지 이유는 그가 건강에 좋지 않은 지방류fats와 첨가당과 같은 식품 첨가물과 소금을 한 덩어리로 섞어버렸다는 것이다(지방과 첨가당은 모두 건강에 부정적인 결과를 보여 주는 훨씬 더 그럴듯한 데이터를 자랑한다). 맥그리거는 소금의 폐해에 대해 강조해 왔으며, 오로지 심장병에 대한 보호책으로 혈압을 낮출 수 있는 기대 이익에만 집중했다. 한편, 이들 캐쉬CASH와 워시WASH는 저염 식이의 해악을 간단히 묵살했다. 혈압의 미미한 감소를 '위험 예측 계산기'에 넣었을 때, 이 그룹들은 저염 식이의 이점에 대해서만 큰소리로 떠벌리곤 했다. 그러나 저염 식이의 해악은 이 계산기에 결코 삽입된 적이 없었다. 놀랄 것도 없이 그들은 항상 혈압의 감소만을 근거로 "저염 식이는 생명을 구할 것이다."라는 결론에 도달했다. 그러나 심장 질환과 훨씬 더 철저하고 증명된 관련성을 가지는 요인인 높은 심박수, 중성 지방, 콜레스테롤, 인슐린 수치의 폐해를 결코 계산에 넣지 않았다. 개쉬CASH와 워쉬WASH는 직접 관련성이 입증된 바 없는 저염 시이법이 생명을 구한다는 홍보를 수십 년 동안 지속해 왔다.[146]

일단 어떤 생각이 사람들의 마음속에 자리를 잡게 되면 그것을 다른 생각으로 바꾸기가 상당히 어려워진다. 그리고 소금 제한을 반대하는 연구는 미국 대중에게 충분히 설명되고 제시되지 못했다. 1980년에 처음 발간된 미국인을 위한 식이 요법 지침조차도 미국인들에게 소금 섭취를 줄이라고 계속 권고해 왔다. 제한된 범위의 전문가 의견이 확립된 공공 보건 정책으로 둔갑하고, 이렇게 바뀐 저염 식이 건강 정책은 난공불락의 신조dogma가 되었다.

1977년 식이 요법 목표가 우리에게 소금 섭취를 제한하라고 말한 지 거의 15년이 지난 1991년에야 저염 섭취 권고를 테스트하는 최초의 체계적인 검토가 발표되었다. 로Law와 그의 동료들이 실시한 이 체계적인 검토에는 78건의 시험이 포함되었는데, 그중 10건 만이 무작위randomized로 실행되었다.[147] 이 체계적인 검토는 미국 고혈압 지침이 일반 대중의 저염 식이를 촉진한 이유의 근거가 되었다. 하루에 나트륨 2,300mg의 감소가 혈압을 정상 혈압에서는 수축기/이완기 10/5mmHg, 고혈압에서는 수축기/이완기 14/7mmHg까지 떨어뜨릴 것이라고 주장했기 때문이다. 로Law와 그의 동료들은 혈압의 잠재적인 감소만을 근거로 저염 식이가 영국에서 연간 7만 명의 사망자를 예방할 수 있다고 계속해서 주장했다. 이런 강력한 성명은 분명 소금 논쟁으로 지친 집단을 결속시키는 것을 목표로 한 것이었다.

그러나 로와 그의 동료가 주장하는 이러한 혈압에 대한 혜택로Law와 그의 동료가 실행한 '78건의 시험 중 10건' 만을 무작위 처리해서 얻은 결과에서 보여지는 저염 식이의 혜택이 몇 년 후에 '오직 무작위 데이터'만을 실행한 고품질 메타meta 분석에서 발견된 결과보다 훨씬 더 컸다. 예를 들어 정상 혈압을 가진 사람들의 경우, 더 새롭고 더 강력해진 메타 분석 결과는 로Law와 그 동료들의 분석보다 수축기 혈압에 미치는 영향이 1/10, 이완기 혈압에 미치는 영향이 1/50로 감소하였음을 보여 주었다 [수축기/이완기 10/5mmHg(로Law의 실험) → 1/-0.1mmHg(메타 분석)].[148] 이 감소는 단지 '미미한' 영향을 끼쳤을 뿐이라는 고품질의 증거에도 불구하고, 1993년 미국의 고혈압 지침(고혈압의 발견, 평가 및 치료에 관한 공동국가위원회Joint National Committee JNC)[149]은 초기 로Law의 메타 분석을 인용하여 적절한 나트륨(1,150mg의 나트륨) 섭취의 감소가 고혈압에서는 7mmHg, 정상 혈압에서는 5mmHg 정도 수축기 혈압을 떨어뜨릴 것이라고 결론을 내렸다.

1991년부터 1998년 사이에 1991년 로Law의 메타 분석은 가장 취약한 분석 기법임에도 불구하고 다른 어떤 것보다 많이 인용되었다. 소금 제한을 지지하는 발견은 소금 제한을 반대하는 그 어떤 발견보다 더 많이 인용되었다.[150]

마침내 가장 영향력 있는 권위자가 등장했다. 의사이고, 고혈압 전문가이며, 고혈압 저널의 창립 편집자인 존 디 스왈레스John D. Swales는 2000년에 정상적인 혈압을 가진 사람들은 나트륨 섭취를 심각하게 제한했을 때 수축기 혈압 1~2mmHg와 이완기 혈압 0.1~1mmHg의 작은 감소만이 있을 것이라는 논문을 발표했다.[151] 더군다나 스왈레스는 저염 식이 권고안은 출판의 편향성(부정적인 결과보다는 긍정적인 결과를 발표하려는 경향)에 의한 과장된 데이터에 기초하고 있고, 혈압의 작은 감소를 얻기 위한 소금 제한의 양은 대중이 도달할 수 없으며, 그 결과는 단지 소금의 감소 외에 식단에서의 다른 변화 때문일 수 있다고 했다. 또 스왈레스는 소금 섭취를 줄이는 데는 비용이 소요되는데 이는 생활비의 사회적/질적 비용이며, 경제적인 비용이라고 언급했다. 이러한 고려 사항들은 그동안 오랫동안 경시되어 소금 제한을 줄이는 일과는 거의 무관하게 여겨져 왔다.

스왈레스는 그의 논문에서 소금 제한의 6가지 메타 분석에 대해 인용했는데, 그중 5가지는 '오로지 무작위only randomized 실험'이었고, 나머지 하나는 '무작위randomized 및 비무작위non-randomized실험'이었다. 오로지 무작위로 시행한 5가지 메타 분석 결과, 정상 혈압을 가진 사람들에게 소금 제한은 수축기 혈압을 2mmHg도 감소시키지 못했다. 그 2mmHg 조차도 5개 메타 분석 가운데 오직 하나의 분석에서만 이완기 혈압 1mmHg보다 큰 감소가 발견되었을 뿐 나머지 4개의 분석에서는 0.1mmHg에서 0.97mmHg 사이였다.

이 연구에서는 정상 혈압을 가진 사람들의 소금 제한은 혈압을 기껏해야 수축기/이완기 2/1mmHg 정도 감소시켰을 뿐 이란 걸 보여준다. 메타 분석 중 3개의 분석은 식단에서 소금 제한이 그 증거[152]에 의해 뒷받침되지 않는다고 결론을 내렸고, 단 1개의 메타 분석만이 소금 제한에 "큰 잠재력great potential(소금을 제한하면 혈압이 내려갈 수 있다는)"이 있다고 결론을 내렸다.[153] 그러나 소금 제한과 혈압 저하의 관계에 대한 이러한 큰 잠재력은 나트륨 섭취량이 1,748~3,680mg 범위에서 감소한 실험에 근거했고, 일반적인 인구 집단에서는 발생할 가능성이 매우 낮다. 실제로 더 오랫동안 시행된 나트륨 제한 실험 결과 대중은 기껏해야 1,000mg 정도의 나트륨 섭취를 줄일 수 있을 것으로 나타났다.[154] 말하자면 소금 제한을 통해 혈압 저하를 가져올 수 있다는 그 큰 잠재력은 일반인이 실천할 가능성이 있는 양보다 소금을 2~3배 더 많이 감소시켜야 달성할 수 있는 데 기초하고 있었다.

많은 저염 옹호자들은 소금 제한 실험이 혜택을 보여 줄만큼 충분히 오랫동안 수행되지 않았다고 주장했다. 그러나 소금 제한을 6개월 이상 시행하는 무작위 통제 실험 8개에 대한 체계적인 검토 결과, 수축기 혈압이 비슷하게 소폭 감소(고혈압인 사람은 −2.9mmHg, 정상 혈압인은 −1.3mmHg)하는 것으로 나타났다.[155] 더 중요한 사항으로 로Law와 동료들의 체계적인 검토 결과에서는 저염 식이법으로 혈압을 최대로 낮추는 데 불과 4주 걸렸지만, 무작위 실험에 대한 다른 검토 결과에서는 소금 제한의 시간이 경과함에 따라 점진적으로 혈압이 낮아지는 것을 발견하지 못했다는 것이다.[156]

아마도 가장 중요한 사항은 미들리Midgley와 그의 동료들이 수행한 메타 분석에서 나트륨 제한 실험과 그에 대한 출판 편향의 영향력을 강조했다는 점이다. 긍정적인 결과를 가지고 저염 식이를 테스트한 실험들이 부정적인 실험에 비해 발표될 가능성이 더 높다는 것이 밝혀졌다.[157] 미즐리Midgley는 출판 편향으로 인해 과학계가 소금 감소에 따른 혈압 저하 이점을 과대 평가하게 되었다고 강조했다. 이러한 출판 편향은 오늘날까지도 소금 논쟁을 계속

왜곡하고 있다.

## 거대한 인터솔트Intersalt의 그림자

1989년 식품영양위원회가「다이어트와 건강Diet and Health : 만성 질환의 위험 감소에 대한 시사점」연구에서 나트륨의 하루 최대 섭취량을 2,400mg으로 설정했다. 이것은 런던 위생 & 열대 의과대학 역학부疫學部의 폴 엘리엇 박사Dr. Paul Elliot가 이끄는 전 세계 52개 센터에서 수행된 대규모 역학疫學 연구인 1988년 인터솔트Intersalt 연구에 기초한 것이었다. 식품영양위원회는 나트륨의 하루 최대 섭취량이 2,400mg(소금 약 6.2g) 이상이면 나이가 들면서 혈압이 높아진다는 것이 인터솔트 연구 결과 입증되었다고 주장했다.[158] 문제는 인터솔트의 연구가 반대의 결과를 보여 준 점이었다. 연구 대상 센터 52개 중 5개 센터만이 2,400mg 미만을 섭취했고, 이 센터 중 4개는 원시 사회 집단이었다. 나트륨을 2,400mg 미만을 섭취한 다섯 번째 센터는 실제로 소금 섭취량이 많은 몇몇 센터에 비해 수축기 혈압이 높았다. 실제로 한 센터는 소금을 두 배 이상 먹었지만 수축기 혈압이 낮았다. 그리고 원시 사회 센터 4개가 다른 센터 52개에서 제외되었을 때는 데이터가 달라졌다. 소금 섭취가 증가함에 따라 혈압의 하강 기울기가 갑작스럽게 뚜렷해진 것이다.[159]

그렇다! 소금 섭취가 증가함에 따라 혈압은 실제로 떨어졌다. 나트륨에 대한 2,400mg의 일일 기준치(모든 영양 성분 표시에 인쇄됨)는 소금 섭취를 반대하는 자들이 펼치는 일종의 나폴레옹 콤플렉스키가 작은 사람들이 보상 심리로 공격적이고 과장된 행동을 하는 콤플렉스의 완벽한 예이다. 즉, 증거 부족을 보충하기 위해 재빨리 과장한다. 나트륨 양을 하루에 2,400mg으로 제한해야 한다는 충분한 증거는 전혀 없었지만, 이 목표치는 모든 포장지에 부착된 영양 성분 표시의 항목이 된 다음, 1995년에는 미국인들의 식이 요법 지침으로 이어졌다.

여기서 인터솔트가 심박수heart rate에 관한 데이터를 발표하지 않기로 한 결정은 가장 소름 끼치는 행위였다. 아마도 심박수는 실제로 인터솔트의 연구에서 측정된 것으로 보인다. 적어도 비욘 폴코Bjorn Folkow에 따르면 인터솔트의 교신 저자인corresponding author 논문에 관한 질문 등에 답할 수 있는 논문의 책임 저자 폴 엘리엇Paul Eliot이 인터솔트 연구에서 심박수가 측정되었다는 것을 자신에게 알렸다고 했다.[160] 이 심박수 데이터가 인터솔트에 의해 어떤 이유로 발표되지 않았는지 결코 알 수는 없지만, 저염 식이가 심박수를 증가시킨다는 것은 잘 알려져 있다.[161] 인터솔트야말로 자신의 이론을 뒷받침하는 연구 결과는 공표하고, 그렇지 않은 연구 결과는 사장死藏시키는 또 다른 예가 아닐까? 인터솔트는 공식적으로 "과학 조사의 독립성, 데이터의 온전함, 그리고 정보의 기밀성을 보존할 필요성 때문에 그들의 기본 데이터를 공개하는 것을 거절했다."라고 밝혔지만,[162] 이들 저자의 설명은 아무런 논리가 없는 것 같았다.

또 다른 설명은 다음과 같다. 만약 심박수 데이터가 실제로 측정되고 발표되었다면, 인터솔트의 연구는 아마 저염 식이의 폐해를 보여 주었을 것이다. 포크로우Folkow가 시사했듯이 심장과 동맥에 대한 총 스트레스는 혈압과 심박수의 조합에서 비롯된 것이다. 이것은 나트륨 섭취에 관한 한 의학계에서 실제로 잘 받아들여진 사실이다. 포크로우는 저염 식이가 심장과 동맥에 대한 전반적인 스트레스를 높여 고혈압과 심부전의 위험을 증가시킨다고 결론지었다.[163]

## 최소 공통 분모 찾기

2005년 무렵에 미국 의학원IOM Institue of Medicine은 자신들의 기준으로 볼때 소금 부족의 가능성이 낮은 것으로 보이는 최소 수준의 적절한 나트륨 섭취량AI adequate intake을 결정했다. 나트륨 AI는 건강한 사람이나 적당히 활동적인 사람 모두의 요구를 충족시키고, 더운 기후에 순응하지 못한 개인들acclimatized individuals 특히, 더운 날씨이거나 열에 적응하지 못하는 사람은 땀을 통해 엄청난 양의 NaCl이 소실된다에게 땀을 통해 잃어버리는 나트륨의 손실을 보상하려는 의도였다. 9~50세의 나트륨 AI는 하루에 1,500mg으로 정했으며, 게다가 더 어리거나 나이가 많은 사람의 나트륨 AI는 좀 더 낮았다. 그리고 '매우 활동적'이거나 '극한 더위 상황에 노출된 근로자'는 적용되지 않았다.[164]

여기서 미국 의학원IOM은 어떤 기준과 방법을 통해 하루에 나트륨 1,500mg이 적절한 섭취량이라고 판단했을까? 그 수치는 다음 두 가지 지표를 고려한 것으로 보인다.

1) 소금 제한을 통해 나타날 수 있는 폐해(예를 들어, 레닌renin, 알도스테론aldosterone, 노르에피네프린norepinephrine, 지질lipid, 인슐린insulin, 심박수) 등의 증가에 대해 전혀 주의를 기울이지 않았고, 소금 감소를 통한 혈압 강하의 이점만을 논한 점.

2) 소변, 피부 및 대변을 통한 염분 손실, 즉 약물, 생활 방식(카페인 또는 저탄수화물 다이어트) 또는 현재 질병 상태에 의한 소금 손실을 고려하지 않은 점.[165]

또 미국 의학원IOM은 청소년과 모든 연령(14세 이상)의 성인에 대해 나트륨에 대한 허용 가능한 상한 섭취량UL upper intake level을 하루에 2,300mg으로 정했다. 상한 섭취량은 건강에 악영향을 줄 위험이 없는 일일 영양 섭취량 중 가장 높은 수준이다. 나트륨의 경우 고혈압을 멈추기 위한 식이 요법 접근법DASH Dietary Approaches to Stop Hypertension의 나트륨 실험을 통해 얻은 데이터를 포함한 몇 가지 실험을 기반으로 했다.[166] 미국 의학원IOM에 의해 평가된DASH-Sodium 실험과 또 다른 실험에서는 나트륨 섭취가 하루에 2,300mg으로 감소했을 때 혈압이 낮아졌고, 이 섭취 수준은 하루 1,500mg의 적절한 나트륨 섭취량보다 높은 수준이었다는 점이 파악되었다. 따라서 나트륨 섭취량 2,300mg이라는 상한치는 뇌졸중이나 심장 마비와 같은 회복이 거의 어려운 말기 상태를 기준으로 한 것이 아니라 그것의 대리 지표surrogate marker 代理指標인 혈압을 기준으로 한 것이다.

그 후 미국 의학원IOM의 나트륨 섭취량 상한치UL 2,300mg은 2005년에 식이 요법 지침에 통합되어 모든 미국인은 나트륨 섭취를 2,300mg 이하로 제한할 것을 권고했다.[167] 추가로 '고혈압이 있는 사람, 흑인, 중년 및 노년층'에게는 하루에 1,500mg 이하의 나트륨 섭취를 권고했다. 흥미롭게도 2005년은 식이 지침이 시행된 첫 해였다. 미국인들은 특히 고혈압의 위험을 낮추기 위해 소금 섭취를 줄일 것을 권고받았다. 1980년으로 돌아가 보면, 그때의 식이 지침은 소금을 낮추라는 권고가 주로 고혈압에 적용된다고 언급했다. 즉, 과도한 나트륨 섭취의 주요 위험은 고혈압을 가진 사람들을 위한 권고라는 것이다. 어떻게 그런 일이 일어났을까?

이것은 의사 로렌스 아펠Lawrence Appel[168]의 영향이었을 것이다. 아펠은 2005년 영양소 섭취[169]기준에 관한 의학 자문단의 의장이면서 미국 심장협회의 대변인이었다. 그는 또한 전 세계의 나트륨 섭취를 줄이기 위한 목적을 천명한 워쉬WASH[170]의 이사진理事陣이었다. 아펠은 오랫동안 대리 지표代理指標 surrogate marker인 혈압에만 초점을 두었으며, 저염 식이로 인한 혈압의 '혜택'으로 뇌졸중과 심장 마비가 결정적으로 감소한다고 해석했다. 모든 저염 옹호자들과 마찬가지로 아펠은 레닌, 알도스테론, 트리글리세라이드triglycerides, 콜레스테롤, LDLlow-density lipoprotein 인슐린, 심박수의 증가와 같은 수많은 다른 건강 지표(대리 지표라고도 함)에 나트륨을 제한함으로써 나타나는 해로운 영향을 계속 무시했다.

전 세계적으로 나트륨 섭취를 줄이는 것이 유일한 관심사인 아펠이 가진 잠재적인 편향성과 이해 충돌에도 불구하고, 그는 2005년과 2010년에 식이 지침 자문 위원회의 일원으로 임명되었다. 예측되는 바와 같이 미국인을 위한 식이 지침은 미국 의학원(아펠이 애초에 나트륨 섭취 권장에 관한 의장이었던 점)을 따랐고 미국인에게 특히 저나트륨 섭취를 권장하기 시작했다. 실제로 2010년 미국인을 위한 식이 지침은 미국 인구 집단의 약 절반(어린이와 대다수의 성인 포함)에 대해 나트륨 1,500mg이 목표가 되어야 한다고 처음으로 권고했다. 이는 51세 이상 및 '흑인 또는 고혈압, 당뇨, 만성 신장 질환'이 있는 모든 연령대의 사람들에게 적용되었다.[171] 나트륨 1,500mg의 제한 기준이 2015년에 미국인을 위한 식이 지침에서 삭제되었지만 나트륨 2,300mg의 기준은 여전히 남아 있다. 마침내 우리는 그 지침들에서 미묘한 차이를 간파하게 되었다. 이전에는 파리를 잡아 내려치기 위한 망치를 찾으려고 한다저염 식이가 지금껏 전체 인구 집단과 같이 큰 범위에 적용되어 왔다는 의미이다. 닭 잡는 데에 소 잡는 칼을 쓴다는 한국 속담이 이에 해당한다고 느껴졌던 것이 이제는 수십 년 동안 실제 실험 현장에서 우리가 알게 된 것에 힌트를 주기 시작했다. 즉, 저염 식이는 아주 작은 소집단에서만 효과가 있다는 점이다.

그리고 이 시점에서 우리는 마침내 공중 보건 지도자들이 줄곧 우리를 스토킹 해왔고, 우리의 신장을 손상시켜왔고(실제로는 소금에 문제가 있는 것처럼 우리의 관심을 돌리고), 전반적으로 우리의 건강에 낭비를 가해온 침묵의 살인범에 더 중점을 두기 시작했다는 것을 느끼기 시작했다. 그 백색 결정체는 진실로 '독성'의 역할을 가진 것으로 평가받을 만했다. 바로 설탕이다.

## 설탕, 별다른 제지 없이 들어오다.

1950년대 초부터 미국의 과학자 안셀 키즈Ancel Keys는 식이 지방(결국 포화 지방)이 심장병의 원인이라는 생각을 홍보하고 있었다. 동시에 영국의 존 유드킨John Yudkin은 그 책임이 설탕에 있다고 생각했다.[172] 그러나 1961년 미국 심장협회AHA American Heart Association는 공식적으로 포화 지방을 악마화하여 미국인들이 심장병의 위험을 줄이기 위해 동물성 지방 섭취를 줄이고 식물성 오일 섭취를 늘릴 것을 제안했다.[173] 일단 미국 심장협회AHA가 포화 지방이 콜레스테롤 수치를 증가시킴에 따라 심장병의 위험이 증가한다는 지방-심장병 가설을 공식적으로 지지한 다음, 설탕은 공식 입장에서 누락되어 면죄부를 받았다. 그러나, 국가를 대신해서 만들어진 흑(포화 지방)아니면 백(설탕), 이것이 (동물성포화 지방) 아니면 저것(식물성 오일)을 선택하라는 논리는 설탕이 심장병의 주된 원인이라고 제안하는 다른 연구자들이 자신의 입장도 진지하게 받아들여지도록 노력하는 주요한 이유가 되었다. 이와는 대조적으로, 소금은 무죄가 입증되지 않았고 공격받았으며, 1972년 초 무렵에는 국립 고혈압 교육 프로그램에 의해 '불필요한 악'으로 규정되어 유죄 판결을 받았다.[174]

그래서 몇 년 동안 설탕은 스위스의 이미지와 같이 중립적인 위치에서 식이 요법 평가 무대의 전면에 별다른 제지 없이 입장할 수 있었다. 소금(그리고 지방)은 해로운 것으로 여겨졌지만, 설탕은 섭취한 칼로리보다 더 많은 칼로리를 태워 소비해버리는 한 다른 어떤 식재료보다 더 좋지도 나쁘지도 않다고 여기면서 그저 해롭지 않은 것으로 다루어졌다. 이러한 견해는 설탕협회가 수년 동안 설탕이 호의적인 지위를 유지할 수 있도록 의회와 보건복지부 및 여러 건강 단체들을 대상으로 강력한 로비 활동을 하면서 왕성하게 지속되었다.[175] 설탕 생산업계도 이에 발맞추어 올림픽과 같은 인지도가 높은 행사들과 충치 예방 캠페인을 후원하거나 투자함으로써 긍정적인 공공의 이미지를 얻기 위해 노력해 왔으며, 끈질기게 공공 보건 정책의 초점을 설탕에서 멀어지게 유도했다.[176] 심지어 그들은 설탕의 폐해를 과소 평가하는 과학자들과 설탕의 과다 섭취보다는 신체의 움직임이나 운동 부족 탓에 사람들의 허리둘레가 늘어나는 것으로 책임을 돌리는 과학자들에게 자금을 지원했다.[177]

1977년에 설탕 산업은 현대 사회의 비만 문제가 운동 부족이 원인이라고 언급한 하버드 공중보건대학원의 장 메이어Jean Mayer 교수의 견해를 인용했다. 비만의 초점을 '해로운 칼로리'에서 벗어나 '총total 칼로리'로 옮김으로써 설탕은 정밀한 과학적 조사의 레이더 망을 벗어날 수 있었다. 그리고 포화 지방은 설탕보다 그램당 칼로리가 더 많다는 이유를 들어, 비만을 일으키는 원흉이 되었으며 논쟁의 중심에 서게 되었다.[178]

1977년 식이 목표가 발표되기 불과 몇 년 전인 1975년에 알렉산더 알 워커Alexander R. Walker는 설탕이 고혈압이나 심장 질환의 원인이 아니라는 논문을 발표했다. 그는 이 논문을 지지하는 자신의 연구 중 세 가지를 인용했는데, 세 가지 모두 설탕 산업에서 부분적으로 자금을 지원받은 것으로 보인다.[179] 설탕 산업과 이해의 갈등연구비 지원 등을 받으면서 설탕의 해악을 표현하지 못하는 내적 갈등을 빚는 논문 저자들은 설탕이 본질적으로 해롭지 않다고 일관되게 시사하는 반면,[180] 갈등이 없는 저자들은 일반적으로 그 반대의 내용을 보고했다.[181]

이상하게도 1977년 식이 목표 초판에서는 첨가당의 소비를 총 칼로리의 15%로 제한할 것을 권고했고,[182] 2판에서는 정제되고 가공된 설탕의 경우 이를 총 칼로리 섭취량의 10%로 더 줄여서 권고했다.[183] 아! 그 권고가 큰 반향을 불러일으켜서 설탕 소비를 더 줄였다면 얼마나 많은 생명을 구할 수 있었을까! 그러나 이후 몇 년 동안 매체는 주로 소금(타임TIME 매거진의 표지cover

에 소개됨[184]), 콜레스테롤(타임TIME, 1984 [185]), 포화 지방(이미 1961년에 타임TIME 매거진을 강타한 적이 있음[186])에 초점을 맞추었으며, 아무도 설탕 섭취의 해악을 심각하게 받아들이지 않았다. 실제로 1980년부터 2000년까지[187] 20년 동안 반대되는 분명한 증거가 있음에도 불구하고 미국인들을 위한 식이 지침에서는 설탕이 당뇨병이나 심장병을 유발하지 않는다고 언급했다.[188]

1979년에 칼로리 수치가 동일한 밀wheat 전분澱粉을 설탕으로 대체하면 공복 인슐린 수치와 설탕 부하load 負荷에 대한 인슐린 반응이 증가된다는 연구 결과가 나왔다.[189] 그후 1981년에 라이저Reiser와 그의 동료들은 밀 전분이 설탕으로 대체되고 칼로리가 동일하게 유지되었음에도 불구하고 결국 더 많은 사람이 당뇨병/당뇨병 전증前症을 앓게 되었다는 또 다른 연구를 발표했다.[190] 그러나 라이저와 그의 동료의 연구 결과가 발표된 지 4년이 지난 1985년 미국인을 위한 식이 지침에서는 "널리 퍼져 있는 믿음과는 달리 식단에 너무 많은 설탕이 들어 있다고 해서 당뇨병을 일으키지는 않는다."라고 기록했다. 이것은 과학 문헌에 대한 직접적인 모순 상황인 것이다.

나는 직설적으로 이렇게 말해야겠다. "우리는 속았다."라고.

설탕 산업계는 설탕의 해악을 숨기고 대중을 무지하게 만들기 위한 다른 전략들이 있었다. 1977년 식이 목표에 대한 보충적인 견해에서 설탕 산업이 "설탕이 다른 음식을 대체하지 않고 오히려 그 음식의 소비를 촉진한다."라고 발언한 것에 주목해야 한다. "설탕은 엠프티 칼로리empty calorie 영양가가 거의 없거나 전혀 없으며, 몸에 아무런 가치를 주지 않는 칼로리 라고도 불리지만, 실제로는 지방이 없고 콜레스테롤이 없는 순수 칼로리이다. 단지 다른 단백질과 영양분을 제공하는 식품의 첨가물로서는 이상적인 에너지원이다."라고.

이것은 영화 스타워즈starwars에 나오는 기사騎士 제다이Jedi 수준의 속임수이다. 사람들이 설탕을 '순수한 에너지'라고 생각하도록 함으로써 설탕이 본질적으로 해롭지 않다는 통념을 만들어 내는 데 도움을 주었다. 우리가 해야할 일은, 단지 섭취한 설탕의 칼로리를 태워서 소모하는 것뿐이며, 원하는 만큼 설탕을 섭취할 수 있다고 선전한다. 이것은 얼마나 믿을 만한 매력적인 이야기인가!

물론 설탕의 칼로리가 해롭지 않다는 망상은 전혀 사실이 아니다. 설탕의 칼로리는 해롭다. 그리고 인슐린 수치, 뇌의 화학적 성질, 면역계, 염증 및 기타 많은 생리적 변수에 영향을 미치는 방식 때문에 심지어 다른 탄수화물 칼로리보다 더 해롭다.[191] 다행스럽게도 점점 더 많은 과학자들이 설탕의 모호함을 긴파하기 시작했으며, 설탕이 심장병과 다른 종류의 만성 질환 발달의 원인이 된다는 확신을 갖게 되었다.[192] 그러나 당시 설탕 산업계는 설탕의 해악에 관한 언론과 대중의 인식에 영향을 미치는 것뿐만 아니라 의심할 여지 없이 그리고 의미 있게 과학 문헌을 크게 흔들어 놓았다.

2013년 학술지 플로스 메디신PLOS Medicine에 최근의 체계적인 검토 보고서 중 하나가 발표되기 전까지 수년간 설탕 산업계와의 이해 갈등의 영향은 결코 수치화되지 않았다. 여기서 식품 산업과 이해 관계가 얽혀 있는 연구에서는 '83.3%가 가당加糖 음료와 체중 증가/비만을 연관시키는 증거를 찾지 못했다.'라는 분석 결과를 발표했다. 이와 대조적으로 식품 산업과 이해 관계가 없는 연구에서는 정확히 동일한 비율(83.3%)로 가당 음료가 체중 증가와 비만에 결정적인 관련이 있다는 긍정적인 연관성을 발견했다고 분석 결과를 발표했다. 이 검토 보고서는 상반되는 이해 관계의 갈등으로 인해 과학계가 얼마나 많은 영향을 받았는지를 단지 살짝 보여 준 것뿐이다.[193] 이것이 우리 식단에 첨가당의 해악과 관련하여 캐나다 상원 앞에서 증언하는 동안 내가 강조한 핵심 메시지였다.[194]

## 미국인의 설탕 사랑

한걸음 물러서서 설탕이 우리 모두를 속박하기 전의 세상을 알아보자. 1776년 미국에서 정제된 설탕의 섭취량은 연간 1인당 약 1.8kg(4파운드)에 불과했는데[195] 이는 커피 한 잔에 설탕 한 티스푼을 넣는 양을 조금 넘는다. 하지만 1909년에서 1913년까지 약 34.5kg(76파운드)이 넘게 늘어났다.[196] 이것은 하루에 설탕이 입혀진 컵케이크cupcake 4개를 먹는 것과 같은 양이다. 비슷한 설탕 섭취의 증가가 영국에서도 발생했다. 1700년대에 영국인의 정제당의 평균 섭취량은 1인당 연간 약 1.8kg(4파운드)에 불과했다. 그 수치는 1950년까지 25배, 즉 약 45kg(100파운드)으로 증가했다.[197] 설탕 섭취량이 급증하는 이 시기 동안 유럽에서의 소금 섭취량은 18세기 후반 1인당 하루에 약 70g에서 1950년에는 겨우 10g으로 약 7배 떨어졌다.[198] 이것이 시사하는 바는 분명하다. 소금이 아닌 설탕의 섭취량 증가가 유럽에서 만성 질병의 증가와 비례하며, 미국에서도 같은 일이 벌어졌다는 점이다.

미국에서는 첨가당(설탕 그리고 고高과당 옥수수 시럽high-fructose corn syrup까지)의 1인당 섭취량이 1920년까지 연간 약 45kg(100파운드)에 달했고, 1980년 후반까지 이 수준을 유지했으며, 다시 꾸준히 증가하기 시작한 2002년에는 약 54kg(120파운드)으로 증가했다. 이것은 하루에 거의 150g의 설탕, 즉 설탕이 입혀진 컵케이크 6개 정도의 양이다. 그때 연간 1인당 총 칼로리 감미료 중 약 69kg(152파운드)이라는 믿기 어려운 양이 소비되고 있었다[약 15kg(32파운드)의 차이는 꿀, 포도당, 덱스트로스에서 발생].[199]

따라서 미국의 정제당 섭취량은 1776년에서 2002년까지 30배 증가했다. 흥미롭게도 이것은 고혈압, 당뇨병, 비만, 신장 질환과 같은 만성 질환의 증가와 비례한다는 것이다.

미국의 소금 섭취량의 추정치는 찾기가 더 어렵기 때문에 단서를 찾기 위한 새로운 출처를 찾아보아야 한다. 예를 들어, 군대 배급량은 그 시대의 규정 섭취량을 비교적 안정적으로 반영하고 있는데, 군대 배급량을 살펴보면 1800년대 초부터 1950년까지 소금 섭취량이 약 50% 감소했을 가능성을 시사한다.

실제로 1812년 전쟁, 멕시코 전쟁(1838년), 남북 전쟁(1860~1861년)의 군대 배급량에는 18g이 넘는 소금이 포함되었다.[200] 그러나 이 수치는 동일한 군인들에게 배급된 약 28g(20온스)의 쇠고기, 우유, 맥주 또는 럼주 등에 들어 있는 소금은 포함되지 않은 수치였다. 남북 전쟁이 끝날 무렵에 한 병사의 일반 육류 배급량에는 돼지고기 또는 베이컨 약 340g(0.75파운드)과 소금에 절이거나 절이지 않은 쇠고기[201] 약 570g(1.25파운드)이 포함되었고, 소금 배급량은 약 18g이었다. 이 모든 것은 1800년대 미국에서의 소금 섭취량이 하루에 약 20g이었음을 시사한다. 이는 오늘날 우리가 소비하는 소금 섭취량의

두 배 이상이다.[202]

　일반적으로 1950년 무렵과 그 이후 미국과 유럽의 소금 섭취량은 아마도 이전 수백 년 동안 소비된 것의 절반일 것이다. 따라서 소금 섭취량의 증가가 서양에서 만성 질환의 증가와 비례할 가능성은 매우 낮다. 만약 어떤 관계가 있다면 그것은 반비례 관계였다. 미국(1911년)에서 가정용 냉장 시설이 보급되면서[203] 소금 섭취량은 감소 추세에 있다. 그리고 이 추세는 미국에서 설탕이 '중독량toxic dose'으로 소비되고 있을 바로 그 무렵에 일어났을 것이다.

　그리고 우리는 1930년대까지 내내 거슬러 그 나라의 건강 상태에 대한 설탕의 영향을 추적할 수 있었다. 심장병으로 인한 사망률이 20%에 불과했던 1935년 미국에서 질병의 원동력으로 소금보다는 설탕이 연루되었음을 보여주는 증거를 발견할 수 있었다. 그러나 1950년에 이르러 심장병은 미국에서 사망의 주요 원인이 되어 전체 사망자의 약 35%를 차지했다.[204] 1960년에 이르러 이 수치는 전체 사망자의 39%(65만 명 이상 사망)까지 증가했으며, 동맥 경화성 심장 질환은 이들 사망자의 3/4이 되었다. 다른 자료에 따르면 1940년에서 1954년 사이에 관상 동맥 질환으로 인한 사망률은 남성에서 40%, 여성에서 16% 정도 증가했다.[205] 이 모든 것이 1930년 이후 냉장 시설의 이용이 널리 확산되어 소금 섭취가 내내 감소하고 있던 중에 일어난 일이었다.

　식습관의 변화가 일반적으로 질병의 만연(심장병과 같은)으로 이어지는 데는 약 20~30년의 시간이 걸린다. 따라서 1935년 무렵에 극적인 심장병의 증가가 있으려면 미국의 식이 물질의 '독성 임계점toxic threshold'이 1905년에서 1915년 사이의 어느 시기에 도달해야만 했을 것이다. 유용한 자료에 의하면 미국에서 1905년에서 1915년 사이의 자료는 소금이 독성 임계점에 도달했다고 시사하지 않는다. 그러나 설탕의 섭취는 임계점에 도달했다.

　한걸음 물러서서 유럽과 미국에서 지난 수백 년 동안 설탕과 소금 소비 추정치를 연구해 보면, 소금이 아닌 설탕이 문명의 만성적인 질병에 기여할 주범主犯이 될 가능성은 충분히 명백해진다. 그러나 한번 씌워진 악마화된 소금 이미지를 벗기는데 수십 년이 걸린 것처럼, 비윤리적인 설탕 연구의 후광 효과halo effect가 밝혀지기까지는 수 년이 걸렸으며 앞으로도 많은 시간이 요구

될 것이다.

1980년 미국인을 위한 식이 지침은 1977년 식이 목표의 모든 권고안을 수용했지만 모든 대상은 아니었다. 설탕은 원래 발표된 여섯 가지 목표 중 식이 지침에서 특정 섭취 한도를 적용 받지 않은 유일한 식이 목표였다. 그래서 권고안과 가장 달콤한 거래를 할 수 있었다. 이와는 대조적으로 소금과 포화 지방 및 콜레스테롤은 그 이후 수십 년간 모두 구체적이고 엄격한 제한을 받았다. 특이할 점은 식이 콜레스테롤은 거의 40년이 지난 오늘날까지 심장병의 원인으로 중요하게 간주하지 않는다는 점이다.[206]

1980년 미국인을 위한 식이 지침은 "미국인들은 1년에 평균 약 59kg(130 파운드) 이상의 설탕과 조미료를 사용한다고 추정된다." 라고 언급했다. 그러나 그들은 계속해서 "널리 알려진 바와 달리 식단에서 설탕을 많이 사용한다고 해서 당뇨병이 발병된다고는 볼 수 없다." 그리고 "가장 흔한 당뇨병 유형은 비만 성인에서 나타나는 것이지, 과체중을 교정하지 않고 설탕을 피한다고 해서 문제가 해결되는 것은 아니다." 또 "설탕이 심장 마비나 혈관 질환을 유발한다는 설득력 있는 증거는 없다." 라고 언급했다.[207]

지금 돌이켜 보면 식이 지침이 의도적으로 설탕을 옹호하고 있었던 것으로 보인다. 1980년의 전반적인 권고는 "과도한 설탕을 피해야 한다."였다. 1985년에 이르러서는 "설탕을 너무 많이 먹지 말아야 한다."라고 했다. 1990년에는 "설탕을 적당히 사용해야 한다."였고, 1995년에는 "설탕이 적당히 있는 식단을 선택해야 한다."라고 했다. 마치 우리가 적당한 양의 정제당이 들어 있는 식단을 먹어야 하는 것처럼. 마지막으로 2000년 무렵에는 "설탕은 당뇨병을 일으키지 않는다." 또는 "설탕이 당뇨병을 유발한다는 증거가 없다."와 같은 단정적인 진술은 삭제되었다. 단지, 조언은 "설탕 섭취를 조절하기 위해 음료와 음식을 선택해야 한다." 라는 것이었다.

2002년에 이르러서야 마침내 첨가당은 1977년 이후 처음으로 구체적인 섭취 한도가 권고되었다. 그러나 미국 식이 지침에서는 첨가당의 제한이 권고되지 않았다. 이 제한이 권고되지 않은 것은 첨가당의 경우 총 칼로리의 25%까지 허용한다는 보고서를 발표한 미국 의학원IOM에서 나온 것이다.[208] 25년 후(1980년 미국 식이 지침 이후 25년이 지난 2005년 무렵) 마침내 설탕에 대한 제한이 권고되었는데 이 수치는 지난 수십 년 전에 허용되었던 수치의 두 배가 넘는 수준이었다. 심지어 2005년에 이르러서는 미국인의 식이 요법 지침은 첨가당의 경우 하루에 72g(하루에 2,000칼로리를 기준으로 총 칼로리의 14% 이상)까지 된다고 언급했는데, 이는 연간 약 26kg(58파운드)에 이르는 수치다.[209]

2010년 무렵 미국 식이 지침은 엄밀히 총 칼로리의 19%(하루 3,000칼로리 기준) 정도에 해당하는 첨가당(하루 143g이라는 엄청난 양)을 허용했다. 비록, 2010년 미국 식이 지침에서 칼로리의 19%를 첨가당으로 섭취할 수 있다고 구체적으로 명시하지 않았지만, 고형 지방solid fat을 섭취하지 않으면 엄밀히 이 양은 허용되었다.[210]

다행히도 2015년 식이 지침 자문 위원회는 이러한 잘못된 점들을 바로잡아, 칼로리의 10% 정도만 첨가당[2,000칼로리당 약 50g, 연간 합산하면 약 18kg(40파운드)에 이르는]에서 섭취하도록 권고하고 있다.[211] 정부의 영양 표시 라벨에는 이제 1인분당 첨가당의 양이 구체적인 수치로 포함될 것이다. 미국인들은 마침내 자신들의 건강을 위한 최선의 음식 선택을 위해 필요로 하는 정보와 지침을 얻게 될 것이다. 20년 이상 지나면, 사건의 심판을 위해 명확히 기소된 흰색 결정체인 설탕은 영양 표시 라벨에서 눈에 띄도록 두드러진 표식을 갖게 될 것이다. 불행하게도 잘못 기소된 흰색 결정체인 소금 또한 눈에 띄게 두드러진 채로 남아 있을 것이다. 우리는 오래 전에 소금을 제대로 된 위치에 세워 정의롭게 만들었어야 했다.

오래된 믿음은 쉽게 없어지지 않는다. 그리고 소금을 많이 섭취한다는 것은 언론, 의사 진료실, 심지어 '심장 건강에 좋다는' 식당 메뉴에서조차도 심장병에 기여하는 것으로 여전히 맹렬한 비난을 받고 있다. 이러한 주장 뒤에 숨어 있는 통념들을 자세히 살펴보고, 이를 타파해 나가자. 그리고 마지막으로 심장병을 일으키는 진짜 원인을 해결하자.

# | 04 심장병을 일으키는

## 진짜 주범主犯은 누구인가?

해조류가 들어간 국과 쌀을 아침 식사로 먹으며, 저녁 식사로 구운 소갈비와 다양한 종류의 반찬을 먹는 동안 평균적인 한국인들은 하루에 나트륨을 4,000mg(소금 약 13g) 이상을 섭취한다. 그들은 소금이 많은 육수 국물로 만든 떡국과 염도가 높은 간장으로 재워 구운 불고기, 그리고 소금에 절인 김치를 말 그대로 끼니마다 먹는다.

그럼에도 불구하고 한국인들은 어찌된 일인지 고혈압과 관상동맥 질환 및 심혈관 질환으로 인한 사망률에 있어서 전 세계에서 가장 낮은 수치 가운데 하나를 보인다.[212] 이것은 '한국적 역설paradox'이라고 알려져 있는데, 한국의 경우를 한국 이외의 다른 나라 13개국의 경우와 비교해 보더라도 고염 식이high-salt intake에 관한 역설들paradoxes을 훨씬 더 많이 얻을 수 있다.

전 세계에서 관상동맥 질환으로 인한 사망률이 가장 낮은 3개국(일본, 프랑스, 한국)은 모두 고염 식이를 한다.[213] 현재 심장 건강 식단으로 널리 추천되고 있는 지중해식 식단은 소금 함량이 상당히 높다(정어리와 멸치, 올리브와 케이퍼caper 지중해산 관목의 작은 꽃봉오리를 식초에 절인 것, 숙성된 치즈, 수프, 조개류, 염소젖을 생각해 보면 알 수 있다). 미국인 만큼이나 소금을 많이 섭취하는 프랑스인은 치즈, 수프, 전통빵, 소금에 절인 고기를 즐겨 먹는데도 관상동맥 질환으로 인한 사망률이 낮다.[214] 노르웨이는 미국보다 소금을 더 많이 섭취하지만 관상동맥 질환으로 인한 사망률은 더 낮다. 스위스나 캐나다 조차 고염 식이를 함에도 불구하고 뇌졸중으로 인한 사망률이 매우 낮다.[215]

중요한 것은 고염 식이를 한 국가들 중 많은 나라는 전 세계에서 기대 수명life expectancy이 가장 긴 일본을 포함히여 매우 긴 기대 수명을 가지고 있다는 점이다.[216] 대조적으로 라트비아의 소금 섭취량(7g)은 일본(13g)의 절반이지만 사망률이 10배 이상 높다.[217]

물론 이런 수치에 영향을 미치는 많은 요인이 있겠지만, 예를 들어 한국의 나트륨 섭취 대부분은 가공 식품이 아닌 김치(채소를 소금을 사용해서 절이고 발효시킨 음식으로 다른 이로운 성질이 있을 가능성이 있다)에서 나온다는 사실이다.[218] 결론을 말하면, 많은 양의 소금을 먹는 것으로 알려진 나라에서도 관상동맥 질환율은 가장 많은 양의 나트륨을 소비하는 사람들 중에서 가장 낮은 수치를 보인다는 것이다. 예를 들어, 한국의 여성 중에서 가장 많은 양의 나트륨을 섭취하는 그룹은 가장 적은 양의 나트륨을 섭취하는 그룹에 비해 고혈압의 발병률이 13.5% 더 낮다.[219] 그리고 고염 식이를 하는 전체 비교 집단 중 적어도 14개국은 관상동맥 질환으로 인한 사망률이 낮다.[220] (다음페이지 도표 참조: 고염 식이를 하는 집단에서 보이는 낮은 심장 질환 위험성) 이 모든 나라들은 미국인들과 동일한 양의 소금을 섭취하지만 관상동맥 질환으로 인한 사망률은 더 낮다.

## 고염 식이를 하는 집단에서 보이는 심장 질환의 낮은 위험성

| 비교 집단 | 나트륨 섭취량 | 비고 |
|---|---|---|
| 이탈리아 수녀修女 | ~3,300mg/일 | 10건의 치명적인 심혈관 질환<br><br>21건의 치명적이지 않은 심혈관 질환 |
| 이탈리아 평平 여신도女信徒 | ~ 3,300mg/일 | 21건의 치명적인 심혈관 질환<br>48건의 치명적이지 않은 심혈관 질환 [221]<br><br>30년의 후속 조사 후 90% 이상의 수녀들이 여전히 살아 있었으며, 정상적인 소금 섭취가 고혈압을 유발하지 않으며 심혈관 질환이나 조기 사망을 유발할 가능성은 낮은 것으로 보인다. |

| 비교 집단 | 나트륨 섭취량 | 비고 |
|---|---|---|
| 한국,<br>프랑스,<br>일본,<br>포르투갈,<br>스페인,<br>이탈리아,<br>벨기에,<br>덴마크,<br>캐나다,<br>호주,<br>노르웨이,<br>네덜란드,<br>짐바브웨,<br>스위스. [222] | 모두 고염 식이를 하는 집단 | 한국(세계에서 관상동맥 질환으로 인한 사망률이 가장 낮은 나라), 프랑스(두 번째로 낮은 나라), 일본(세 번째로 낮은 나라), 포르투갈(여섯 번째로 낮은 나라), 스페인(열 번째로 낮은 나라),이탈리아, 벨기에, 덴마크, 캐나다, 호주, 노르웨이, 네덜란드, 짐바브웨, 스위스(기타 순위)[223]<br><br>이들 나라 모두는 미국인들과 동일한 양의 소금을 섭취하지만 관상동맥 질환으로 인한 사망률은 더 낮다.<br><br>일본은 기대 수명이 전 세계에서 가장 길다.[224]<br><br>라트비아는 소금 섭취량(7g)이 일본(13g)의 절반정도이지만 사망률은 10배 이상 높다.[225] |
| 한국 | 고염 식이 | 관상동맥 심장 질환은 나트륨 섭취량이 가장 많은 사람에게서 가장 낮은 것으로 보인다.<br><br>한국 여성의 경우, 가장 많은 양의 나트륨을 섭취하는 집단은 가장 적은 양의 나트륨을 섭취하는 집단에 비해 고혈압 발병률이 13.5% 정도 낮았다. "나트륨 섭취는 고혈압이나 뇌졸중의 발병률에 상당히 제한적인 영향을 미친다."[226] |

사람들은 소금이 혈압을 상승시켜 결국 뇌졸중과 심장 마비의 위험을 증가시킨다는 것을 반복해서 들어왔다. 비교 집단 자료를 살펴보면 고염 식이는 뇌졸중이나 심장 마비를 일으키지 않는 것이 분명하다. 만약 그렇다면 우리는 고염 식이가 심혈관 질환과 조기 사망의 위험을 낮춘다는 것을 알 수 있다. 이런 일이 어떻게 일어난 것일까? 한국 사람들(그리고 프랑스인과 일본인)은 이렇게 많은 소금을 섭취하면서도 어떻게 건강한 심장을 누리는 것일까? 소금 섭취가 왜 혈압을 올리지 않는 것일까? 이제 소금 섭취량이 낮을 때와 높을 때 및 그 중간에 해당하는 양을 섭취할 때 각각 실제로 몸에서 어떤 일이 일어나는지 자세히 살펴보자.

## 소금-혈압 관련성

언뜻 보기에 소금-혈압 가설은 다음과 같이 일견 일리가 있어 보였다. "과도한 양의 소금은 인체가 과도한 수분을 유지하게 하고 대부분의 사람에게 고혈압을 유발한다. 결과적으로 소금 섭취를 줄이면 혈압이 낮아질 것이다." 이이론은 지극히 상식적이고 간단하며 논리적인 설명이 아닌가? 그러나 앞에서 살펴보았듯이 이 논리는 완전히 잘못된 것이다. 진실은 바로 여기에 있다.

소금-혈압 가설은 다음과 같이 주장한다. 정상 혈압은 120/80mmHg 미만이다. 그러나 하루에 소금 섭취량을 약 2,300mg(소금 6g)으로 줄이면 0.8/0.2mmHg의 미미한 혈압만 낮출 수 있다.[227] 그래서 어처구니 없을 정도로 단조롭고, 몸을 쇠약하게 만드는 소금 제한 식이를 겪고 난 다음에 혈압은 이제 119/80mmHg 근처를 맴돌지도 모른다. 그러나 이것은 큰 차이가 아니라 단순히 일시적인 변화일 뿐이다. 게다가 앞서 살펴보았듯이 정상 혈압을 가진 사람의 약 80%는 소금에 의한 미미한 혈압 상승 효과에 민감하게 반응하지 않는다. 고혈압 전조 증상을 가진 사람 중 약 75%는 소금에 민감하지 않으며, 완전히 진행된 고혈압을 가진 사람 가운데에서도 약 55%는 소금에 민감하지 않다. 고혈압 환자(혈압 140/90mmHg 이거나 그 이상)에서도 소금을 줄이면 혈압이 3.6/1.6mmHg 밖에 떨어지지 않는다.[228]

또 앞에서 살펴보았듯이 정상 혈압 이거나, 고혈압 전조 증상, 또는 고혈압을 앓고 있는 사람들이 소금 섭취를 제한하면 오히려 혈압이 상승할 수도 있다.[229] 소금 섭취가 심각하게 제한될 때 인체는 음식에서 더 많은 소금과 물을 유지하려고 격렬하게 노력하는 복구 시스템을 활성화하기 때문이다. 이와 같이 작동하는 복구 시스템은 인체의 레닌-안지오텐신 알도스테론 시스템RAAS renin-angiotensin aldosterone system(혈압을 증가시키는 것으로 잘 알려져 있다)과 교감 신경계(심박수 증가로 잘 알려져 있다)의 작용을 포함한다.[230] 혈압과 심박수가 증가하므로 분명히 이것은 체내에서 일어나기를 기대하는 것과는 정반대의 작용이 아닐 수 없다.

저염 식이의 또 다른 결과는 혈액량이 감소함에 따라 전체 말초 저항peripheral resistance을 증가시켜[231] 동맥이 더 수축할 수 있다는 것이다. 이렇게 더 작게 수축한 동맥에서 심장은 증가한 저항에 맞서기 위해 더 힘차게 펌프질할 필요가 있고, 심장에서 나오는 혈액의 압력은 훨씬 더 높아질 필요가 있는 것이다. 전체 말초 저항은 심장과 동맥에 추가적인 스트레스를 주어 만성적으로 높아진 혈압을 더 취약하게 만든다. 다시 말해 저염 식이를 실천함으로써 우리가 예방 및 치료하려고 하는 바로 그 질병, 즉 고혈압이 실제로는 저염 식이에 의해 야기될 수도 있다는 것이다.

요컨대 인체에서 벌어지는 소금의 이런 작용 때문에 소금이 악마처럼 취급되었다. 로버트 헤니Robert Heaney는 영양 투데이Nutrition Today에서 '나트륨 섭취의 궁극적인 생리적 목적은 정확히 혈압의 유지'라고 밝혔다. "나트륨을 악마 취급하는 것은 증거에 의해 뒷받침되지 않을 뿐만 아니라, 포유류의 신체에서 나트륨의 가장 기본적인 기능을 무시하기 때문에 반反생리학적counter-physiological이기도 하다." [232] 슬프게도 20세기 초 연구에서 가정을 잘못한 탓에 이후 소금에 대해 죄가 없음을 나타내는 압도적인 증거들이 무시되었다. 당시 과학에 귀를 기울이는 사람이 너무 적었고, 아주 많은 사람이 논쟁을 벌였으며, 잘못된 가정의 끝맺음을 보느라 너무 많은 시간을 소비했다.

## 왜 우리는 그렇게 오랫동안 그 거짓말을 믿었을까?

1970년대 후반부터 시작된 대중을 상대로 하는 소금에 반대하는 공공 캠페인은 소금의 유해성과 관련해서 과학자들 사이에 이미 의견이 통일되었다는 인상을 심어 주었다. 그리고 대중의 시선에서는 정부와 보건 당국이 사람들에게 소금의 해악을 설명하면 그것은 틀림없는 사실로 받아들여졌다. 하지만 불행하게도 그것은 사실이 아니었다. 실제로 나중에 자마JAMA의 한 편집자가 기술한 것처럼 '소금 덜 먹기' 메시지를 밀어붙이는 정부 당국은 과학적 사실을 훨씬 뛰어넘는 소금 교육에 전념했다.[233]

1904년 암바르Ambard와 보차르Beauchard가 위대한 '소금-혈압' 신화를 창조한 뒤에[234] 다른 초기 연구들은 엄청난 양의 나트륨을 공급할 때만 혈압이 증가하는 것을 발견했다.[235] 이러한 효과가 나타나기 위해서는 나트륨 18,000mg(일반 나트륨 섭취량의 다섯 배, 소금 약 47g) 이상을 투여해야 했다.[236] 다른 연구 간행물에서는 정상 환자에게서 유사한 결과를 보였다. 때때로 정상 섭취량보다 최대 여덟 배나 많은 양을 섭취해도 정상 혈압을 가진 환자에게는 고혈압이 발생하지 않았다.[237] 소금에 반대하는 과학자들은 이 순간의 패배를 인정하기는 커녕 이러한 연구들이 소금 섭취가 고혈압에 대한 긍정적 효과를 보여 줄 만큼 오래 지속되지 않았다고 더 끈질기게 주장했다. 그래서 다른 연구자들은 고혈압의 증거를 발견할 수 있는지 알아보기 위해 더 오랜 기간(수일보다는 몇 주) 동안 고염 식이를 실험하기로 결정했다. 커켄달 Kirkendall과 그의 동료들은 정상 혈압을 가진 중년 남성들을 대상으로 연구를 진행했다. 4주 동안 매우 낮은 나트륨 섭취량(230mg/1일, 소금 약 0.6g)에서 높은 나트륨 섭취량(9,430mg/1일, 소금 약 24.5g)으로 바꾼 결과, 몸 전체 체액과 혈압에 변화가 없다는 사실을 발견했다.[238] 소금 부하salt loading로 인해 혈관이 이완됨에 따라 실제로 말초 혈관 저항이 줄어들었다. 연구자들은 수축기와 이완기 및 평균 혈압에 변화가 없다고 결론을 내렸다. 다른 연구자들의 연구 결과도 비슷했다.

결론은 혈압이 조금이라도 오르게 하기 위해서는 정상 혈압의 환자에게 천문학적인 양의 소금을 섭취하게 해야 한다는 것이었다. 게다가 고염 식이 부하high-salt loads가 실제로는 혈관을 이완시키는 작용을 할 수 있다. 워싱턴 의과대학의 벨딩 스크리브너Belding H. Scribner는 소금을 다루는 인체의 능력이 놀랍다고 다음과 같이 말했다. "너무나 놀랍다. 실제로 피실험 집단의 80%가 본대성 고혈압으로의 발전 가능 위험 없이 가장 높은 수준의 습관적 섭취량조차도 처리할 수 있다."[239] 그는 "소금 섭취에 대해 우려할 필요 없는 사람들 중 70~80%에게 죄책감을 느끼도록 하는 저염 지침low-salt guideline은 잘못이라고 말했다." 스크리브너Scribner는 계속해서 집단 범위의 소금 제한 식이에 비해 보다 실현 가능한 해결책을 제안했다. 즉, 소금에 민감성을 가지고 있는 사람들을 식별해서 그 사람들이 속해 있는 집단의 그룹에서만 나트륨을 제한하자는 것이다. 이것은 적어도 논리적인 타당성을 가지는 제안이었다.

그러나 모든 사람이 소금 제한 식이를 해서 건강상 혜택을 볼 것이라는 생각이 선도적인 학계와 정부 기관 및 보건 기관들에 의해 대중에게 크게 홍보되었다. 오늘날에도 소금이 모든 사람에게 혈압을 높인다는 관념은 여전히 보편적으로 자리 잡은 믿음이다. 하지만 사실은 그 반대가 진실이다. 정상 혈압과 혈압 전조 증상 및 가벼운 고혈압이 혼재된 사람들 가운데 5분의 2(41%)가 소금 제한 식이로 혈압이 상승하는 것으로 나타났다.[240] 그리고 고혈압이 있는 사람 가운데에서 3분의 1(37%) 이상이 소금 제한 식이로 혈압(최대 25mmHg까지)이 상승하는 것으로 나타났다.[241] 말하자면 정상 혈압을 가진 사람 5명 중 3명 정도, 고혈압 전조 증상이 있는 사람 5명 중 2명 정도, 고혈압이 있는 사람 3명 중 1명 정도는 소금 섭취를 제한할 때 혈압이 상승한다는 것이다.

만약 우리가 진정으로 소금 섭취가 심장과 심혈관 시스템에 미치는 영향에 대해 걱정한다면, 소금 제한에 따른 심박수 상승은 특히 문제가 된다. 혈압의 감소가 아주 미미한 것에 비해 심박수의 상승은 놀라울 정도이다. 더 중요한 것은 소금 제한 식이로 인해 더 높은 심박수와 혈압을 경험하는 사람들은 분명히 더 나쁜 건강 결과를 얻게 되는데, 이것은 소금 제한 식이가 그들 인구 집단의 훨씬 더 많은 부분에 영향을 미칠 수 있다는 것이다. 정부와 보건 기관들은 소금 제한 식이로 인한 '추정적' 혜택에 대해 잘못된 정보를 제공했다. 그들은 몇 안 되는 소수의 사람에게만 유용한 것으로 입증된 효과를 세계화했다 (몇 안 되는 소수의 이익을 위해 아테네 시민 대다수를 희생한다는 드라코의 생각Draconian idea이 떠오른다).

그렇다. 소금은 어느 정도 몸속의 물을 붙잡고 있는 것은 사실이지만 이것은 생명을 구하는 작용이지 해로운 것이 아니다. 적절한 양의 소금을 섭취하면 인체가 균형을 위해 호르몬의 저장고를 활성화하지 않고도 정상적인 혈압을 유지할 수 있게 된다. 그리고 소금을 많이 섭취하면 물의 과잉 보존을 초래한다는 생각 또한 관계된 문헌에 의해 뒷받침되지 않았다.[242] 사실 고혈압 환자에서는 혈액량이 늘지 않는다는 연구 결과가 일관되게 나왔다.[243] 실제 혈액량 팽창 후에도[244] 혈압이 상승하는 데는 약 75분이 소요되는데, 이것은 정상적인 신장이 정상적인 혈압을 유지하기 위해 여분의 소금과 물을 배설하기에 충분한 시간 이상이다.

본질적으로 소금을 많이 섭취하면, 최소한 정상 기능의 신장을 가진 사람에게서 혈액량 팽창을 초래한다는 주장은 생리적으로 타당하지 않았다. 의학계는 신장이 인체가 보통 하루에 소비하는 것보다 훨씬 더 많은 양의 소금을 배설할 수 있다는 것을 오래 전부터 알고 있었다. 정상 혈압을 가진 사람들은 일반적인 나트륨 섭취량의 10배, 하루에 86g까지 배설하는 것으로 밝혀졌다.[245] 커켄달Kerkendall과 동료들은 정상적인 혈압을 가진 성인의 경우 나트륨 섭취량의 41배 차이에서도 총 체액량total body water을 변화시키지 않았다는 사실을 발견했다.[246] 아마도 저염 식이 지침에서 가장 우려되는 부분은 소금이 제한되었을 때 혈압에 미치는 영향이 얼마나 적은지가 아니라, 혈액량과 같은 정상적인 기능에 얼마나 큰 부정적인 영향을 미치는지에 대한 것이다. 나트륨 섭취를 심각하게 제한하면 혈액량이 약 10~15% 감소할 수 있다.[247] 이 변화는 인체가 탈수증으로 인한 스트레스를 받고 있다는 것을 의미한다. 이 순간 인체는 위급한 상황에 직면하게 되어 소금 유지 호르몬은 혈압이 크게 떨어지지 않도록 인체의 항상성을 유지하는 최후의 수단으로 분비된다.

즉, 저염 식이는 최적의 건강을 위한 방안이 아니라 인체의 위기를 나타낸다. 만약 누군가가 하루에 나트륨 3,000~5,000mg(소금 7.8~13g)을 섭취한다면, 소금을 보유하기 위해 인체는 호르몬들을 분비할 필요가 없는 것이다. 이 사실만으로도 이 정도 수준의 나트륨 섭취량은 몸에 가장 적은 스트레스를 주고, 논리적으로도 인체의 항상성을 유지하기 위해 인체가 선호하는 소금 소비 범위 내라는 확실한 증거가 된다.[248]

그렇다면 그런 편협한 과학이 어떻게 그렇게 오랫동안 버틸 수 있었을까? 슬프고도 단순한 진실을 말하면 사람들은 '쉬운 답을 찾고 있었다'라는 것이다. 환자와 일반 대중에게 저염 식이가 혈압 감소의 원인으로 인식되지만, 사실 이는 저혈액량과 탈수로 이어질 수 있으며, 몸에 추가적인 호르몬 스트레스를 유발할 수 있다고 대중에게 설명하려면 다소 복잡하다. 그러나 '소금 섭취 ⇒ 갈증 증가 + 수분 보유 ⇒ 혈액량 증가 ⇒ 혈압 상승'이라는 '간단한 수식'은 '쉬운 답'을 찾는 일반 대중에게 설명하기가 훨씬 쉽다.

이와 같은 '간단한 수식'은 일면 논리적으로 보였다. 이 생각은 언론, 의료계, 대중, 정부나 보건기관들이 쉽게 이해하고 지지할 수 있는 것 처럼 보였다. 그리고 바로 그 '간단한 수식'으로 인해 소금은 독성이 있고, 혈압이 상승하며, 어느 때보다도 많은 양이 소비되는 중독성이 있는 물질로 악마 취급을 당했다. 계속해서 위 수식의 설명만큼이나 편리하고 간단한 한 연구가 증명되었는데, 혈압 상태와 관계없이 고염 식이를 하는 대다수의 사람에게서 혈액량 팽창이 발견되지 않는다는 연구가 그것이었다. 이 연구가 증명되었을 때 소금-혈압 가설은 정밀한 조사에서 살아남기 위해 진화해야만 했다. 저염 옹호자들은 핵심 전제의 오류를 인정하기보다는 '소금은 나쁘다.'라는 표현으로 초점을 혈액량에서 혈관 저항으로 옮겼다. 저염 옹호자들은 더 높은 소금 섭취와 함께 오는 갑작스러운 혈액량 팽창은 혈관 수축 증상, 즉 말초 혈관 저항의 증가로 이어질 것이라고 주장하기 시작했다.[249]

하지만 재미있게도 후속 연구는 소금 섭취량이 많을수록 혈관 저항이 감소하여 혈관 이완을 유발하는 반면, 저염 식이는 말초 혈관 저항을 증가시킨다는 것을 발견했다.[250] 설령 누군가가 저염 식이로 혈압을 낮춘다고 해도(다시 말하면, 이는 탈수와 저혈량으로 인한 폐해를 나타내는 것이다.) 말초 혈관 저항과 심박수가 증가하여 저염 식이에 따른 혈압 저하 혜택을 크게 능가하는 것처럼 보였다.[251] 스웨덴의 선구적인 고혈압 연구원인 비욘 폴코Bjorn Folkow는 심장과 동맥에 대한 전반적인 스트레스가 심박수와 혈압의 복합적인 영향에서 비롯되었다는 설득력 있는 사례를 만들어 소금 제한 식이가 심박수와 혈압의 복합 효과를 증가시켰음을 시사했다.[252] 즉, 저염 식이는 심장과 동맥에 대한 전반적인 스트레스를 증가시켜 고혈압과 심부전의 위험이 증가한다는 설명이다.

불행하게도 비욘 폴코의 연구는 언론에서 크게 다루어지지 못했다. 그는 정부나 보건 기관들에게 많은 영향력을 행사하는 것 같지 않았기 때문에 그의 생각은 중도에서 무산되었다. 더 중요한 점은 새로운 범인이 고혈압의 원인으로 지목되어 선전되고 있었다는 것이다. 그것은 '나트륨 배설 촉진 호르몬natriuretic hormone'이었다.

새롭게 관심의 대상이 된 나트륨 배설 촉진 호르몬은 나트륨 펌프Na-K-ATPase라고 불리는 신장의 나트륨 재흡수 펌프를 억제함으로써 몸에서 소금과 물을 제거하는 데 도움이 된다고 알려져 있다. 소금 함량이 높은 식단은 이 호르몬의 증가로 이어져 혈관 수축과 고혈압을 유발하는 것으로 알려져 있는데, 혈관 수축은 거의 항상 고혈압 환자에게서 발견되었기 때문에[253] 고혈압에 대한 '나트륨 배설 촉진 호르몬' 이론은 많은 관심을 얻었다. 여기서 무슨 일이 일어났는지 알 것이다. 소금이 모든 책임을 떠맡았다는 것이다.[254]

여러 해 동안 아무도 정확히 나트륨 배설 촉진 호르몬이 무엇인지 알지 못했다. 그러나 오늘날 우리는 이것을 신장의 나트륨 재흡수 펌프를 억제할 뿐만 아니라 심장의 펌프 작용을 증가시키는 부신에 의해 분비되는 스테로이드인 마리노부파게닌MFG marinobufagenin으로 알고 있다. 그러나 고혈압이 마리노부파게닌에 의한 것이고, 소금이 고혈압을 유발한 원인으로 지목되었다면, 고염 식이가 마리노부파게닌의 증가를 이끌어야 한다. 그렇다면 쥐에게 고염 식이를 시행하면 어떤 작용이 나타날까? 소금 민감성salt-sensitive 쥐에서는 실제로 마리노부파게닌이 증가하지만, 소금 저항성salt-resistant이 있는 쥐(소금으로 인한 혈압의 문제가 없었던 쥐)에게는 짠 음식을 먹인 후에 마리노부파게닌이 약간 증가한 것이 발견되었다.[255] 우리가 알고 있는 바와 같이 소금 민감성은 자연적인 상태가 아니고(쥐가 이런 상태를 가지기 위해서는 사육되어야 한다) 인간의 소금 민감성을 유발하는 결함이 무엇이든 간에 그것이 문제였지 소금 섭취 자체는 문제가 아니었다. 고혈압이 마리노부파게닌에 의한 것이고, 소금이 고혈압을 유발한다는 이 가설의 다른 측면 또한 지지를 받지 못했다. 즉, 이 이론대로라면 마리노부파게닌이 증가하면 말초 혈관 저항이 증가되어야 했고, 고염 식이를 하는 인간에게서도 이런 일이 발생해야 하는데 그렇지 않았기 때문이다.[256] 고혈압에 대한 나트륨 배설 촉진 호르몬 이론은 실험에서 입증되지 못했다.

이 모든 논란 내내 눈앞에 빤히 보이는 곳에 해답은 숨어 있었다. 인슐린 저항성과 당뇨, 둘 다 '일관되게' 소금 민감성과 높은 나트륨 배설 촉진 호르몬의 수치와 일치하는 것으로 밝혀졌다. 실제로 당뇨병(1형과 2형 당뇨) 모두 마리노부파게닌(나트륨 배설 촉진 호르몬)의 증가와 관련 있는 것으로 밝혀졌다.[257] 한 연구 그룹은 당뇨병 환자에게서 교란된 나트륨 펌프 기능이 인슐린 저항성, 신장의 나트륨 보존, 고혈압의 발달과 관련이 있다는 것을 발견했다.[258] 다시 말해, 당뇨병을 일으키는 것이 무엇이든 그것이 나트륨 배설 촉진 펌프(마리노부파게닌의 증가를 통해)를 손상시키고 소금에 민감한 고혈압을 일으키고 있었다. 그리고 당뇨병을 유발하는 식이 물질은 의심할 여지 없이 설탕이었다.[259]

마리노부파게닌이 나트륨 배설 촉진 호르몬인 것으로 알려지기 전에, 제1형 당뇨병 환자의 소변에서 마리노부파게닌이 현저하게 증가한 것으로 밝혀졌다.[260]

그래서 신장의 나트륨 펌프 기능의 억제는 실제로 마리노부파게닌에 의한 억제이지만 표면적으로는 당뇨병에 의한 것으로 보였다. 그리고 소금이 아닌 많은 양의 설탕을 섭취하는 것은 당뇨병의 위험 증가와 지속적으로 연관되어 있었다.[261] 설탕이 많이 들어간 식단은 칼로리가 일정하게 유지되어도 당뇨병이나 당뇨병전증prediabetes 前症의 진단을 높이는 것으로 나타났다.[262] 따라서 설탕이 많이 함유된 식단은 마리노부파게닌을 증가시킴으로써 신장 손상과 뇌졸중의 위험성 증가는 물론 고혈압을 일으키는 주범主犯일 가능성이 있다.[263] 설탕이 소금 민감성 고혈압을 일으킬 수 있다는 생각은 영양학적으로 신성 모독으로 여겨졌다. 하지만 1988년 오타비오 지암피에트로Ottavio Giampietro와 그의 동료들이 당뇨병이 혈압을 일으키는 메커니즘을 제시하면서 상황은 달라졌다.[264]

당시 당뇨병에 걸린 사람도 고혈압일 가능성이 높다는 것은 잘 알려진 사실이었다.[265] 그리고 지암피에트로와 그의 동료 저자들은 인슐린을 맞는 당뇨병 환자들이 혈액 내 높은 인슐린 수치로 인해 체내 나트륨이 증가했다는 것을 알고 있었는데,[266] 높은 인슐린 수치는 신장에 의한 나트륨의 재흡수를 자극하는 것으로 알려져 있었다.[267] 다시 말해, 당뇨병 환자들은 소변으로 정상적인 양의 소금을 배설하기보다는 몸속에 소금을 붙잡고 있는 것이다. 또 인슐린 의존성 당뇨병 환자들은 성장 호르몬의 순환 수치가 높았으며,[268] 이 또한 나트륨의 재흡수를 증가시키는 것으로 밝혀졌다.[269] 지암피에트로와 동료들은 '당뇨병은 나트륨을 붙잡고 있는 상태이며 심장, 말초 신경, 혈액뇌관문blood brain barrier 血液腦關門, 적혈구에서 나트륨 펌프 활동이 감소된 상태'라고 결론을 낸 여러 연구 중 첫 번째 연구 그룹이다.[270] 이들은 인슐린이 나트륨 펌프 활동을 자극하는 것으로 밝혀짐에 따라 당뇨병 환자에게 나트륨 펌프가 인슐린 저항성이 되었다고 추측했다.[271] 따라서 당뇨(또는 높은 인슐린 수치)가 소금 민감성 고혈압의 주범이었다는 생각은 일찍이 지암피에트로와 그의 동료들이 당뇨병이 어떻게 혈압을 일으키는가에 대한 메커니즘을 제시했던 1988년으로 거슬러 올라갈 수 있다.

흥미롭게도 세포 내의 나트륨 수치는 마른 사람에 비해 비만형 고혈압 환자에서 더 높은 것으로 밝혀졌다.[272] 본질적으로 비만을 일으키는 것이 무엇이든 간에 그것은 세포 내 나트륨 수치를 증가시킬 수 있다.

1980년대에는 고혈압이 대사 장애, 특히 인슐린 저항성의 상태라는 생각이 마침내 많은 과학자들의 지지를 얻기 시작하고 있었다.[273] 실제로 고혈압은 포도당, 인슐린 수치가 높고 비만이 있는 사람에게서 발견된다. 바꾸어 말하면 고혈압이 있는 사람은 높은 수치의 포도당과 인슐린, 그리고 비만 등 복합적인 문제점을 가지고 있는 것이다.[274] 그리고 본태성 고혈압을 가진 사람들의 80% 정도가 인슐린 저항성을 가지고 있는 것으로 밝혀졌다.[275] 뉴잉글랜드 의학 저널New England Journal of Medicine에 게재하고 있는 또 다른 연구 그룹은 '본태성 고혈압은 인슐린 저항성 상태'라고 결론을 내렸다.[276] 이와 달리 존 유드킨John Yudkin은 설탕이 인간과 영장류에서 공복 인슐린 수치fasting insuline level를 증가시키는 것을 확인했다.[277] 동시에 저염 식이가 인슐린 저항성 혈관을 유발해 혈관 수축을 증가시켰는데, 같은 문제점이 고혈압 환자에게서도 발견되었다.[278] 따라서 설탕의 간섭 없이도 저염 식이가 인슐린 저항성을 일으켜 고혈압에 기여했을 것이라고 말하는 것은 결코 지나친 표현이 아니다.

그러나 여전히 소금을 악마처럼 취급하는 신조dogma는 여간해서는 사라지지 않았다. 이런 설득력 있는 새로운 연구 결과에도 불구하고 고혈압 환자의 약 90%가 본태성 고혈압, 즉 아무런 원인 없이 고혈압을 앓고 있다는 것이 일반적인 의견이었다. 이 사람들은 유전적으로 설탕이 아닌 소금에 취약한 몸을 가진 것으로 숙명처럼 여겨져서 고혈압을 앓게 되었다고 스스로를 생각하게 되었다.[279] 또 이들은 증가한 인슐린 저항성을 가진 것으로 밝혀졌으며, 그들의 인슐린 저항 정도는 증가한 평균 동맥압increased mean arterial pressure과도 관련이 있었다.[280] 고혈압의 가족력이 있는 사람들은 인슐린 저항성의 위험(유병률 45%)이 고혈압의 가족력이 없는 사람들(유병률 20%)보다 두 배 이상인 것으로 밝혀졌다. 이것은 닭이 먼저냐 달걀이 먼저냐는 수수께끼 상황에 빠져들게 했다. 바로 "고혈압이 인슐린 저항성을 유발한 것인가, 아니면 그 반대인가?"라는 문제이다.

본질적으로 고혈압을 가진 부모에게서 태어난 사람은 인슐린 저항력이 높아 나중에 혈압이 높아질 가능성이 있다. 또 연구자들은 이러한 환자들이 탄수화물을 효과적으로 대사代謝할 수 없는 장애가 고혈압으로 발전되기 전에 잘 발견될 수 있다고 결론을 내렸다.[281] 이것은 '인슐린 저항'이 먼저 생기고, '고혈압'이 나중에 발병함을 시사한다. 인슐린 저항성의 원인이 무엇이든 간에 그것은 고혈압을 일으킬 것이다.

이러한 결과는 이후 연구에서 반복적으로 확인되었다.[282] 고혈압 부모의 자녀들은 인슐린 저항성과 높은 수치의 순환성 인슐린으로 발전하는 경향을 보였다.[283] 또 고혈압 전단계나 고혈압은 비만, 인슐린 저항성 등 복합적인 문제들과 함께한다는 연구 결과가 나왔다.[284] 그리고 소금 민감성이 비만과 고高인슐린혈증hyperinsulinemia을 가진 사람들에게 흔하다는 보고가 나오기 시작했다.[285] 그러나 비만은 '칼로리 불균형' 상태라는 오래된 의견은 득세했지만, 인슐린 수치가 증가하면(과도한 설탕 섭취로부터) 체중 증가를 일으킬 수 있다는 이론은 받아들여지지 않았다.

그러나 1980년대 후반부터 2000년대 중반까지의 연구는 비만이 호르몬 불균형의 상태이고, 특히 높은 수치의 인슐린으로 특징지어져 있어 이 높은 수치의 인슐린을 치료하면 고혈압을 치료할 수 있다는 것을 암시하기 시작했다. 실제로 2007년에 발표된 12개월간 진행된 한 연구는 생활 방식 변화와 메트포르민metformin 당뇨약을 투여한 결과로 인슐린 수치가 감소했을 때, 소금 민감성 고혈압이 효과적으로 제거되었다는 것을 보여 주었다.[286] 연구 저자들은 비만(인슐린 저항성, 교감 신경계 활성화 등과 같은)과 함께 나타나는 대사적代謝的 결함으로 소금 민감성 고혈압이 발생하고 있으며, 그러한 대사적 결함을 치료하는 것이 소금 민감성을 바로잡는 것이라고 제안했다. 또 다른 1989년의 연구는 처음에 비해 몸무게를 8% 줄인 비만 청소년들이 소금 민감성 고혈압을 교정할 수 있다는 것을 발견했다.[287] 동물을 대상으로 하는 연구는 이러한 연구 발견을 확장했는데, 쥐에게 메트포르민을 투여하면 소금 유발성salt-induced 고혈압을 예방한다는 것을 보여 주었다.[288] 또 다른 연구는 많은 소금을 먹는 것이 메트포르민의 혈압 저하 효과를 향상시킨다는 것을 발견했다.[289]

이 모든 연구들은 인슐린 저항성과 높은 인슐린 수치가 소금 민감성 고혈압의 중심에 있다는 개념을 뒷받침했다. 설탕을 제거해 인슐린 저항성을 치료하면 소금 민감성 고혈압을 고칠 수 있다. 그러나 소금을 악마처럼 취급하는 신조는 여전히 유지되었고, 설탕이 아닌 소금 섭취를 낮추는 것이 고혈압 예방과 치료를 위한 초점이 되고 있었다.

심지어 나트륨 섭취가 줄지 않았던 경우에도 체중 감소만으로도 혈압이 크게 낮아지는 것으로 밝혀졌다.[290] 한 연구 그룹은 UCLA University of California at Los Angeles대학의 위험 인자 비만 관리 프로그램Risk Factor Obesity Control Program에서 무작위로 추출된 비만 환자 25명을 대상으로 연구했는데, 한 집단은 체중 감량을 하면서 정상적으로 하루에 나트륨 2,760mg(소금 약 7g)을 섭취하고, 다른 집단은 그 보다 적은 나트륨 920mg(소금 2.4g)을 섭취했다. 두 집단의 혈압은 체중 감량에 비례하여 떨어졌다. 이 연구 결과가 보여 주는 것은 명확했다. 즉, "체중을 줄이면 소금 섭취를 급격히 줄일 필요 없이 혈압도 따라서 감소한다."

설탕이 소금에 민감한 고혈압의 원인이라는 것을 보여 주는 마지막 증거가 하나 있었는데, 그것은 코르티솔Cortisol이었다. 국소 코르티솔 과다 분비 Local cortisol excess는 쿠싱 증후군Cushing's syndrome, 만성 신부전, 본태성 고혈압을 가진 사람 등에게 고혈압을 일으킨다고 알려져 있었다. 그리고 코르티솔로 유발된 고혈압은 소금에 민감한 고혈압과 혼동될 가능성이 있는 것으로 보인다. 왜냐하면 코르티솔이 몸에서 증가함에 따라 나트륨, 혈액량, 혈압도 증가했기 때문이다. 높은 코르티솔 수치는 또한 높은 인슐린 수치의 원인으로도 연관되어 있었는데(쿠싱 증후군에서 볼 수 있듯이), 코르티솔의 과다 분비는 복부 비만, 포도당 과민증, 고혈당, 고지혈증, 고혈압, 아테롬성 동맥경화증atherosclerosis 粥狀動脈硬化症으로 이어진다. 진단 미확정의 국소 코르티솔 과다 분비가 고혈압을 초래하고 있었고, 고염 식이는 여전히 비난 받고 있었다. 또 동물에게 코르티코스테로이드cortico steroid 주사를 놓으면 혈압을 높일 수 있다고 알려져 있다.[291] 그러나 높은 코르티솔 수치가 낮아지면 소금의 고혈압 유발 효과는 사라질 것이다.

여기서 중요한 질문을 하나 하겠다. 즉, 높은 코르티솔 수치를 무엇이 일으키는가? 짐작했겠지만 설탕이 코르티솔 수치를 높여 소금에 민감한 고혈압을 일으킬 수 있다.[292] 존 유드킨John Yudkin은 1974년에 쥐에게 설탕을 먹여서 코르티코스테론corticosterone(인간의 코르티솔과 동등하다) 수치가 300% 증가함을 보여 주었다.[293] 이것은 인슐린 수치가 증가하기 전에도 발견되었으며, 이는 상승한 코르티솔 수치가 실제로 인슐린 저항성을 일으킬 수 있음을 의미한다.

조지 페레라 박사DR. George A Perera는 또한 어떻게 코르티코스테로이드 corticosteroids가 고혈압의 근본적인 원인이 될 수 있는지에 관해 밝혔다. 그는 부신에서 코르티솔과 알도스테론이 분비되기 전의 호르몬인 아드레노코르티코트로핀 호르몬ACTH adrenocorticotropin hormone이 혈압을 증가시킬 수 있다는 것을 보여 주었다.[294] 그러나 반세기가 지나서야 뇌의 과당fructose 果糖이 아드레노코르티코트로핀 호르몬 분비를 자극하여 코르티솔 분비를 증가시키는 것으로 밝혀졌다.[295] 중요한 것은 체내의 과당 수치가 낮으면 뇌에 영향을 미치지 않을 것이라고 생각되었지만 이후에 인슐린 저항성의 상태일 때 뇌에서 포도당이 과당으로 바뀔 수 있다는 사실이 밝혀졌다.[296]

　또 페레라 박사는 코르티코스테로이드가 부족한 사람에게 저염 식이가 위험할 수 있다는 것을 보여 주었다. 페레라 박사는 애디슨 병Addison's disease에 걸린 환자(부신에서 불충분한 코르티솔과 알도스테론의 수치를 생성하는 경우)의 소금 섭취를 줄이면 혈압이 크게 떨어지고, 혈중 나트륨 수치가 낮아지며, 심한 허약 증세도 발생한다고 했다. 그러나 코르티코스테로이드가 보충되자 혈중 나트륨이 정상으로 돌아오고 혈압은 반등했다. 따라서 글루코코르티코이드glucocorticoids와 무기질코르티코이드mineralocorticoids가 혈압에 영향을 미치는 나트륨 수치를 조절하지만, 소금 섭취 자체는 혈압에 영향을 미치지 않는 것이 분명해졌다.[297] 그리고 글루코코르티코이드를 증가시켜 소금 민감성 고혈압을 갖게 하는 것은 설탕으로 밝혀졌다. 모든 신호가 오랫동안 설탕을 직접 가리키고 있었지만, 우리는 그것을 깨닫는 데 너무 오랜 시간이 걸렸다. 이 현상의 일면에는 오랫동안 믿고 있던 자신들의 신념을 깨지 못했던 연구자들의 완고한 저항이 있었다. 또 다른 일면에는 설탕 산업계의 의도적인 영향으로, 이것은 명백히 유죄가 입증된 용의자인 설탕에서 주의를 돌리게 했다. 그리고 한걸음 물러서서 대규모 전체 집단에 대한 연구를 자세히 살펴보면, 소금-혈압 가설이 틀렸음을 입증하는 설득력 있는 증거를 확인해 볼 수 있으며, 그렇게 발견한 그 연구들의 내용은 반박할 수 없는 것이다.

## 소금 섭취와 혈압과의 관계: 집단population 연구

소금이 혈압 상승에 연루되었다는 주장 중 하나는 '문화적 적응acculturation에 따른 고혈압'이라고 알려진 현상이었다. 이것은 원시인들이 소금을 거의 섭취하지 않다가 문화적 적응 이후에 고혈압이 생겼다면, 적응한 뒤에 더많이 섭취한 소금이 고혈압의 원인으로 생각된다는 것이다. 물론 이러한 문화들 또한 정제되지 않은 설탕을 거의 섭취하지 않는 식단에서 정제된 설탕이 극도로 높은 식단으로 바뀌었지만, 그런 것에는 신경 쓰지 말자.

그럼에도 불구하고 많은 양의 자료들은 소금이 '문화적 적응에 따른 고혈압'의 원인이라는 생각에서 허점을 찾아냈다. 예를 들면, 고염 식이를 많이 한집단은 고혈압이 없었으나 설탕을 많이 섭취한 집단은 고혈압이 있었다. 이러한 다양한 집단의 높은 소금 섭취와 혈압과의 관계를 알아보자.(94~97페이지의 표: 막대한 양의 소금을 섭취하지만 고혈압이 거의 없는 집단)

소금이 고혈압과 심혈관 질환을 일으킨다는 생각을 뒷받침하는 가장 강력한 주장 중 하나는 항상 일본에서 왔다. 일본인들은 소금을 많이 먹는 것으로알려져 있었고, 일반적으로 심장병 발병률은 낮았으나 뇌졸중이나 고혈압과같은 심혈관 질환의 비율이 높았다. 실제로 일본 아키타Akita현縣에 사는 사람들은 고혈압과 뇌졸중으로 인한 사망률이 매우 높은 것으로 알려져 있었으며, 일본식 된장국miso soup, 간장, 조미료, 절임 채소 등에서 많은 소금(하루약 27g, 최대 섭취량 50~61g)을 섭취했다. 소금은 그들의 심장 질환의 여러가능성 있는 원인들 중 하나일 뿐이었다. 연구원들은 일본에서의 높은 뇌졸중발병률(특히, 아키타현)은 '도정미搗精米와 식생활의 결핍으로 이루어진 불균형한 식단'과 같은 소금 외의 다른 요인 때문이라고 제시했다. 또 다른 연구원들은 쌀의 폭식, 농가의 과로 등 생활 스트레스, 비타민C 결핍, 식용수와 음식의 규산silicic acid 硅酸양量, 일본에서 널리 먹는 강江어류 속의 카드뮴, 강물의유황/탄산염의 비율 등을 높은 뇌졸중 사망률의 가능한 원인 제공자로 꼽았다.[298] 그리고 카드뮴은 용의자(원인 제공자)일 가능성이 있는데, 일본 뇌졸중

건件의 17%에 기여할 것으로 추산된다.[299]  또 포화 지방 섭취량이 적은 것도 뇌졸중으로 인한 사망률이 더 높아진 것과 관련이 있었다.[300]

여전히 하루에 소금 약 15.2g을 섭취하는 경향이 있는 일본 아오모리Ao-mori현縣의 뇌졸중 발병률과 비교하면 아키타현 뇌졸중 발병률은 두드러진다. 실제로 뇌졸중으로 인한 사망률은 아오모리현보다 아키타현에서 2배 이상 높았다. 아오모리현에서의 평균 혈압은 상당히 낮았고(131.4/78.6mmHg), 뇌졸중으로 인한 사망 정도는 중간 정도였으며,[301] 30~59세 연령대에서 인구 10만 명 당 뇌졸중으로 인한 사망자는 139.2명이었다. 아키타현에서는 이 숫자가 218.6명이었다. 이곳에서 무슨 일이 있었던 것일까?

## 막대한 양의 소금을 섭취하지만 고혈압이 거의 없는 집단

| 비교 집단 | 하루 나트륨 섭취량 | 비고 |
|---|---|---|
| 이탈리아 수녀修女 | 3,300mg | 90mmHg를 넘는 이완기 혈압을 가진 수녀가 1명도 없다.[302] |
| 이탈리아 평신도平信徒 여성 | 3,300mg | 평신도 여성들의 혈압은 점차 증가 하였다.<br><br>두 그룹 간의 혈압 차이는 30년 간의 연구 종료 시점까지 30/15 mmHg이었다.<br><br>(수녀 집단에 비해 평신도 여성들의 혈압이 높게 유지되었다.) |
| 쿠나 인디언 Kuna Indian (파나마 해변에서 떨어진) | ~ 3,450mg (오늘날 미국인의 섭취량과 동일) | 단지 2%만이 고혈압을 가지고 있다고 알려져 있다. 나이에 따라 혈압이 증가하지 않았다.[303] |
| 채식을 하는 안식 교인安息敎人, 채식과 육식을 모두 하는 안식 교인, 채식과 육식 모두 하는 모르몬교인Mormon 敎人[304] | ~ 3,600mg | 채식을 하는 안식 교인 (남 114/67mmHg, 여 108.6/66.6mmHg) 채식과 육식을 모두 하는 안식 교인(남 121.9/72mmHg, 여 110/66mmHg) 채식과 육식을 모두 하는 모르몬교인(남 122.2/73.2, 여 117.2/74.5mmHg). |

| 비교 집단 | 나트륨 섭취량 | 비고 |
|---|---|---|
| 자바Java (인도네시아령領) | ~3,600mg (소금 약 9.4g) | 남 124/73mmHg, 여 128/75mmHg [305] |
| 태국 Thailand | ~ 3,600mg | 남 120/75mmHg, 여 118/77mmHg [306] |
| 대만Taiwain (농업 인구 집단) | ~ 4,000mg | 남 128/83mmHg, 여 136/85mmHg [307] |
| 삼부루Samburu 전사Warriors 戰士 | ~ 4,000 ~ 5,000mg 우기 중雨期中(1년 중 약 5개월)[308] | 106/72mmHg. [309] |
| | ~ 3,500 ~ 4,000mg 건기 중乾期中 | |
| 네팔 고양 Kotyang, Nepal 거주민 | ~ 4,600mg | 남자들에게 고혈압은 없었다. 혈압은 나이가 들수록 증가하지 않았다. 여성에게서 고혈압은 극히 드물었다.<br>저자들은 이번 연구에서는 고양 kotyang에 사는 남성에게서 연령에 따른 수축기 혈압의 큰 증가가 발견되지 않았으며, 하루 평균 소금 12g을 섭취했음에도 불구하고 고양에서는 남성에서 고혈압이 없었고 여성의 경우에도 거의 발견되지 않았다고 결론지었다. [310]<br><br>설탕 섭취량은 고양에서 하루 1g이었다. 그러나 네팔의 또 다른 마을(바드라칼리Bhadrakali)에서는 설탕 섭취량이 더 많았다(바드라칼리 |

| 비교 집단 | 나트륨 섭취량 | 비고 |
|---|---|---|
| | | 남성은 25.5g, 바드라칼리 여성은 16.3g). 그리고 고혈압의 발병률은 각각 10.9%, 4.9%로 나타났다. |
| 북北인도 | ~ 5,600mg | 133/81mmHg [311] |
| 남南인도 | ~ 3,200mg | 141/88mmHg [312] |
| 일본 아오모리 현縣의 사과를 먹는 지역 | ~6,000mg(소금 약 15.6g) | 평균 혈압 131.4/78.6mmHg. [313] |
| 일본 오카야마 Okayama, (여름) | ~ 6,000mg | 남 122/75mmHg, 여 122/72 [314] |
| 아프리카, 반투Bantu(시골 지역) | ~ 7,600mg | 남 128/79mmHg, 여 132/83mmHg [315] |
| 농사일을 하는 태국의 불교도佛教徒 | ~8,000mg(소금 약 20.8g) | 나이에 따른 혈압 상승이 없었다. [316] |

연구원들은 칼륨이라는 또 다른 요인을 의심했다. 일본 아오모리현의 성인 1,110명을 대상으로 한 연구에서 사과 섭취의 증가는 낮은 혈압과 관련이 있었다. 사과는 칼륨의 좋은 공급원이다. 남성의 수축기 혈압은 사과를 먹지 않을 경우 150mmHg이 넘는 경향이 있었으나, 하루에 사과 3개를 먹었을 때는 140mmHg 이하로 떨어졌다. 연구원들은 사과에 들어 있는 칼륨이 여기서 핵심 역할을 했다고 믿었다. 이러한 사과에 대한 혈압 강하 효과는 아키타현[317]에서 중년 남녀 38명을 대상으로 한 임상 실험에서도 확인되었고, 본태성 고혈압 환자를 대상으로 한 연구에서도 확인되었는데, 이들은 하루에 소금 약 15g을 섭취했음에도 불구하고 식이 칼륨 섭취량을 약 3~7g 증가시켰을 때 혈압이 정상으로 떨어진다는 것을 알게 되었다.[318] '하루에 사과 1개를 먹어라.'라는 옛 격언에 이렇게 많은 진실이 있다는 것을 누가 알았겠는가? 아키타현의 문제는 소금이 아니라 그들의 식단에서 칼륨이 부족했다는 것이다.

이 효과는 '채식을 하는 안식 교인安息教人 Seventh Day Adventist Church', '채식과 육식을 모두 하는 안식 교인', '채식과 육식을 모두 하는 모르몬교인Mormon 教人'에서도 볼 수 있었다.[319] 이 그룹들의 하루 나트륨 섭취량은 3,500~3,700mg으로 일반 미국인이 소비하는 것보다 약간 높았다. 그러나 세 그룹의 평균 혈압은 완전히 정상이었다. 중요한 점은 칼륨 섭취량이 하루에 3,000~3,600mg(미국 평균 칼륨 섭취량보다 거의 두 배 높다)으로, 칼륨이 혈압 조절에 중요한 역할을 한다는 추가적인 증거를 제공한다는 점이다.

이러한 인구 집단의 연구는 우리에게 더 많은 소금 섭취가 건강에 좋을 수 있다는 현실적인 증거를 제공한다. 즉, 많은 소금 섭취가 소금 섭취를 제한하는 것보다 훨씬 더 건강에 좋을 수 있다는 것을 의미한다. 또 이 연구는 우리가 고혈압과 뇌졸중을 유발하는 요인들의 복잡성을 알아내는 데에 도움을 준다. 아마도 우리는 미국의 평균적인 칼륨 섭취량이 여기서 연구한 집단들의 칼륨 섭취량과 비교했을 때 절반 정도라는 사실에 주의를 기울여야 한다. 그 주된 이유는 과일과 채소 소비가 낮기 때문이다.[320] 모두를 위한 진정한 교훈은 소금을 줄일 방법을 찾기보다는 잎이 무성한 채소, 호박, 버섯, 아보카도 같은 칼륨이 풍부한 식물성 기반의 음식을 더 많이 먹을 방법을 모색하는 것일지도 모른다. 그리고 우리가 이렇게 하는 데 도움이 되는 것이 무엇인지를 생각해 볼 필요가 있다. 바로 소금을 더 많이 먹자!

## 어떻게 저염low-salt이 고혈압을 확산시켰을까?

저염low-salt 신조dogma에 대해 공개적으로 의문을 제기했던 연구자들이 그동안 얼마나 좌절감을 느꼈을지 이제 짐작할 수 있겠는가? 연구자들은 수십 년 동안 저염 식이가 좋다는 것이 허구임을 입증해 왔지만 그들의 목소리는 빈 메아리에 불과했다. 그들은 소금이 인구 집단의 대부분에서 혈압을 상승시키지 않는다는 것을 알고 있었다. 그들은 혈압이 상승하는 사람들에게도 높은 수준의 소금 섭취가 이점이 있다는 것을 알고 있었다. 예를 들어 낮은 심박수, 인슐린 수치 감소, 더 균형 잡힌 부신 호르몬, 더 나은 신장 기능과 같은 이 모든 이점들이 높은 혈압으로 인한 위험보다 훨씬 더 컸다.

동시에 설탕이 혈압과 심박수를 모두 증가시켰다는 데이터는 계속 쌓여갔지만, 수십 년이 지난 후에야 설탕이 높은 식단이 설탕이 낮은 식단에 비해 심혈관 질환 사망의 위험을 3배나 증가시켰다는 사실이 밝혀졌다. 유드킨Yudkin은 관상동맥 심장 질환 환자에서 발견되는 수많은 이상 증상(예를 들어 지방질, 인슐린, 요산 등의 상승 및 혈소판의 비정상적인 기능)이 불과 몇 주 만에 고당高糖 식단에 의해 발생할 수 있다는 것을 거듭 보여주었다.[321] 그러나 이러한 유드킨의 노력에도 불구하고 지금까지 설탕은 우리의 심혈관 질환 확산에 대한 명확한 책임을 지지 않았다. 대중과 대다수 의학계 종사자들이 보기에 놀랍게도 그 비난은 여전히 소금에 있었다.

질병통제예방센터CDC Centers for Disease Control and Prevention는 최근 미국 의학원IOM institute of medicine에 나트륨 섭취와 그에 따른 심혈관 위험과의 관련된 증거를 재평가해 달라고 요청했다. 그들의 2013년 보고서에서는 나트륨 섭취를 하루 2,300mg(소금 6g) 이하로 제한하는 데 따른 어떤 이익도 없었던 것으로 나타났다. 사실 그들은 나트륨 섭취를 하루 2,300mg(소금 6g) 이하로 제한할 경우 건강에 해로운 결과가 있을 수 있다는 것을 알았다.[322] 그럼에도 불구하고 알 수 없는 일이지만, 2004/2005 미국 의학원의 나트륨 상한선이 하루에 2,300mg으로 원안原案대로 정해졌고, 오늘날에도 연방 소금 정책의 기초로 되어 있다.[323] 사실 오늘날에도 주요 보건 기관들 간에 우리가 섭취해야 하는 소금 양하루동안 섭취하는 소금의 상한선에 대해 합의가 이뤄지지 않고 있으며, 여전히 저염 신조dogma를 막지 못하고 있다. 그리고 이 모든 논쟁의 무서운 최종 결론은 결국 저염 식이가 미국의 심장병 증가를 예방하는 데 도움이 되기보다는 기여했다는 것이다.

가장 최근의 이중맹검법double-blind 二重盲檢法 임상 연구에서 실험을 받는 사람도 실험자도 실제 변화가 사실상 이루어지고 있는지 모르게 하는 테스트이며, 무작위randomized적인 연구에 따르면 저염 식이가 대사 증후군은 물론 관상동맥 심장 질환을 앓고 있는 환자에게서 흔히 발견되는 이상 증상abnormality을 유발하고 있다는 것을 보여 준다. 그리고 이 효과는 소금 민감성salt-sensitive 환자와 소금 저항성 salt-resistant 환자 모두에게 발견되었다.

소금을 줄이면 동맥 경화가 촉진되고 동물에게서 콜레스테롤과 중성 지방이 증가하는 것으로 나타났다.[324] 또한 고혈압을 앓고 있는 사람의 혈장 지방 단백질lipoprotein과 염증지표의 수치를 증가시킨다.[325] 만성 고혈압을 앓고 있는 사람들에게 소금 섭취 제한은 혈중 저밀도 지방 단백질LDL low-density lipoprotein 콜레스테롤(일명 나쁜 콜레스테롤)의 수치를 증가시켰다.[326] 그러나 다른 연구들은 소금 양을 늘림으로써(하루 소금 2g에서 5일 동안 20g으로) 고혈압이 있는 환자의 혈장 총콜레스테롤, 에스테르화된 콜레스테롤esterified cholesterol, 베타 지방 단백beta-lipoprotein, 저밀도 지방 단백질low-density lipoprotein, 요산uric acid 수치가 현저히 낮아진다는 것을 발견했다.[327] 심지어 가장 잘 알려진 저염 식이의 기초인 유명한 DASH Dietary Approaches to Stop Hypertension 고혈압을 멈추기 위한 식이 요법 접근법의 나트륨 실험에서도 소금 제한이 중성 지방, 저밀도 지방 단백질LDL, 그리고 총콜레스테롤 TC total cholesterol 대對 HDL high-density lipoprotein의 비율(TC : HDL)을 증가시켰다는 것을 발견했다.[328]

체중과 혈압이 정상인 사람에서도 저염 식이는 신장 기능을 저하시키고,

HDL 콜레스테롤(일명 좋은 콜레스테롤)과 인슐린 민감도를 향상시키는 것으로 여겨지는 지방 세포가 방출하는 물질인 아디포넥틴adiponectin을 감소시키는 것으로 나타났다.[329] 거의 170여 개의 연구를 대상으로 한 코크란Cochrane의 메타 분석meta-analysis에 따르면, 저나트륨의 개입은 혈압을 최소한으로 낮추는 반면, 신장 호르몬, 스트레스 호르몬, 해로운 중성 지방의 수치는 크게 높인다는 결과가 나왔다. 코크란 분석(연구 검토의 표준으로 간주된다)의 연구자들은 저염 식이가 호르몬을 비롯해 나쁜 콜레스테롤과 중성 지방을 증가시켜 전반적으로 건강에 부정적인 영향을 미칠 수 있다고 결론지었다.[330]

또 다른 건강 위험인 혈액 점도viscosity 粘度의 증가는 소금 섭취 제한 중에 발생하는 것으로 여겨졌다.[331] 비만 환자에게서 흔히 나타나는 혈액 점도의 증가는 응혈blood-clots 凝血이나 심부정맥 혈전증deep vein thrombosis과 같은 혈전성 혈관 질환thrombotic vascular events의 위험 증가에 기여하는 것으로 생각된다.[332] 소금 제한은 또한 심박수를 증가시키는 물질인 공복空腹 노르에피네프린norepinephrine을 증가시킨다. 심장은 이완 중에 혈액 공급을 받는 반면, 다른 모든 장기는 심장이 수축할 때 혈액을 공급받는다. 따라서 심장의 펌프질이 빠를수록 혈액과 산소를 공급받기 위해 심장이 이완되는 시간은 줄어든다는 것을 의미한다. 이것이 저염 식이[333] 가 심장으로 가는 혈류를 감소시킴으로써 심장 마비의 위험을 증가시키는 데 관련 되어 있다는 이유 중 하나이다. 저염 식이를 하면서 생기는 노르에피네프린norepinephrine의 증가는 심장 비대증, 심장의 과잉 성장을 일으킬 수 있으며, 이는 심장 부전으로 이어질 수 있다.[334]

좌절한 많은 소금 지지자들을 대신해서 웨더Weder와 이건Egan은 그들의 논문 중 하나를 통해 이렇게 결론을 내렸다. "소금 제한으로 발생하는 콜레스테롤, 인슐린, 노르에피네프린 및 헤마토크리트hematocrit 적혈구 용적률 상승으로 인한 폐해는 저염 식이를 통해 겨우 1.1mmHg의 평균 혈압 감소로 실질적인 심혈관 질환 위험이 없어질 것이라는 이익을 상쇄하고도 남을 것이다."라고 결론을 내렸다.[335] 저염 식이는 안지오텐신-II와 알도스테론aldosterone 을 증가시킴으로써 실제로 심장과 신장의 과잉 성장을 유발하여 심장 부전과 신장병(고염 식이가 원인이 되어 발병한다고 익히 들어온 바로 그 질병들이다)을 일으킬 수 있다.

웨더Weder와 이건Egan은 "일반 인구 집단을 위한 식이 소금 섭취 제한법이 처방되기 전에, 심혈관 질환의 위험 요소 소개란에 실린 소금 제한 식이의 잠재적인 부작용에 대한 추가적인 연구들이 필요하다."[336] 라고 결론을 내렸다. 이것은 25년 전인 1991년의 일이었다.

1995년에 마이클 앨더먼Michael Alderman과 공동 저자들은 저염 식이가 심혈관 질환의 위험을 증가시킬 수 있다고 공개적으로 제안했다.[337] 그들은 소금 섭취량이 가장 높은 그룹에 비해 가장 적은 양의 소금을 섭취한 남성 그룹의 심근경색 위험이 네 배 이상 증가했다고 보고했다.

대규모 연구는 계속해서 위 보고 내용과 같은 발견들을 강조했다.

유럽인을 대상으로 한 두 개의 대규모 전향적 연구prospective studies에서는 가장 높은 나트륨 섭취에 비해 낮은 나트륨 섭취로 인한 사망률이 다섯 배 이상 증가한 것으로 나타났다(이전에 심혈관 질환을 앓지 않았던 약 4,000명의 환자를 포함한다).[338] 전향적 도시 농촌 역학 연구PURE Prospective Urban Rural Epidemiology study는 17개국의 10만 명 이상의 사람들을 대상으로 조사한 결과, 사망이나 심혈관 질환의 위험이 하루에 나트륨 3,000~6,000mg을 섭취하는 사람들에게서 가장 낮은 것으로 나타났고,[339] 하루에 나트륨 3,000mg 이하를 섭취하는 집단이 가장 큰 위험을 가지고 있었다. 그라우달 Graudal과 동료들은 거의 275,000명의 환자[340]를 대상으로 메타 분석을 수행했으며, 하루에 나트륨 섭취 2,645~4,945mg이 사망 및 심혈관 질환에 있어서 가장 낮은 위험률을 보였다. 다른 교란 요인을 조정한 다음에 하루에 나트륨 섭취 2,645mg 이하인 집단만이 전全 원인 사망률all-cause mortality의 유의미한 증가를 보였으며, 이는 하루에 나트륨 섭취 4,945mg 이상인 집단에서는 발견되지 않았다.

이러한 데이터에 근거해서 하루에 나트륨 섭취 3~6g(소금 7.8~15.6g)이 대다수 사람들에게 가장 최적의 범위일 것이다. 하루에 2,300mg 이하 또는 6,000mg 이상의 섭취는 사망 및 심혈관 사건의 위험 증가와 관련이 있지만 소금 섭취량이 많을 때보다 소금 섭취량이 적을수록 위험성이 높다.

의학 문헌 및 집단 기반 연구에서도 분명히 알 수 있듯이 저염 식이 지침은 이상적ideal이 아니라, 심지어 해로운 것이다. 언젠가 저염 식이 지침이 심장 질환을 예방하기보다는 오히려 더 많은 심장 질환을 일으킨다는 것을 알게 될 것이다.

반면에, 저염 식이 지침은 우리시대의 공중 보건 정책에 올바른 방향을 제시하지 못하고 나쁜 방향으로 몰고갔다. 즉, 당뇨병의 확산은 저염 식이 지침으로 인하여, 점점 더 흔하지만 거의 알려지지 않은 현상인 "내부기아 internal starvation"에 의해 부분적으로 야기된다.

# | 05 우리의 내부는 굶주리고 있다

　우리의 건강과 웰빙 그리고 장수를 위협하는 비만이 전국적인 규모로 확산되고 있다는 것을 부인할 수 없다. 미국 성인의 69%가 현재 과체중이거나 비만이다.[341] 비만은 1950년대에 증가하기 시작했고, 1980년대에 급증했으며, 그 비율은 1980년에서 2000년까지 두 배로 증가했다. 비만을 바라보는 기존의 시각에서는 비만을 칼로리 섭취와 그 섭취된 칼로리를 에너지로 소비하는 데 있어서의 불균형 탓으로 돌린다. 즉, 다양한 활동을 통해 소모되는 칼로리보다 더 많은 칼로리를 섭취한다는 것이다. 이것이 우리가 종종 덜 먹고 더 많이 움직이라고 권고 받아온 이유였다. 그러나 당신의 개인적인 경험을 통해 알 수 있는 바와 같이 이러한 칼로리 소비 전략은 대부분의 사람들에게서 효과가 없다.

　비만과 관련된 대안代案 이론들은 게리 타우브스Gary Taubes가 자신의 저서『좋은 칼로리, 나쁜 칼로리Good Caloris, Bad Caloris』에서 설명했듯이, 점차 소비하는 칼로리의 질과 그것이 생리학적으로 우리에게 어떤 영향을 미치는지에 초점을 맞추고 있다. 많은 정황 증거들이 이런 주장들을 뒷받침한다. 우선 늘어나는 허리둘레는 정제된 탄수화물, 설탕, 그리고 고농축 옥수수 시럽(특히, 액체 상태)의 섭취와 관련되어 있다. 설탕 업계는 그 칼로리들을 제거하기 위해 체육관을 열심히 다니는 한 아무런 해도 끼치지 않을 것이라고 우리를 안심시켜 왔다. 그러나 새로운 연구는 점점 더 앉아 있는 시간이 많은 우리의 생활 방식이 실제로 이러한 식이 요인에 의해 주도될 수 있다는 것을 시사한다.[342] 소파 앞에는 늘 감자가 놓여 있다. 카우치 포테이토couch potato를 빗대어 표현한다. 즉, 소파에 몸을 파묻고 감자 등 패스트푸드를 먹으면서 텔레비전을 보는 등 오랫동안 가만히 앉아서 몸을 움직이지 않은 사람을 말한다.

설탕이 마침내 공중 건강의 주적主敵으로서 응당 자리매김하고 있다는 것을 고려한다면, 설탕이 우리의 허리선과 건강에 부정적인 영향을 미치는 일련의 사건을 체내에서 촉발한다는 것은 놀랄만한 일이 아니다. 그러나 우리가 이제 막 깨닫기 시작한 것은, 적은 소금 섭취량으로 어떻게 이와 비슷한 생리적 효과를 나타낼 수 있느냐는 것이다. 소금을 너무 적게 섭취하면 인슐린 저항성과 설탕 욕구의 증가, 통제 불능의 식욕, 그리고 소위 '내부 기아'(숨겨진 반기아半飢餓 상태의 세포hidden cellular semi-starvation라고 알려진 것이다)를 초래하는 불행한 변화의 연속이 진행될 수 있으며, 이는 체중 증가를 촉진한다.[343] 과체중인 사람은 그야말로 몸속에서는 굶주리고 있는지도 모른다. 내부 기아를 겪고 있으면 인슐린, 렙틴 등의 호르몬들이 몸에 불리하게 작용할 수 있다. 식욕을 빼앗아가고 건강에 좋지 않은 음식에 대한 욕구를 활성화시키며, 동시에 지방과 단백질의 에너지 사용을 조절하는 일련의 대사 과정에 손상을 입힐 수 있다. 그것은 마치 더 이상 자신의 식습관을 책임지지 않고, 에너지의 소비와 섭취를 관리하는 데 있어서 자신의 몸을 제멋대로 방치하는 것과 같다.

소금 섭취를 제한하기 시작하면, 우리의 몸은 소금을 몸속에 붙잡아 두기 위해 그 어떤 것도 한다. 불행히도 이 상황에서 인체는 방어 기제 중 하나인 인슐린 수치를 증가시키며, 인슐린 저항성의 상태를 만들어 낸다. 인슐린 저항이 시작되면 인체는 포도당을 세포로 전달하지 못하고 혈당 수치를 조절하기 위해 더 많은 인슐린을 분비해야 한다. 또 소금 섭취가 극히 적을 때는 인체가 소금을 '붙잡는 것'을 돕는 레닌renin, 안지오텐신angiotensin, 알도스테론aldosterone 등의 호르몬이 훨씬 더 많이 분비된다는 것을 기억해야 한다. 그리고 이러한 호르몬들은 지방 흡수를 증가시키게 된다. 이것은 결국 소금 섭취량을 줄이지 않은 사람에 비해 저염 식이가 두 배에 이르는 지방을 흡수하게 한다는 것이다.[344]

## 저염 식이가 어떻게 세포를 내부 기아로 이끄는가?

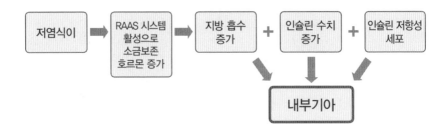

이렇게 만성적으로 높아진 인슐린 수치는 저장된 지방과 단백질을 가둬서 이것들을 필요로 하는 세포가 이용할 수 없게 만든다. 인슐린 수치가 높아질 때 에너지를 위해 효율적으로 사용할 수 있는 유일한 다량 영양소는 탄수화물이다. 실제로 이 상황이 펼쳐지면 어떤 것들로부터도 쉽게 에너지를 얻을 수 없기 때문에 높아진 인슐린 수치는 기본적으로 더 많은 정제된 탄수화물을 섭취하도록 강요한다. 그것은 더 많은 인슐린 분비를 촉발하게 만들고, 그 순환이 반복되어 높은 인슐린 수치의 문제가 끝임 없이 지속된 결과 비만이 영구화된다.[345] 만약 소금 섭취를 극적으로 줄인다면, 요오드 결핍증이 생길 수 있다. 소금은 요오드의 가장 좋은 공급원이기 때문이다. 적절한 갑상선 기능을 위해서는 요오드가 필요하기 때문에 이것은 중요한 문제이다. 갑상선 기능이 떨어지면 갑상선 기능 저하증이 발생할 수 있는데, 이는 대사 속도가 느려지고 지방이 더 많이 저장되며(특히, 장기에 지방이 저장된다) 인슐린 저항성이 생겨 체중 증가로 이어지게 된다. 즉, 내부 기아로 이어질 수 있는 또 다른 메커니즘인 것이다. 그리고 전체적으로 수분 공급이 잘된 세포들이 탈수된 세포들보다 훨씬 더 효율적으로 기능하고 에너지를 덜 소비한다. 하지만 저염 식이는 전반적인 탈수와 그로 인한 세포 탈수의 위험을 증가시키기 때문에 문제가 되는 것이다.[346] 몸에서 이용될 수 있는 에너지가 적을수록 내부 기아 상태가 커지고, 당신은 더 많은 칼로리를 섭취할 가능성이 높다. 이제 저염 식이가 어떻게 체중 증가를 야기할 수 있는지 이해하겠는가?

저염 식이로 인한 이런 변화들이 추가적인 체중의 증가로 이어지지는 않더라도 결과는 동일하다. 즉, 이와 같은 생리학적 변화들은 과체중 또는 비만의 범주에서 체중계의 숫자나 체질량 지수BMI Body Mass Index에 더 높은 수치로 반영되지 않더라도 누군가를 '신진 대사적으로 과체중metabolically overweight' 또는 비만이 되게 만든다. 즉, '겉보기에는 날씬하고 체내는 뚱뚱한' TOFI Thin on the Outside and Fat on the Inside (흔히 '마른 비만skinny fat'이라고 일컫는다) 상태가 될 수 있다. 체중은 정상이지만 가장 위험해지는 복부에 지방 조직이 쌓이면서 불균형한 내장 지방을 가지고 있다면 당신은 아마도 TOFI일 것이다. 다시 말해, 체중은 정상 범위 내에 머물 수 있지만, 장기 안팎에서 지방이 위험하게 축적될 수 있을 뿐만 아니라 인슐린 저항성과 대사 증후군, 크게 늘어난 허리둘레, 높아진 공복 혈당, 높은 혈압과 중성 지방, 그리고 심장병의 발병 위험을 높이는 낮은 수준의 HDL 콜레스테롤, 당뇨병, 뇌졸중을 가질 수 있다는 것이다.

인슐린 저항성은 내부 기아로 인해 지방 대사 체계를 근본적으로 약화시킨 탓에 지방 세포fat cell 안쪽에 갇혀 있어 사용할 수 없는 칼로리를 보충하기 위해 과식하도록 유도한다. 이것은 살이 찌는 동안에 몸속에서는 굶고 있는 것처럼 느끼게 할 수 있다. 게다가 인체는 저장된 에너지에 접근할 수 없기 때문에 운동은 크게 매력적인 행위가 아니다. 대신에 뇌와 신체는 칼로리 보존 모드mode로 전환되며, 에너지를 소비하기보다는 상대적으로 움직이지 않기를 원하게 된다. 뇌와 신체는 말 그대로 쓸 수 있는 에너지를 원하기 때문이다. 가능한 결과는 다음과 같다. 체중의 증가와 더 나아가 체지방 축적, 그리고 인체 내부에서 벌어지는 이와 같은 불행한 상태를 영속화하는 또 하나의 연속적인 악순환이 그것이다.[347]

내부 기아에 대한 개념은 소금 논쟁이 시작되었을 무렵에 처음 이론화되었으며, 이 개념이 자리 잡는 데는 앞으로 수십 년이 걸릴 것이다. 1900년에 프랑스 신경학자 바빈스키M. J. Babinski에 의해 이름 붙여진 '시상 하부 비만 Hypothalamic obesity'은 시상 하부(포만감과 배고픔을 조절하는 뇌의 일부)에 손상을 입혀 신진 대사 변화, 과식, 급속하고 끊임없는 체중 증가 및 인슐린 저항성을 초래하는 질환이다.[348] 노스웨스턴대학교의 신경학연구소 소장이었던 고故 스티븐 월터 랜슨 박사Stephen Walter Ranson는 비만이 '숨겨진 반기아 상태의 세포hidden cellular semi-starvation'의 조건임을 1940년대에 최초로 제시한 사람 중의 한 명으로 종종 평가된다. 랜슨은 이 상태가 영양소의 부족에 의해 촉발된다고 믿었다. 이로 인해 인체는 더 많은 음식을 섭취하게 되며, 신체 활동을 덜 하도록 유도함으로써 에너지 소비를 줄이게 되는데, 이때 인체는 이 두 가지가 합해져서 지속적으로 체중 증가를 야기한다.[349] 20년 후 터프츠Tufts대학교의 내분비학자 겸 생리학자인 에드윈 애스트우드Edwin Astwood는 '내부 기아internal starvation'라는 것을 만들었는데, 같은 현상을 묘사하는 용어이다.

그러나 그 명칭이 무엇이든 이것은 비만이 과식이나 비활동성을 유도하는 것인지, 아니면 반대로 과식과 비활동성이 비만의 원인인지를 궁금하게 하는 역설적인 효과라는 것이다. 점차적으로 이 수수께끼는 비만 전문가와 내분비학자들에게 소개되어 연구되고 있다. 어쩌면 우리는 너무 많이 먹어서 비만이 되는 게 아닐 수 있다. 반대로 비만이 되도록 유도하는 무언가에 의해 너무 많이 먹는 것은 아닐까?

흥미롭게도 임신부의 소금 섭취량이(태아가 자궁에서 어느 정도 성장하여 뱃속에서 발길질을 할 수 있을 때 즈음) 태아가 내적 기아를 경험할 위험성에 영향을 미칠 수 있다는 증거가 증가하고 있다. 특히, 임신 중에 저염 식이를 시행하면 태아는 장기 주위의 지방과 비정상적인 렙틴 수치, 그리고 인슐린 저항성이 증가하는 내적 기아 상태로 태어날 수 있다.[350] 동물 연구에 따르면 임신 중에 저염 식이를 시행할 때 첫째 날부터 태아에게 필연적으로 비만을 심어 줄 수 있다. 이건 정말 강력한 낙수 효과trickle-down effect 落水效果이다. 주로 경제 분야에서 많이 사용되는 용어로, 고소득층의 소득 증대가 소비 및 투자 확대로 이어져 궁극적으로 저소득층의 소득도 증가하게 되는 효과를 말한다. 여기서는 물이 위에서 아래로 흐르듯 엄마의 식이 섭취 습관이 아이에게 영향을 미친다는 뜻이다.

## 짜다는 것의 진실

우리는 소금 섭취가 적으면 인슐린 저항성이 생겨 인슐린 저항이 높아지고, 포도당이 에너지를 얻기 위해 세포에 흡수되지 않고 혈액에 포도당이 쌓이게 되어 길고 연쇄적인 생리적 반응들을 촉발한다는 것을 알고 있다. 이 반응들은 지나친 허기, 과식, 지방 세포에 더 큰 지방의 축적, 그리고 내부 에너지의 위기 순서로 진행된다. 건강하고 날씬한 사람의 경우 정상 공복 인슐린 수치가 일반적으로 5μIU/mL 이하인 반면, 공복 인슐린 수치가 두 배(10μIU/mL)로 높아지면 인슐린 저항성을 나타낼 수 있다.[351] 저염 식이는 공복 인슐린 수치를 10~50%로 증가시킬 수 있는데, 이것은 누군가를 건강한 수준에서 당뇨병으로 진행되는 경향으로 몰아갈 수 있다.[352] 한 연구의 리뷰에서는 저염 식단의 해악을 살펴본 결과, 단 1~2주간의 연구에서도 저염 식이를 시행한 고혈압이 있는 비만 환자에게서 인슐린 증가가 있었다고 보고했다.[353] 또 그 리뷰에서는 혈압이 높은 환자의 경구 당부하 검사OGTT Oral Glucose Tolerance Test 經口負荷檢査에 대한 인슐린 반응이 적당한 소금 제한(하루 소금 2g)으로도 증가할 수 있는 것으로 나타났다.[354] 나트륨을 일주일 동안 하루에 약 460mg(소금 1.2g)으로 제한하면 공복 인슐린, 경구 당부하 검사에 대한 인슐린 반응, 공복 트리아실글리세롤triacylglycerol, 혈장 지방산, 알도스테론aldosterone 및 레닌renin의 수치가 증가하는 것으로 나타났다.[355]

우리는 인슐린 수치가 높아지면 전반적인 칼로리 섭취량이 그대로 유지되더라도 지방 저장이 더 커질 것이라는 점, 그리고 혈액의 지방산fatty acid 농도가 높아지면 동맥과 혈관에 손상을 줄 수 있다는 점을 알고 있다.[356] 소금 제한이 혈액 순환을 감소시킬 때, 간으로의 혈액 흐름이 줄어들어 인슐린을 분해하는 간 능력을 방해하는데, 이는 저염 식이가 인슐린 수치를 어떻게 높이는지에 대한 설명 가능한 메커니즘이다.

이와는 대조적으로 고염 식이의 효과는 계속해서 점차 더 긍정적이 되었다. 앞에서 우리는 소금을 더 많이 먹으면 혈관의 확장을 증진한다고 들었는데, 특히 임상 연구에서 소금에 민감하지 않은 환자에게는 적어도 몇 달 동안 지속되는 효과가 있었다. 소금 섭취를 제한하면 오히려 반대의 효과를 불러올 수 있다. 즉, 혈관을 수축시키고 근육의 포도당 흡수 능력을 감소시켜 만성적인 고혈인슐린을 유발할 수 있으며, 이미 짐작했겠지만 지방 축적의 증가로 이어질 수 있다.[357] 그래서 결국 이런 경로를 밟는 많은 사람들이 그러하듯 모두 같은 지점, 바로 체지방 증가로 연결된다.

약 400명의 환자를 대상으로 한 18개의 연구가 공복 혈장 인슐린 농도에 대한 나트륨 제한의 영향을 조사했다.[358] 정상 체중과 혈압을 가진 147명을 대상으로한 연구에서 소금 제한은 인슐린, 요산, LDL 및 총콜레스테롤 수치를 증가시켰다.[359] 공복 인슐린은 27개 그룹 중 22개 그룹에서 더 높았고(13개의 그룹은 통계적으로 유의했다), 2개 그룹에서는 변하지 않았으며, 3개 그룹에서는 더 낮았다(통계적으로 유의하지 않았다). 이건Egan과 동료들은 저염 식이가 고염 식이보다 공복 및 식후 혈당 인슐린을 거의 25% 증가시킨다는 것을 발견했는데, 이는 나중에 실시된 많은 연구와 무작위randomized 통제 실험의 메타 분석에서도 증명되었다.[360] 저염 식이로 혈압이 내려가는 소수의 사람, 즉 소금에 민감한salt sensitive 사람들조차도 저염 식이로 인해 인슐린의 상당한 증가를 경험한다.[361]

여기서 작동할 수 있는 메커니즘 중 하나는 포도당을 사용하는 세포의 능력을 실제로 향상시키는 소금의 능력이다. 동물 연구들에서는 소금 제한이 포도당을 정확하게 사용하는 신체의 능력을 악화시키며, 동시에 체중과 체지방 및 지방산 수치를 증가시키는 것을 보여 주었다. 고염 식이는 인슐린 민감 조직에서 포포도당운반체(GLUT4)를 증가시켜 더 많은 포도당 처리를 가능하게 하였다.[362] 실제로 고염 식이가 지방 조직과 근육에 포도당운반체(GLUT4) 단백질을 증가시키는 것으로 밝혀졌다. 이것은 좋은 현상이다. 즉, 인체가 혈류에서 더 많은 포도당을 뽑아 내어 인슐린 수치를 감소시켜 높은 포도당 수치가 혈관에 미칠 손상을 최소화하기 때문이다. 저염 식이는 인슐린 신호 전달 체계를 손상시키는 것으로 나타났지만, 고염 식이는 인슐린 신호 전달 체계를 향상시킨다는 것이 밝혀졌다.[363] 소금 제한은 포도당과 지질 대사에 부정적인 영향을 미친다는 것이 밝혀졌다.[364] 한 동물 연구에서는 심지어 저염 식이가 체중, 복부 지방, 혈당 및 혈장 인슐린 수치를 증가시키고, 간과 근육 조직에 인슐린 저항성을 유발한다는 것이 발견되었다.[365]

저염 식이는 또한 간의 지방산酸 합성을 증가시키는 것으로 밝혀졌으며, 흔히 '지방간'으로 알려진 비알코올성 지방간 질환NAFLD Non-Alcoholic Fatty Liver Disease 뿐만 아니라 평균적인 소금 섭취와 비교해 보면 장기臟器 지방 축적의 원인이 될 수도 있다. 연구원들은 칼로리를 태우는 좋은 '갈색 지방' 조직의 활동이 저염 식이로 인해 감소했다는 것을 발견했는데, 이는 저염 식이가 인체의 기초 대사율을 낮추고, 노화를 가속하는 데 기여할 수 있다는 것을 보여 준다.[366]

더 나쁜 점은 많은 비만 환자들이 탄수화물 섭취를 줄임으로써 체중 감량 프로그램을 시작한다는 것이다. 탄수화물을 줄이게 되면 보다 균형 잡힌 식단에 비해 소금을 더 많이 배출하는 '소금 낭비자salt waster'가 된다. 특히, 케톤증症 일 때(하루에 탄수화물 50g 또는 그 이하 섭취)는 더욱더 그러하다. 따라서 만약 당신이 탄수화물 섭취를 줄인다면, 당신의 몸은 신장으로 빠져나가는 추가적인 소금의 손실량에 맞게 염분 섭취량을 늘리고 이후에 인슐린 수치가 상승하는 것을 막아 그 손실이 보상되길 원할 것이다. 안타깝게도 대부분의 의사들은 체중을 줄이기 위한 권고와 함께 소금을 줄이기 위한 권고를 동시에 한다. 그러나 대부분의 사람들은 탄수화물의 제한 첫 번째 주 동안에는 평균적인 나트륨 섭취량에 비해 하루에 나트륨 2g을 더 섭취해야 하고, 두 번째 주 동안에는 증가한 소금 손실량에 맞게 하루에 나트륨 약 1g(소금 2.6g)이 더 필요한 것으로 보인다.

실제로 우리가 일반적으로 정상적인 섭취로 여겨지는 양量 이상으로 소금 섭취를 늘린다면 인슐린 민감성을 개선하는 데 도움이 될 수 있다. 한 임상 실험에서 하루에 나트륨 약 3,000mg(소금 7.8g)을 섭취한 것에 비해, 하루에 나트륨 약 6,000mg(15.6g)을 섭취한 사람들은 75g 상당의 경구 당부하 검사 OGTT에 대한 그들의 포도당 반응을 크게 낮춘 것으로 밝혀졌다. 게다가 연구원들은 당뇨 환자들에게 더 높은 나트륨 식단을 시행했을 때 그들의 인슐린 반응이 개선되었음을 알았다. 연구원들은 풍부한 나트륨 섭취가 포도당 내성과 인슐린 저항성을 향상시킬 수 있으며, 특히 당뇨병이 있거나 소금에 민감한 또는 약물을 투여 받는 본태성 고혈압 피험자被驗者에게 그러하다고 언급하면서 몇몇 사람에게는 훨씬 많은 나트륨이 필요하다고 꽤 강한 어조로 제안했다.[367]

우리는 저염 식이를 통해 지방 세포가 인슐린의 효과에 저항성을 갖게 되는 것을 알고 있다.[368] 이 저항성은 다시 혈액의 포도당 수치를 증가시키고, 산화 스트레스oxidative stress와 염증 그리고 동맥 손상을 유발해서 인슐린 저항성을 더욱 가중시킨다. 이는 내부 기아로 인한 악순환이다. 의사들은 수십 년 동안 인체 내의 소금을 제거하는 데 도움을 주는 이뇨제를 사람들에게 투여하는 것이 인슐린 저항성과 당뇨병을 촉진할 수 있다는 것을 알고 있었다. 그렇다. 소금 섭취를 제한한다면 이뇨제를 투여한 것과 같은 해로운 생리적 반응을 우리 스스로가 본질적으로 유도하게 되는 것이다.[369]

## 이뇨제의 위험

고맙게도 몇몇 의사들은 내부 기아 주기를 단축하기 위한 방법으로 소금 섭취 증가를 제안하기 시작했다. 은퇴한 해군 장교인 68세의 데이브Dave는 고혈압, 당뇨, 내장 비만 경력이 있고, 최근에는 신부전을 앓았다. 몇 년 동안 그는 고혈압을 치료하기 위해 인체에서 소금과 물을 제거하는 이뇨제를 복용해왔다. 불행히도 그가 복용한 약 탓에 혈관 내 유효 혈액량 감소intravascular volume depletion를 가져와서 고통받았는데, 이는 순환계로 흐르는 혈액량을 걱정스러울 정도로 감소시켜 그의 신장 기능을 악화시켰을 것이다. 설상가상으로 데이브의 혈관 내 유효 혈액량의 감소는 소금을 체내에 붙잡고자 하는 호르몬의 분비를 자극했는데, 이는 식단에서 흡수한 지방의 양을 두 배로 늘렸고, 인슐린 수치를 증가시켰으며, 신진 대사를 둔화시켰을 것이다. 이 모든 것이 내부 기아의 전형적인 특징들이다.

데이브는 이뇨제 복용을 중단했지만, 안타깝게도 이것만으로는 체내의 저염 상태와 낮은 혈액량을 교정하거나 신장 부전을 개선하기에는 충분하지 않았다. 이에 그의 의사는 저탄수화물 처방을 했고 피클이나 올리브와 같은 짠 음식이 포함된 고염 식이를 처방했다. 데이브는 4개월간 고염 식이를 한 뒤에 신장 기능과 수분 공급 상태가 좋아졌고, 몸무게를 5.4kg 줄였는데 그 대부분이 체지방이었다. 정제된 탄수화물의 섭취를 줄이고 소금 섭취량을 늘려 데이브의 신장 기능 및 체액 상태가 개선되었고, 내부 기아 상태에서 벗어나 더 나은 건강 상태로 바뀌게 되었다.

위 내용을 다시 요약하면

- 인슐린 저항성과 인슐린 수치가 높다는 것은 소금 제한에 대한 생리적 적응일 수 있다.
- 인슐린은 신장이 소금을 재흡수하는 것을 돕는데, 이는 인체가 더 많은 소금을 체내에 붙잡고자 하는 것을 돕는 보상 메커니즘이다.
- 인슐린 수치가 높아지면 살이 찌고 내부 기아로 더 나아가게 된다.

- 우리의 골격 근육과 지방 세포는 인슐린 저항 역할을 하여 높은 인슐린 수치가 혈당 수치를 너무 낮추지 못하게 한다(즉, 저혈당hypoglycemia 을 방지한다). 저혈당은 잠재적으로 치명적일 수 있기 때문이다.
- 인슐린 저항은 몸에서 순환하는 더 높은 포도당과 지방산 수치로 이어지며, 이는 혈관을 손상시킨다. 지방은 있어야 할 곳인 지방 세포 안에 저장되는 대신 더 많은 지방을 우리의 중요한 장기 내부와 주변에 저장되게 한다.
- 소금을 너무 많이 섭취하는 것보다 너무 적게 섭취하는 것은 완전히 불필요하고, 자기 강화적이며대안이라 할 수 있는 고염 식이 등을 채택하지 않는 편협 내지 고집 자신의 건강을 끝도 없는 하향 곡선 위에 놓이게 한다.

## 설탕, 그 은밀한 커넥션connection

내부 기아를 막기 위해 소금 섭취를 늘리는 것이 중요한 만큼, 식단에서 설탕을 피하는 것은 더욱 중요하다. 체중과 전반적인 건강을 관리할 때 우리 모두는 설탕의 칼로리가 특히 해롭다는 것을 알고 있다. 즉, 총 칼로리 섭취량이 동일할지라도 설탕 칼로리의 섭취량이 많을수록 다른 유형의 칼로리보다 인슐린 저항성과 지방 저장을 더 많이 자극한다는 것이다.[370]

과당fructose 果糖을 지나치게 섭취하면 너무 많은 지방이 간에 축적될 수 있고, 이로 인해 중요한 장기가 인슐린에 저항성을 갖게 되어 몸 전체에 전반적인 인슐린 저항성이 만들어지게 된다.[371] 또 지방 조직의 지방 저장 능력도 감소해서 여분의 지방을 심장과 췌장 및 간과 같은 장기 내부와 주변으로 세게 밀어 넣는다(실제로 과당 섭취는 서로 다른 두 방향의 지방 저장으로 이어져 간에 타격을 입히게 된다).과당은 포도당과 대사작용이 다르다. 포도당은 인슐린의 도움을 받아 세포로 들어가지만 과당은 대부분 간으로 이동해 간에서 처리된다. 특히 포도당과 과당을 같이 섭취하는 경우 과당은 지방산과 중성지방으로 바뀌게 된다. 이것은 만성적인 염증과 산화성 스트레스를 유발하기 때문에 여러 가지 측면에서 건강에 해롭다.[372] 더욱이 식습관에 있어서 단맛의 선호가 우위를 점하게 되면 세포의 동력원動力源인 미토콘드리아

mitochondria를 손상시킬 수 있으며, 이로 인해 ATPadenosine triphosphate가 감소하여 배고픔을 증가시키고 인체의 운동 에너지를 잃게 만든다.[373] 혈액 내의 이러한 높은 포도당 수치는 세포에서 물을 끌어 내어 세포의 탈수를 일으킨다. 이렇게 세포로부터 떨어져서 밀려나와 다시 혈액 속의 들어간(전통적으로 소금 탓으로 여겨져 온 현상) 물은 혈액의 소금 수치를 낮게 한다.

실질적으로 고高당류 식단high-sugar diet은 혈액 속의 소금 수치를 희석함으로써 소금의 필요성을 증가시킨다.[374] 그러나 이것은 더 많은 소금 섭취가 어떻게 우리를 도울 수 있는지를 보여 주는 또 다른 방법이다. 인체의 소금 갈망을 충족시키기 위해 소금을 충분히 섭취하는 것이 우리의 설탕 갈망을 영원히 끊을 수 있는 열쇠일 수 있다.

# | 06 설탕 중독 치료:

## 소금에 대한 갈망으로 설탕 중독 극복하기

짠맛은 인간의 다섯 가지 타고난 미각味覺 중의 하나이며, 그럴 만한 이유가 있다. 우리는 소금이 음식 맛을 좋게 하는 것 외에도 인체의 건강에 얼마나 중요한지 살펴보았다. 다행히도 인체는 적절한 소금의 양을 섭취할 수 있도록 도와주는 내장built-in 시스템인 '소금자동 조절장치'를 가지고 있다. 소금자동 조절장치는 우리가 생리적 필요를 충족시키기 위해 더 많은 소금이 필요할 때는 뇌에 신호를 보내 소금을 찾도록 하고, 생물학적 기능을 수행하기에 충분할 때 멈추도록 신호를 보낸다. 이 내장built-in 시스템은 세포내액의 소금 전해질 균형을 조절하고, 필요할 때 그것을 재설정reset하는 데 도움을 준다. 우리가 애쓰지 않아도 인체가 모두 자동으로 관리한다.

그러나 설탕은 사정이 완전히 다른 문제이다. 인체의 선천적인 욕구에 의해 조절되는 소금에 대한 갈망과는 달리, 설탕에 대한 갈망은 어떤 사람들에게는 중독을 일으키는 심리적 욕망이나 이전에 설탕의 과부하overload로 생긴 저혈당에 대한 반응인 생리적 갈망에 의해 만들어진다. 인체는 실제로 생존하기 위해 식이 설탕이 전혀 필요 없다. 과학적인 용어로 표현하면, 소금의 섭취는 마이너스(-) 피드백 시스템(어떤 시점에서 인체는 섭취를 줄이도록 스스로 지시한다)인 반면, 설탕의 섭취는 플러스(+) 피드백 시스템(설탕을 많이 먹을수록 더 먹고 싶어져서 계속 먹게 된다)이다. 소금은 생물학적 임무의 표시이지만, 설탕은 자해적自害的이며 생명을 단축시키는 극도로 해로운 중독이 될 수 있다.

다행스러운 것은 우리가 한편(소금)의 말에 귀 기울이는 법을 다시 배움으로써 다른 한편(설탕)으로부터 인체를 치유할 힘을 가질 수 있게 된다는 점이다. 이제는 건강에 도움이 되는 작용을 하면서 생명을 구하는 본성을 지닌 소금 갈망salt cravings에 대한 연구 기록을 바로 세워서 영원히 소금 섭취에 대한 죄책감을 버려야 할 때이다.

## 소금은 중독성이 있는가?

소금은 맛이 좋고, 섭취하면 몸이 좋아진다는게 느껴진다. 인체는 더 많은 소금이 필요할 때 더 많은 소금을 갈망하게 된다. 소금 섭취량이 적으면 소금 맛에 더 민감해져서 말 그대로 훨씬 더 짠맛이 느껴질 것이다. 그 이유는 다음과 같다. 소금 맛은 몸에 대한 신호로서 적은 섭취량이 지속되는 동안에 소금 맛을 감지하지 못한다면 죽을 수도 있다. 소금의 양을 줄이게 되면 소금 맛을 감지하는 능력이 향상되는데, 이는 수백만 년 동안 수많은 종種의 생존을 보장해 준 높은 가치의 진화적 적응인 셈이다. 음식이 짜게 느껴진다면 그것은 당신의 몸이 직접적인 메시지를 보내는 것이다. "이봐, 이거 좀 봐! 너한테 이게 더 필요하다고!" 라고.

그러나 소금을 과하게 섭취하는 것에 대해 정말 걱정할 필요가 없다. 우리가 음식에 소금을 습관적으로 첨가해서 일어날 수 있는 최악의 경우는 미뢰 taste bud 혀 위의 돌기 안에 위치한 구조로 맛을 느끼는 미각 세포가 그 정도의 소금 수치에 익숙해질 수 있다는 것 정도이다. 하지만 소금을 지나치게 많이 섭취하더라도 우리의 신장은 소금을 덜 흡수해야 한다는 것을 간단하게 알고 있다. 그러므로 전혀 문제될 것이 없다. 사실 앞에서 살펴보았듯이 더 높은 수치의 소금을 섭취하는 것이 장기적으로는 더 건강해 질 수 있다는 것이다.

소금에 대한 갈망은 종종 인체 체액의 소금 전해질 균형이 이상하다는 것을 말해 준다. 카페인은 나트륨 배설을 증가시키는데, 이것은 커피 중독자들

java-junkies로 하여금 소금에 대한 갈망(그리고, 생리적인 욕구)을 높인다. 전문 운동선수들과 열정적인 활동가들도 마찬가지이다. 한 시간 정도의 운동을 하고나면 약 2g 가량의 나트륨이 손실될 수 있기 때문에 손실된 양을 보충하기 위해서는 나트륨의 섭취량을 더 높여야 한다.

이것은 모두 과학적으로 입증된 사실이다. 그런데도 소금을 악마로 취급하는 신조가 왜 아직도 남아 있는 것일까? 그 신조의 기원은 소금을 본질적이고 생명을 주는 힘이 아닌 쾌락적인 탐닉의 물질로 보고, 소금에 대한 인체의 욕구를 믿고 맡겨 두기보다는 통제해서 관리해야 할 것으로 보기 시작한 순간으로 거슬러 올라간다.

## 소금이 조미료가 되었을 때

앵고니Angoni 지역의 아프리카 토착민들의 소금 습관을 연구한 엠 라피케 M. Lapicque는[375] 1896년에 처음으로 소금이 후추, 카레curry 분말, 파프리카 capsicum 그리고, 기타 향료들과 비슷한 조미료라는 생각을 제안한 사람으로 여겨진다. 연구의 주목적은 '미각세포의 자극이다' 였다.[376] 이 연구의 아이디어는 저염 식이를 하는 원주민에게 소금이 소개되었을 때 그들의 소금 섭취량이 증가한다는 사실에서 비롯되었다. 소금을 반대하는 데 앞장선 그래함 맥그리거Graham MacGregor는 "소금에 대한 욕구는 약간의 중독 형태인 습관인데, 섭취하는 식품 속에 들어 있는 소금의 함량을 점진적으로 줄임으로써 변화시킬 수 있다."는 생각을 가장 크게 주창한 사람 중 한 명이었다.[377] 그리고 다른 저염 옹호자들도 유사하게 소금에는 중독성이 약간 있다고 믿었고, 지금도 여전히 그렇게 믿고 있다. 예를 들어, 1977년 저염 식이 권고안의 창시자인 조지 메닐리George Meneely와 해롤드 배타비Harold Battarbee는 소금에 중독성이 있다는 생각을 홍보하는 데 큰 영향을 미쳤다. 연구자들은 어린 시절부터 시작된 '유해한 환경'에서 소금의 섭취가 '유도'되었다고 믿었다. 즉, 어린 시절에 가족의 식탁에서 소금을 과다 섭취하는 습관이 길러지고 이 습관이 지속된다는 것이다.[378]

이 생각은 사실 앞장에서 언급했던 루이스 달Lewis Dahl에서 비롯되었는데, 그는 또한 메닐리Meneely와 배타비Battarbee처럼 소금을 꼭 필요한 것이 아닌 단지 조미료일 뿐이라고 생각했다.[379] 루이스 달은 소금 섭취가 공급되는 식품 속의 소금 함량에 의해 유도된다고 보았다. 그는 만약 소금이 더 적은 양으로 제공된다면, 사람들은 여기에 적응하여 덜 섭취할 것이고, 소금이 더 많은 양으로 제공된다면 사람들은 그것에 빠르게 익숙해져서 소금을 더 많이 섭취하기 시작할 것이라고 했다. 메닐리Meneely와 배타비Battarbee는 루이스 달의 선례를 따라 "소금 섭취에 대한 욕구는 선천적이라기보다는 환경과 습관 등에 의해 유도되는 것이며 꼭 필요한 것이 아니다."라고 했다. 그래서 본질적으로 소금 섭취가 중독성을 갖는다는 생각은, 저염 식이 지침을 가져다 준 소수의 저염 옹호자들의 생각으로 거슬러 올라갈 수 있는데, 이는 믿을 만한 타당한 과학이 아니라, 그들 자신의 의견에서 도출된 또 다른 통념에 불과했다.

소금에 대한 '갈망'은 생리적으로 물에 대한 갈증과 가장 유사하다. 얼마나 많은 양의 소금을 섭취하는지는 얼마나 많은 소금을 필요로 하는지에 의해 조절된다. 여름에는 땀을 많이 흘리기 때문에 물을 더 많이 마시게 되고, 겨울에는 땀을 덜 흘리기 때문에 물을 조금 적게 마시게 된다.[380] 우리는 자신의 몸이 말하는 갈증의 속삭임에 귀 기울이면서 물 섭취를 조절한다. 소금 섭취도 정확히 같은 방식으로 작동한다. 실제로 소금 섭취가 부족한 환경에서 살던 동물들은 일단 소금 섭취가 가능한 상황이 되면 섭취량을 늘릴 수 있다는 사실이 수많은 실험에서 밝혀졌는데, 이것이 바로 동물들이 소금을 핥을 수 있는 소금 덩어리가 있는 장소로 몰려가는 이유이다.[381] 이것은 더운 날을 견디는 운동선수나 투석dialysis을 받는 사람 등과 같이 소금이 고갈된 사람에게도 마찬가지이다.[382]

본질적으로 자신의 몸은 얼마나 많은 양의 소금이 필요한지 전문가들보다 더 잘 알고 있다. 그리고 누군가에게 소금 섭취를 제한하라고 말하는 것은 목이 마를 때 물 섭취를 제한하라고 말하는 것과 같다. 그것은 단지 생물학적으로도 말이 안 된다.

그렇다면 소금을 악마로 취급하는 신조는 어떻게 시작되었을까? 집단 데

이터를 이용한 일부 전문가들의 의견에 따르면, 소금을 많이 섭취하지 않는 사회에서는 소금을 자유롭게 사용할 수 있는 환경이 조성될 때 소금 섭취량이 증가할 것이라고 보았다. 하버드대학교 의과대학의 노먼 케이 홀렌버그Norman K. Hollenberg는 이러한 현상을 소금 섭취와 함께 발전할 수 있는 '습관화'라 명명하였는데, 술이나 담배나 커피의 예와 유사하다. 이 모든 것들이 습관성이기 때문이다. 하지만 이렇게 증가한 섭취량이 곧 '소금은 습관성이다.'라는 의미는 아니다. 사실 소금을 자유로이 섭취할 수 있다면, 사람들이 더 많이 섭취하게 되지만 이상적인 건강과 수명을 위한 생리학적으로 결정된 설정값까지만 섭취하게 된다는 것이 그 증거이다. 실제로 많은 인구 집단을 대상으로 한 연구 결과, 소금을 자유롭게 섭취할 수 있을 때 사람들의 섭취량은 일반적으로 하루에 나트륨 3~4g(소금 7.8~10.4g) 사이의 매우 좁은 범위 내에 머무르는 경향을 보였다.[383] 역시 소금을 자유롭게 섭취할 수 있을 때 동물들조차도 인간의 본능적인 섭취량에 거의 정확히 비례하는 양을 소비한다.[384] 이러한 일관성은 인간과 동물 모두에 진화적인 '소금 설정값salt set-point'이 존재할 것이라는 견해를 뒷받침한다. 우리의 소금 섭취는 인체 내부에 있는 소금 자동 조절장치에 의해 무의식적으로 조절된다.

외부에서 보기에 소금 '중독'이라 느껴질 수 있는 상황이 사실은 소금을 인체에 저장시키면서도 끊임없이 움직이고 있는 '흐름'을 반영한 것이라고 볼 수 있다. 흥미롭게도 낙타가 자신의 등에 있는 혹hump에 지방을 비축하여 광범위하고 눈에 보이지 않게 자신의 신체에 분배하는 것처럼, 소금은 몸 안에서 생성되는 특정 호르몬에 의해 조절되는 메커니즘을 통해 피부에 저장될 수 있다. 일부 사람들은 알도스테론aldosterone이 피부 속 소금 저장량을 증가시키는 반면, 코르티솔cortisol은 소금 저장량을 고갈시킬 수 있다고 보았다.[385] 여기서 알도스테론은 소금이 고갈되는 동안 인체가 소금을 보존하도록 유도한다는 점을 상기할 필요가 있다. 소금을 충분히 섭취하지 않을 때는 알도스테론이 증가하여 피부에 소금을 저장한다. 원시 사회의 사람들처럼 평생 저염식이를 실천한 사람들이 일단 소금을 섭취할 수 있게 되면 자동으로 더 많은 소금을 섭취하는 몸으로 바뀌게 되고, 소금 섭취량이 많아지게 되면 신체는 피부 속 소금 저장량의 일부를 잃게 될 수도 있다. 따라서 피부에서 감소한 소금양은 하루에 소금 8~10g 범위의 소금을 계속 섭취하라는 신호일 수 있다. 본질적으로 저염 식이를 하는 어떤 사람들이 소금을 자유롭게 섭취할 수 있는 환경에 처하면 더 많은 소금을 섭취하기 시작한다는 사실은 소금이 중독성이 있다는 점과 어떠한 관련성도 없지만, 오히려 인간의 자연스러운 생리적 현상과는 관련이 있을 수 있다. 단순히 그들이 소금을 더 많이 섭취하고 있다면 이것은 그들의 환경에서 증가된 소금 공급으로 인해 체내에 숨겨진 소금 저장량이 줄어들었기 때문에 일어나는 자연스러운 현상이다.

또 저염 식단에 비해 평균적인 소금 식단이 인체에 스트레스를 덜 준다는 것을 잊지 않기를 바란다. 인체는 만성적인 소금-보존 호르몬 활성화(이는 많은 에너지를 요구한다)를 통해 더 많은 소금을 계속해서 체내에 유지하려 하지 않는다. 즉, 평균적인 소금 식단을 통해 필요한 소금을 쉽게 얻을 수 있다면 신장에서 필요로 하는 만큼의 소금을 재흡수해야 하는 수고를 할 필요가 없기 때문이다. 그리고 솔직하게 말해 보자. 소금을 적게 섭취하는 것이 장기臟器에 더 많은 스트레스를 준다면 우리 몸이 소금 섭취를 줄이려고 하겠는가? 실제로 인체 내의 '소금자동 조절장치'는 가장 적은 스트레스를 주는 양의 소금을 섭취하도록 하는 것으로 보인다.

일부 사람들은 소금 섭취량을 줄인 뒤 소금에 대한 욕구가 적어졌다고 하는데, 이 현상을 두고 저염 식이가 이상적이라는 증거가 제시된다.[386] 그러나 이 현상은 실제로 한 번도 사실로 입증된 적이 없다. 비록 어떤 사람들이 그런 제한에 따라 소금을 적게 섭취하더라도 이것은 의심할 여지없이 자연스러운 인체의 반응이 아닌 '의식적인' 선택이다. 사실 소금 제한으로 소금에 대한 욕구가 줄어든다고 하더라도 이는 신장이 소금 배설을 차단하기 때문이다. 즉, 신장은 매번 걸러진 저염 식단 속의 나트륨을 1mg이라도 붙잡아 두려고 애쓴다. 게다가 인구 집단의 작은 비율(약 25%)만이 대략 저염 식이 지침이 권장하는 수준까지 소금 섭취를 줄일 수 있다.[387] 인체는 소금 제한에 의해 가해지는 추가적인 스트레스 탓에 있는 힘을 다해 소금 제한과 싸우고 있는 것으로 보인다. 극도로 많은 양의 소금을 섭취하고 있는 것으로 보이는 사람들, 즉 식사 때마다 소금을 뿌려 먹는 사람들은 무의식적으로 최적의 혈액량을 보호하고 있는지도 모른다.[388] 그래서 식당이나 저녁 식탁 건너편에 앉아서 자신의 음식에 소금을 잔뜩 뿌리면서 식사를 하고 있는 사람을 보게 된다면 우리는 "저 사람의 몸이 자신에게 더 많은 소금이 필요하다고 말하고 있는 거야." 라고 생각해야 한다.

그렇다면 당신의 몸은 소금이 부족하다는 것을 어떻게 감지하는 것일까? 그리고, 보다 중요한 점은 잃어버린 소금을 보충하기 위해서 당신은 무엇을 해야 하는 지다.

## 저염 식이의 어두운 면

인체는 잃어버린 소금을 보충하도록 하는 매우 우아한 방법을 가지고 있다. 그것은 뇌의 보상 체계를 과민하게 만들어 소금을 섭취하는 것에서 더 많은 즐거움을 얻게끔 하는 것이다. 이러한 '감작성sensitization'은 소금이 고갈되는 동안 발생하며 소금에 대한 욕구를 커지게 하여 우리가 소금을 찾아 나서도록 한다. 그리고 소금을 많이 섭취할 때 더 많은 보상을 경험할 수 있게 한다.[389] 소금의 고갈은 그야말로 우리가 소금을 더 좋아하게 만든다.[390] 이 생존 메커니즘은 1억 년 이상의 진화 과정을 통해 발전되었고 그 이후로 거의 모든 종들species의 생존을 보장해 왔다.[391] 만일 소금 결핍 상태에서 인체가 뇌의 소금 갈망을 증진시키고 소금에 대해 보상을 해 주지 못했다면, 다른 종과 마찬가지로 인류도 오래 전에 멸종되었을 것이다.

그러나 우리가 소금 섭취를 제한할 때는 이와 같은 뇌의 향상된 보상 기능에 단점이 드러난다. 즉, 더 많은 소금을 찾고 섭취하도록 하는 '감작성'이 뇌를 다른 중독으로 나아가게 하는 기폭제 역할을 할 수 있다는 것이다. 보상 회로의 볼륨을 높임으로써 뇌는 그것의 보상 체계를 유발하는 소금 이외의 다른 식이성 물질을 섭취할 때 더 큰 즐거움을 경험할 수 있게 된다. 이러한 기폭제는 중독성 물질, 특히 정제된 설탕과 약물을 남용하는 문제를 일으켜 중독 가능성을 높일 수 있다.[392] 소금 중독을 일으키는 것은 많은 양의 소금이 아니다. 소금 고갈의 위험을 증가시키는 것은 소금 제한이며, 이런 행위는 뇌의 보상 기능에 변화를 일으킬 수 있다. 소금 제한을 하면 소금으로부터 더 크거나 높은 보상을 받게 하는 대뇌 측좌핵nucleus accumbens 側坐核의 구조적 변형을 일으키는데, 이는 약물 남용에 중독된 사람들에게서 일어나는 변화와 유사하다. 이러한 민감화는 정제된 설탕 등과 같은 다른 남용 물질에 의해서도 작동될 수 있다.[393]

소금이 고갈되는 때에 형성된 '더 높아진 소금에 대한 갈망'이 정제된 설탕과 약물 남용을 유발할 수 있다. 즉, 인체의 보상 체계가 교차 전환cross over된다는 사실이 놀랍지 않은가? 문헌상의 증거가 이러한 개념을 강하게 뒷받침한다. 예를 들어, 나트륨 고갈은 코카인cocaine과 교차 감작cross-sensitization하는 것으로 알려진 암페타민amphetamine과 교차 감작하는 것으로 밝혀졌다.[394] 교차 감작은 일반적으로 약물 남용 사이에서만 발생하는 현상이며, 한 약물의 사용은 다른 약물의 증대된 효과와 남용 가능성의 증가를 초래한다.[395] 이 경우 나트륨 고갈 자체가 남용 물질처럼 작용하여 다른 남용 물질의 보상과 남용 가능성을 높인다. 실제로, 2009년 게인즈빌Gainesville에 있는 플로리다Florida 의과 대학의 연구에서 이 교차 감작된 두뇌 경로가 밝혀졌다. 연구 조사관들은 소금에 절인 음식에 대한 중독 가설Salted Food Addiction Hypothesis을 조사하고 있었는데, 이 가설에서 소금에 절인 음식이 오피오이드opioid 아편 비슷한 작용을 하는 합성 진통·마취제 처럼 뇌에서 작용하고, 뇌의 수용체를 자극하며, 소금에 절인 음식을 구할 수 없을 때는 이것을 대신할 수 있는 즐거운 보상 감각과 갈망을 일으킨다는 점이 제시되었다.[396] 또한 짠 음식이 아편에 의존하는 사람들에게는 약간의 식욕 자극 효과가 있지만 비非중독자에게는 그렇지 않다는 것이 밝혀졌다. 이 점은 뇌의 공유된 경로를 강조하고 소금 제한이 얼마나 위험한지 특히 강조한다. 즉, 뇌 속에 공유된 중독 경로를 더 민감하게 만드는 소금 제한이 사람들을 위험한 중독성 약물과 식품 중독에 더 취약하게 만든다는 것이다.

소금 제한으로 인해 높아진 소금 갈망의 기간은 장기간의 소금 과다 섭취로 이어지지 않고 소금 고갈이 교정될 때까지만 지속되는 것으로 보인다. 그리고 일단 소금 고갈이 교정되면 억제 신호는 소금에 대한 '선호liking' 신호를 끄고, '혐오aversion' 신호를 켜게 된다.[397] 고갈된 소금을 재충전하는 동안에 높은 소금 섭취를 하면 다른 네 가지 기본 맛 감지 센서의 반응과는 달리, 혀의 수용체는 양에서 음으로 바뀌어 짠 음식의 섭취를 줄이게 되는 경향을 보인다.[398] 여기서 인체에서는 소금자동 조절장치가 작동된다는 것을 인식해 주기 바란다.

우리는 중독성 남용 물질에 쉽게 접근할 수 있는 사회에 살고 있다. 미국에서는 매년 약 3만 명이 의료인에 의해 처방된 오피오이드opioid, 코카인, 헤로인의 과다 복용으로 사망한다.[399] 유행병처럼 번지는 이런 엄청난 실제 사망자 수를 감안할 때 소금 고갈과 저염 식이가 중독성 물질을 남용할 가능성을 증가시킨다면, 우리는 다음과 같이 진지하게 자문해야 한다. "소금 섭취를 제한하는 가상적이고 대체로 입증되지 않은 '이익'이 다수의 생명을 위협하는 입증된 위험보다 실제로 더 높은 것인가? 또한 수십 년 동안 과학적 증거를 고의로 무시하고, 미래 세대를 이러한 불필요한 위험으로부터 보호할 의무가 있는 보건 공무원의 책임을 물을 때가 아닌가?"라고.

저염 식이 권고에 따라 행동하는 것은 정제된 설탕과 약물 남용에서 오는 과도한 보상에 대해 우리의 두뇌를 '기폭제화' 또는 '감작화'시키는 것이다. 본질적으로 소금 고갈의 시기를 견디기 위해 진화 과정에서 내장된 방어 메커니즘은 이제 우리 몸에 불리하게 작용하여 우리를 중독성 물질에 빠뜨릴 위험을 증가시킬 수 있다. 그리고 우리가 저염 섭취의 충고를 더 오랫동안 고수할수록 정제된 설탕과 약물을 남용하는 위험을 더 집중적으로 증가시킬 수 있다. 우리는 소금자동 조절장치가 오작동하는 것을 막기 위해 할 수 있는 모든 조치를 취해야 한다.

## 내부 기아 상태 개선하기

일주일에 5일씩 체육관에 다니는 부유한 가정생활을 누리는 69세의 은퇴한 사회복지사 줄리Julie의 경우를 보자. 줄리는 일주일에 서너 번 실내 사이클을 하므로 다리는 날씬하고 튼튼하며 몸무게는 정상 범위를 유지하고 있었다. 그런데 최근 복부 주위에 상당한 양의 지방을 갖게 되었는데 줄리는 이 상황을 이해할 수 없었다. 그녀는 2년 전에 검진을 위해 의사에게 갔고, 약간 높은 콜레스테롤을 조절하기 위해 복용해 오고 있었던 스타틴statin 항고지혈증제 이 당뇨병 발병 위험을 증가시킬 수 있다는 것을 알게 되었다. 더 나빴던 점은 실험실 연구 결과 그녀의 공복 혈당 수치가 이미 예비 당뇨병 단계pre-diabetes에 있다는 것을 보여 준 점이었다. 혈당 수치는 상승했지만 상당히 진행된 당뇨병으로 간주할 만큼 높지는 않았다.

줄리의 이야기는 '닭이 먼저인가, 아니면 달걀이 먼저인가'라는 경우라고 볼 수 있었다. 혈당을 올린 것이 스타틴인지 식이 요법인지 분명하지 않았기 때문이다. 그러나 결과는 동일했다. 그녀는 내적 기아 상태였고 제2형 당뇨병이 발병할 위험이 증가한 상태였다. 그녀의 요청에 따라 의사는 그녀가 저혈당(저탄수화물) 식품을 선택하는 등 식단을 더 수정하고, 유산소 운동 외에도 일주일에 세 번 정도 강도 높은 훈련을 시작하라는 조건으로 스타틴 처방을 제외하는 데 동의했다. 그 이후로 그녀는 날씬해졌고, 특히 복부에 힘이 생겼으며 공복 혈당이 개선되었다. 그것은 그녀가 더 이상 내적 기아 상태에 있지 않다는 것을 의미한다.

## 요람에서 무덤까지: 소금자동 조절장치가 왜 제대로 작동하지 못하는가?

인체가 소금자동 조절장치 기능을 상실하는 가장 흔한 방법에는 다음 두 가지가 있다. 첫째, 출생 전 또는 출생 후에 소금이 고갈되는 것이다. 둘째, 모두가 짐작했듯이 저염 식이 지침을 따르는 것이다. 그리고 이 모든 것은 어머니의 자궁에서 시작된다.

어머니가 임신 중에 자기 자신과 태아를 위해 올바른 일을 하고 있다고 생각하면서 소금을 너무 적게 먹었다고 가정해 보자. 이런 경우 태아의 신체는 소금이 부족한 상태로 발달할 것이고, 뇌의 보상 중추에 있는 도파민 수용체는 소금에 매우 민감해져서 태아가 소금을 먹어야 만족감이 증폭될 것이다. 연구에 따르면 임신한 어머니의 저염 식단으로 인해 자식이 어린 시절을 거쳐 성인기 내내 더 많은 소금을 먹고 갈망하게 할 수 있다는 점에 주목했다.[400] 소금 식욕의 증가는(더운 날 엄청난 땀 손실과 같은) 갑작스러운 탈수 상황 동안에 자손의 생존을 보장하는 데 도움이 되는 것으로 보인다. 불행하게도 이것은 또한 약물 남용 물질의 중독에 취약하게 할 수도 있다.

이 적응의 시작은 좋았다. 훼슬러Fessler는 소금 선호에 대한 '출생 전 초기 조절 시스템calibration system'이 있다는 견해를 제시했다. 그는 '복잡한 신경 생리학 조직'이 소금 섭취를 위한 각자의 고유한 설정값을 만드는 역할을 하며, 전 인생에 걸쳐 항상성 유지에 도움이 된다고 믿었다. 이러한 설정값은 우리 조상들을 장내 감염으로 인한 설사와 구토로부터, 그리고 그러한 설사와 구토로 인한 위험한 탈수로부터 구하는 데 도움을 주었을 것이다. 그런 다음 선택된 각자의 고유한 설정값은 미래 세대로 계속 전달되게 할 것이다.[401] 그러나 진화가 계속됨에 따라 이 적응은 결국 우리를 현대 생활에서 좀 더 취약하게 만들 것이다. 출생 전 또는 출생 직후의 소금 고갈은 출생 후의 자녀가 더 높은 수준의 소금을 섭취하도록 유도하는 경향이 있기 때문에, 뇌 보상 시스템의 만성적인 활성화로 인해 자녀들은 정제된 설탕뿐만 아니라 약물 남용에 중독될 위험도 증가하게 될 것이다.[402] 불행하게도 선의의 임산부와 수유모nursing mothers 授乳母들은 의사가 주는 저염 식이 지침 조언을 따른 결과, 자녀들을 소금과 설탕 및 마약 중독에 취약하게 만들 수도 있다. 저염 식단 조언이 이러한 중독을 예방할 수 있다고 떠벌려 널리 홍보되고 있지만 실상은 그 반대이다. 저염 식단 조언이 가져오는 예기치 않은 결과에 대해 말해 보자.

소금 섭취에 관한 한 자신의 몸이 가장 잘 알고 있다. 소금 섭취를 의식적으로 제한하기보다는 자신의 몸이 요구하는 소금의 양을 섭취하는 것이 소금 고갈 동안 해를 입지 않는 데 확실히 도움이 될 것이다. 그리고 이렇게 하는 것이 설탕과 다른 약물 남용 문제를 예방하는 데 도움을 줄 수 있을 것이다.

## 소금과 불안

이스라엘 하이파Haifa 대학의 2011년 연구에서는 높은 소금 섭취가 심리적 및 정서적 역경을 극복하는 적응적 대처 메커니즘으로 작용하면서 스트레스의 영향을 완충하는 데 도움이 될 수 있다고 보았다. 같은 연구의 일환으로 연구원들은 나트륨이 풍부한 음식 섭취의 감소는 피험자들이 정신적인 도전에 마주하게 되었을 때 불안을 야기한다는 것을 발견했다.[403]

이와 비슷하게 아이오와Iowa 대학의 연구원들은 쥐가 염화나트륨(일반적인 소금)이 부족할 때 일반적으로 즐거운 활동을 기피한다는 것이 밝혀졌는데, 이는 소금이 기분에 긍정적인 영향을 미친다는 것을 의미한다.[404] 저염 식이는 그것을 따르고자 하는 사람들에게 엄청난 희생과 전반적인 고통을 야기할 수 있다. 파인즈pines와 동료들은 심지어 저염 식이가 심각한 불안, 건강 염려증, 병약함을 유발할 수 있다고 보았다.[405]

어떤 사람들은 이러한 증상에 대처하기 위해 설탕에 의존할 수도 있다. 소금이 적은 식단을 섭취함으로써 증가한 심리적 불안은 설탕에 대한 갈망을 야기할 수 있는데, 설탕은 사람들이 일시적으로 그들의 불안을 관리하는 데 도움을 줄 수 있는 신경화학적 물질의 방출을 뇌에서 촉발하기 때문이다.[406] 설탕을 섭취하면 기분에는 긍정적인 효과가 있다고 흔히 생각되지만 기껏해야 일시적인 상승 효과일 뿐이다. 만약 사람들이 소금보다 설탕에 손을 뻗어 섭취하려 한다면, 그들은 단기적인 스트레스 해결책으로 설탕에 의존하게 될지도 모른다. 대처 메커니즘의 이런 부정적인 영향은 오직 저염 식이에만 고조되어 '설탕을 약으로 사용'하는 계속되는 악순환에 빠져들어 결국 설탕 중독에 이를 것이다.

## 저염 식이가 어떻게 설탕의 중독성을 높이는가?

인간을 포함해서 모든 동물은, 자기 마음대로 하도록 내버려 두면 적정량의 소금을 섭취한 뒤 스스로 멈추게 되는 것을 우리는 보아 왔다. 소금을 적절하게 섭취한 경우에는 그것에 대한 갈망이 사라지고, 과다 섭취했을 경우에는 몸은 초과된 양을 배출한다. 설탕과 비슷한 대사는 전혀 일어나지 않는다. 어떤 사람들은 설탕을 약간만 섭취하지만, 성장기의 청소년들, 특히 아이들은 온오프 스위치on-off switch에서 '끄는off' 기능이 고장 난 채로 정제된 설탕 또는 고농축 옥수수 시럽syrup을 대량으로 소비한다. 실제로 런던 퀸즈 대학 영양학과의 설립자이자 초기 설탕 반대 운동가인 의학 박사 존 유드킨John Yudkin은 14~18세 청소년들에서 설탕 섭취가 총 칼로리 중 최대 52%까지 나온다고 언급했다.[407] 그리고 우리 몸의 타고난 욕구에 의해 조절되는 소금에 대한 갈망과는 달리, 설탕에 대한 갈망은 심리적인 것이거나 설탕에 대한 생리적인 의존에 의해 만들어진다. 이러한 갈망이 얼마나 강렬한지에 상관없이 이것들은 인체가 실제로 설탕이 필요하다는 징후는 아니다. 앞장에서 살펴보았듯이 설탕을 많이 섭취함으로써 내부 기아 상태에 기여하여 식욕을 자극하고, 특히 단 것을 더 많이 먹도록 부추길 수 있다. 내부 기아를 촉발하는 최악의 범죄자 중 하나는 과당fructose 果糖인데, 주로 사탕무나 사탕수수 또는 옥수수에서 얻어진다. 과당이 이와 같이 자연적으로 탄수화물 함량이 높은 원료에서 껍질이 벗겨져 졸여져서 농축된 후 다른 음식에 첨가되면, 원래의 상태보다 더 중독성이 높아지고 해롭게 되는 것이다. 식물성 생산품이 중독성이 있는 약물이 된다고 생각하는 것이 지나치게 과장된 것으로 생각된다면, 코카나무 잎에서 코카인cocaine을, 양귀비 씨앗과 깍지pods에서 헤로인heronin을 만든다는 것을 생각해 보면 이해될 것이다. 본질적으로 이것들은 모두 식물에서 얻어진 농축된 중독성 물질이다.[408] 설탕과는 대조적으로 소금의 경우에는 소금 섭취가 지속적으로 증가하는 것을 보지 못한다. 동물과 인간의 식단에 설탕이 도입된 뒤에 과학자들은 설탕의 섭취량이 최종적으로 30배나 증가했고, 설탕 섭취에 대한 반응으로 폭식, 내성tolerance, 뇌의 구조적인 변화(모두 설탕 중독임을 나타내는 핵심 기준들이다)가 있었다는 증거를 기록했다.⁴⁰⁹ 술을 예로 들어 보자. 어떤 사람들은 그렇지 않은 반면, 또 다른 사람들은 알코올 중독자가 되어 엄청난 양을 마실 것이기 때문이다. 영국 시인 존 고워 John Gower(1330~1408)는 사치스러운 궁정 생활에 대한 비판으로 '스윗 투스sweet tooth, 즉 단 것에 빠진' 이라는 용어를 고안했으며, 1300년대 후반으로 거슬러 올라가 설탕이나 단맛에 빠지는 것은 정상적이지 않다고 회상했다.⁴¹⁰ 실제로 일단 스윗 투스가 발달하면 사람들은 한때 아주 달콤한 맛을 내던 음식을 선호하게 되고, 기분 좋았던 음식 맛이 이제 싱거워질 수도 있으며, 어쩌면 약간 쓴맛이 될 수도 있다. 첨가당糖이 많이 들어간 식이를 해서 미각 수용체taste receptor의 기능이 변화하면 달지 않은 음식을 즐기는 것이 더 어려워져 식단에서 단맛이 더욱 강해질 수 있다.

옛날에는 달콤한 음식에 대한 우리 선조들의 입맛은 자연스럽게 딸기류나 다른 과일들과 같은 달콤한 음식으로부터 충분한 칼로리와 영양분을 섭취하도록 보장되었기에 제 기능을 담당했다. 그러나 원래 가공되지 않은 음식whole food에서 만들어지는 자연당natural sugar이 현대 음식 재료에서는 고유의 섬유질과 수분 및 식물 영양소phytonutrients 등이 추출되고 제거된 채 정제 백설탕이나 화학적으로 만들어진 시럽이 되었다. 불행하게도 이런 방식으로 만들어진 감미제sweetning는 일반적으로 과일이나 야채의 섭취를 증가시키는 것이 아니라 오히려 정제당의 섭취를 증가시킨다. 이와 같이 가공 처리된 설탕이 듬뿍 들어간 포장된 음식과 음료를 섭취하면, 우리 몸은 그것을 빠르게 흡수하고, 뇌는 자기 통제 메커니즘을 중단시킬 수 있는 천연 오피오이드opioid와 도파민의 강렬한 방출 덕분에 정상적인 범위를 벗어난 보상을 기억하게 된다. 실제로 인간과 동물을 대상으로 한 뇌 스캔 연구에 따르면, 정제당을 다량 함유한 가공 식품이 뇌의 보상 센터를 자극하여 헤로인, 아편, 모르핀과 같은 중독성 약물처럼 양전자 방사 단층 촬영PET SCAN Positron Emission Tomography scan의 스크린에 불을 밝힌다는 사실이 밝혀졌다.

사람들은 또한 설탕에 대한 내성을 발달시켜서 그들의 스윗 투스를 만족시키기 위해 설탕을 점점 더 많이 필요로 하게 된다. 그리고 설탕에 중독된 사람들은 기분 변화와 폭음 내지 폭식을 경험할 수 있고, 갑자기 설탕을 끊거나 오랫동안 섭취하지 않을 때는 금단 증상을 겪을 수 있다. 설탕에 중독된 사람들은 설탕을 끊게 되면서 심지어 집중하거나 바른 생각을 할 수 없게 되거나 떨림, 신경 과민, 땀(저혈당, 생리적 금단과 의존의 결과 땀이 난다)과 같은 증상들, 즉 뇌의 도파민 고갈로부터 오는 주의력 결핍 및 과잉 행동 장애ADHD Attention Deficit Hyperactivity Disorder 를 가질 수 있게 된다.

이 증상들 중 어떤 것이 친숙하게 느껴지는가?

사실 비만이나 ADHD 및 코카인과 헤로인에 대한 약물 중독을 가진 사람들은 모두 매우 유사한 뇌의 특징을 공유하고 있다. 세 가지 모두 뇌에 있는 도파민 D2 수용체의 낮은 조절력을 가지고 있어 정상적인 도파민 기능의 부족을 나타낸다. 도파민은 '보상 신경 전달 물질'이기 때문에 설탕 의존도가 높은 사람은 설탕을 적게 먹을 때 가벼운 우울증을 겪을 수 있는데, 이는 이후 달콤한 것을 더 많이 섭취하여 '보상'하려고 한다. 설탕을 복용함에 따라 처음에는 도파민이 강렬하게 방출되어 순간적이고 폭발적인 '행복감'을 초래하고, 뒤이어 '우울감'의 기간이 이어지는데, 이는 설탕으로 '보상'될 수 있다. 그리고 그 주기는 종종 온종일 반복될 수 있다.

이러한 감정적인 의존 상태는 극복하기 어려운 습관이 될 수 있는 반면, 신체는 육체적인 의존 상태로 발전할 수 있다. 인슐린 저항력을 가진 사람들이 설탕을 섭취할 때는 과도한 양의 인슐린이 분비되어 혈당치가 크게 떨어져 떨림, 신경 과민, 발한, 심계 항진 및 불안으로 이어질 수 있다. 그리고 이러한 증상들을 없애기 위해 그들이 다시 설탕을 선택하도록 유도한다. 만약 정기적으로 설탕을 탐닉한다면, 저혈당 수치를 치료하기 위해 지속적인 설탕 섭취를 해야 하는 악순환을 만들 수 있다. 무려 약 1억 1,000만 명의 미국인들이 어떤 형태의 인슐린 저항성을 가지고 있는데,[411] 이로 인해 그 집단 대부분의 사람들은 제2형 당뇨병의 위험뿐만 아니라 설탕 중독의 위험 가능성 또한 갖게 된다.

설탕 중독은 다른 약물 남용보다 더 강력할지도 모른다. 연구에 따르면 코카인에 중독된 쥐들이 코카인과 설탕 중 하나를 선택하는 상황이 주어질 때 설탕을 선택하게 되는데, 이는 설탕에서 얻는 보상이 코카인에서 얻는 보상을 능가하기 때문일 것이다.[412] 설탕의 진정한 중독력을 보여주는 가장 좋은 증거 중 하나는 중독이 어떻게 치료될 수 있는가 하는 것이다. 헤로인과 모르핀에 중독된 사람들을 위해, 뇌의 아편 수용체를 차단하도록 설계되고 아편 중독 치료에 사용되는 약품들도 설탕 이존을 벗어나는 데 도움이 될 수 있다(중독성 의약품과 설탕 사이의 공통된 특징에 대해서는 다음 페이지 〈표 1〉을 참조하고, 미국 식품의약국FDA이 설탕 중독 치료의 승인을 고려해야 하는 효과적인 전략을 찾아보려면 〈표 2〉를 참조하라). 사람들은 불법적인 마약에 중독될 수 있는 것처럼 설탕에 중독되지는 않지만, 설탕을 끊으면 분명히 뚜렷한 금단 현상을 경험하게 될 것이다. 설탕은 마약처럼 자신의 현실 감각을 왜곡하지는 않는다. 비록 누군가는 설탕을 섭취함으로써 왜곡된 현실 감각을 느낄 수 있겠지만 아무도 설탕이 듬뿍 들어간 쿠키를 얻기위해 실제로 살인을 하지는 않을 것이다. 그러나 설탕에 중독되면 확실히 뚜렷한 금단 효과를 경험하게 된다.[413]

## 〈표 1〉 중독성 의약품과 설탕 사이의 공통된 특징 [414]

| 신경화학적/행동적 효과 | 중독성 의약품 | 설탕 |
|---|---|---|
| 복용 중단에 따른 금단 현상 | +++ | + |
| 아편 길항제opiate antagonist 투여에 따른 금단 현상 | +++ | ++ |
| 섭취에 따른 보상(투여 후 오피오이드opioids 와 도파민의 지속적이고 강도 높은 방출로 행동 강화 유도) | ++ | +++ |
| 도파민 D1 수용체 결합 증가 | NCD | NCD |
| D2 수용체 결합 감소 | NCD | NCD |
| 대뇌 측좌핵 내의 D2 수용체 mRNA의 감소 | NCD | NCD |
| μ 오피오이드μ-opioid 수용체 결합의 증가 | NCD | NCD |
| 낼럭손naloxone 금단 현상에 따른 도파민/ 아세틸콜린acetylcholine의 불균형 | NCD | NCD |
| 내부적으로 발생하여 방출되는 오피오이드에 대한 의존성 | +++ | ++ |
| D1 수용체와 μ 오피오이드μ-opioid 수용체에 작용하는 자극에 대한 민감성(중독으로 이어질 가능성이 있다.) | ++ | ++ |
| 뇌의 도파민 상태가 낮아서 생기는 의존성 | +++ | ++ |

+ 보통의, ++ 강한, +++ 매우 강한, NCD – 비교 자료 없음 (참고: 이러한 등급은 반드시 정확한 효과 강도를 나타내는 것이 아니라 일반적인 비교를 의미한다)

## 〈표 2〉 심각한 설탕 중독에 대한 가능한 치료 전략

### 설탕 중독 유도 치료

약학 박사Pharm. D.로서 나는 가장 고착화된 건강 문제를 해결하기 위한 의약품의 힘에 대해서 독특한 관점을 가지고 있다. 부프레노르핀buprenorphine과 낼럭손naloxone은 아편 의존성 치료에만 해당되지만, 나는 이 처방전의 치료 전략이 미국 식품의약국FDA에 의해 심각한 설탕 중독을 치료하는 데 고려되어야 한다고 생각한다. (참고: 이러한 약품은 통제된 물질로 간주되므로 인증된 처방자만 이러한 약물에 대한 처방전을 작성할 수 있다)

**설탕 중독 유도 치료**

● 설탕 복용 중단 후 첫 조짐이 보이면, 다음과 같이 복용시킬 것.
부프레노르핀buprenorphine(부분적 오피오이드 길항제antagonist/작용제agonist), 설하정sublingual tablet 舌下錠 8mg/1일차, 16mg/2일차

**설탕 중독의 유지 관리 방법(일반적으로 3일)**

● 서복손Suboxone(buprenorphine + Naloxone)으로 시작할 것. 2mg/0.5mg의 혀 밑에 필름 형태 또는 태블릿 형태로 밀어 넣을 것(매일 1~2회 혀 밑에 필름 형태 또는 태블릿 형태로 밀어 넣을 것).
● 서복손Suboxone은 설탕을 섭취하려고 하면(무당식無糖食 유지에 도움이 되는 설탕을 많이 얻지 못할 수도 있다) 금단 현상을 유발할 수 있다. 유지 관리를 위해 목표치 16mg/4mg을 제안한다. 2~4mg의 부프레노르핀의 증분increment 增分으로 적정titration 滴定한다.

앞에서도 이야기했듯이 정제당, 특히 자당sucrose 蔗糖과 고高과당fructose 果糖 옥수수 시럽 같은 과당 추출 감미료를 과도하게 섭취하면 렙틴satiety-hormone leptin이라는 포만 호르몬에 대한 저항성이 유발되어 식욕과 체지

방 조절 시스템이 제 기능을 할 수가 없게 된다.[415] 일반적으로 지방 세포에서 방출되는 렙틴leptin은 혈액뇌장벽blood-brain barrier 血液腦障壁 뇌실질 조직과 혈액 사이에 있는 생리학적 장벽이며 양자 간의 물질 교환을 제한하는 장치을 가로질러 식욕 조절 중추의 수용체와 결합하여 장기간에 걸쳐 칼로리 섭취를 조절하는 데 도움이 된다. 렙틴은 적절한 때에 식사를 중단하고 신체 활동을 늘릴 것을 알려준다. 또한 중추 신경계를 활성화시켜 지방 조직을 자극하여 에너지를 위해 지방을 연소시킨다. 그래서 누군가가 렙틴 저항성leptin-resistant을 갖게 되면 두 배의 해로운 타격을 입게 된다. 뇌는 몸이 굶주리고, 지속적인 굶주림과 칼로리 섭취를 촉발한다고 믿는다(가장 빈번하고 빠르게 반응하는 탄수화물의 형태로). 이 탄수화물이야말로 인슐린 수치가 상승하고 몸이 "내부 기아"에 있는 동안 세포가 효율적으로 연소할 수 있는 유일한 거대 영양소이기 때문이라는 것을 기억해 주기 바란다.[416] 많은 설탕을 지속적으로 섭취하면 영양식에 대한 식욕을 떨어뜨릴 것이고, 정제된 설탕을 과잉 섭취하는 동안 뇌에서 일어나는 변화는 설탕 의존성, 설탕에 대한 강렬한 갈망 촉발, 폭음 또는 폭식으로 이어지며, 정기적으로 설탕을 섭취하지 않을 때는 금단 현상을 유발할 수 있다.[417] 그리고 이러한 모든 메커니즘은 충분한 소금이 없을 때 더욱 뚜렷해진다.

이뿐만 아니라 다른 많은 이유로 소금이 아닌 설탕이 중독성이 있다는 것은 분명하다. 슬프게도 설탕은 손쉽게 구입할 수 있으며 놀랄 정도로 많은 섭취량은 우리를 설탕 중독의 손쉬운 공격 대상으로 만든다. 반면, 소금에 대한 편견은 우리가 절실히 필요로 하는 치료법을 차단할 수 있다. 이제 우리가 소금에 대해 잘 알아야 할 때이다. 누가 정말로 덜 필요로 하고, 누가 정말로 더 많이 필요로 하는지, 그리고 우리가 어떻게 하면 잃어버린 건강을 되찾는 데 도움을 주는 터무니 없이 저평가된 소금의 힘에 주의를 기울일 수 있는지를 인식해야 할 시기이다.

# 07 소금이 실제로 얼마나 필요한가?

삶의 다른 많은 것들과 마찬가지로 소금 섭취에도 최적의 범위가 있다. 그 적정한 범위는 사람에 따라 다소 다르다. 소금 제한을 옹호하는 사람들은 우리가 건강하게 생존하기 위해서 얼마나 많은 나트륨을 필요로 하는지를 고려하지 않는다. 그들은 살아남기 위한 최소량에만 초점을 맞춘다. 그렇다면 충분하지만 과도하지 않도록 소금을 어떻게 현명하게 섭취할 수 있을까?

좋은 소식을 알려드리면, 많은 건강한 사람들은 소금을 과다하게 섭취하는 것에 대해 걱정할 필요가 없다는 것이다. 인체는 그 지나침을 조절할 수 있기 때문이다. 과학적 연구에 따르면, 나트륨 섭취의 최적 범위는 일반적으로 권장되는 하루에 나트륨 2,300mg(소금 약 6g)이 아니라 건강한 성인의 경우 하루에 나트륨 3~6g(소금 약 8~16g, $1^{1}/_{3}$ ~ $2^{2}/_{3}$티스푼)인 것으로 나타났다. 그리고 어떤 사람들은 더 많은 양을 필요로 한다.

하지만 우리가 당신만의 이상적인 소금 섭취량을 자세히 살펴보기 전에 다음과 같이 더 많은 소금을 섭취하고 보유하는 것에 관심을 기울여야 할 몇몇 사람들이 있다는 것을 분명히 해야 한다.

● 고高알도스테론증hyperaldosteronism(알도스테론aldosterone이라 불리는
  소금-보유 호르몬의 분비를 증가시키는 것을 수반하는 알도스테론

장애)

- 쿠싱병Cushing disease(혈중 코르티솔cortisol 수치가 높은 뇌하수체 장애)
- 리들 증후군Liddle syndrome(신장의 과다한 나트륨 재흡수를 유발하는 고혈압의 유전 형태)

위 사람들은 나트륨이 혈압에 미치는 부정적인 영향에 특히 민감할 수 있기 때문에 소금 섭취를 모니터링monitoring하고 가능하면 제한해야 한다. 그러나 이러한 개인에게도 소금은 주된 문제가 아니다. 만약 질병의 원인을 효과적으로 치료한다면, 과도한 소금 보유는 별다른 문제가 안 된다.

위 몇몇 사람들과는 대조적으로 대부분의 사람은 체내에 과도한 소금을 유지하기 시작하면 이에 맞는 수많은 강력한 방어 메커니즘을 갖게 된다. 혈액과 체액의 나트륨 수치가 높아지면, 인체는 신장에서 소금의 재흡수를 줄이며, 섭취하는 음식에서도 나트륨 흡수를 감소시킨다. 우리의 장腸은 우리를 위해 약간의 조정adjustment 기능을 발휘할 것이다. 나트륨이 체내에 축적되기 시작하면 인체는 과다한 나트륨을 피부나 장기로 무리없이 이동시키곤 한다. 독일의 프리드리히 알렉산더 대학교와 에를랑겐-뉘른베르크 대학교의 학제간學際間 임상연구센터Interdisciplinary Center for Clinical Research at the Friedrich-Alexander-University Erlangen-Nurnberg in Germany의 최근 연구에 따르면, 인체는 피부에 상당한 나트륨 비축량을 갖고 있는데, 이는 탈수증을 예방하고 전염성 생물체의 피부 진입을 막는 데 도움이 되는 것으로 밝혀졌다.

실제로 대부분의 경우, 다음과 같은 현대의 건강과 생활 습관 때문에 이전보다 더 많은 소금(하루에 약 8~16g보다 더 많은 양)을 필요로 함을 알게 된다.

- 설탕의 과다 섭취는 소금 낭비를 유발하는 특정한 신장 질환을 야기한다.
- 갑상선 기능 저하증hypothyroidism, 부신 기능 부전증adrenal insufficien-

cy, 울혈성 심부전 등의 만성 질환은 저나트륨혈증hyponatremia(혈중 저나트륨low blood sodium으로 알려진 질환)을 유발할 수 있다.

- 일반적으로 처방되는 이뇨제와 항우울제 및 항정신병 약물들과 심지어 몇몇 당뇨병 약물들도 소금 고갈에 취약하게 만든다.
- 커피 중독, 에너지 음료, 차 및 기타 카페인 음료에 대한 의존은 카페인이 신장에서 자연 이뇨제 작용을 하여 물과 소금을 신장에서 배출해서 소금 고갈의 위험에 빠뜨린다.
- 격렬한 운동은 땀으로 상당한 양의 소금과 물을 잃게 한다.
- 저탄수화물뿐만 아니라 간헐적(특히, 장기간) 단식을 하는 것은 신장에서 나트륨과 물의 엄청난 손실을 초래하고 소금의 필요를 증가시킨다.

나는 우리들 대부분이 분명히 이 목록들의 어딘가에 속해 있을 것이라고 확신한다. 어떤 사람은 소금을 적게 섭취해야 하고, 어떤 사람은 더 많이 섭취해야 하는지, 그리고 어떤 수준이 자신에게 가장 적합한지를 결정할 수 있도록 자세히 살펴보자. 그리고 마지막 장에서는 모든 사람들에게 최적의 소금양을 얻는 데 도움이 되는 기본 프로그램을 검토할 것이다.

## 실제로 소금이 얼마나 필요한가?

정부 부처와 보건 기관들은 주로 소금 섭취와 혈압의 관계에 초점을 맞추고 있지만, 그들은 소금을 충분히 섭취하지 않을 경우에 일어나는 의도하지 않은 결과를 대부분 간과해 왔다. 앞 장에서 살펴본 것처럼 소금 고갈의 위험은 결코 간과해서는 안될 문제이다. 이러한 잠재적 위험에는 심박수 증가, 탈수증(탈수는 당신이 섭취하는 설탕으로 인해 신장에 더 많은 손상을 입히게 된다), 인지 장애, 골절, 식중독(소금은 음식 내 박테리아의 성장을 억제한다), 조직tissue으로의 산소와 영양소 흐름의 손상 그리고 심지어 조기 사망까지 포함된다. 이것은 결코 작은 위험이 아니다. 게다가 불충분한 소금 섭취는 인체가 투쟁-도피 반응fight or flight response 교감 신경계가 작용하여 생긴 에너지를 소비해서, 긴급 상황 시 빠른 방어 행동 또는 문제 해결 반응을 보이기 위한 흥분된 생리적 상태을 활성화하는 것을 더 어렵게 만들어 위장 내 감염증, 혈액 손실blood loss, 뇌졸중 또는 심장 마비와 같은 생리적으로 스트레스를 받는 상황에 대처하지 못하게 한다. 그리고 우리가 방금 알게 된 것처럼 소금 섭취량이 적으면 설탕 중독을 일으킬 수 있고, 심지어 뇌에 있는 도파민 수용체를 민감하게 함으로써 마약 중독에 취약해질 수 있다.

최적의 소금량은 개인이 처한 고유한 환경이나 상황에 따라 사람마다 크게 다를 수 있다. 이 장에서 논의할 내용을 잘 이해하기 위해, 먼저 몇 가지 중요한 전문 용어에 대한 정의를 알아보자.

**소금 설정값**Salt Set-Point: 이상적인 건강과 장수 및 종species의 생존을 위한 최고의 기회를 유지하는 나트륨 섭취 수준을 의미한다. 이 설정값은 뇌와 인체에 의해 결정되며, 우리들 대부분은 하루에 나트륨 약 3~4g(소금 약 8~10.5g) 섭취에 머무르는 것처럼 보인다. 이 설정값은 무의식적인 나트륨 섭취 수준으로 인체의 '소금자동 조절장치'를 통해 조절되며, 우리 몸의 필요에 따라 높거나 낮을 수도 있다. (예를 들어, 누군가 소금 소모성 신장 질환을 앓고 있다면, 그들은 더 많은 소금을 잃고 있기 때문에 보통 사람보다 더 많은 나트륨을 섭취하고 있는 중일 수 있다. 즉, 중독성 또는 쾌락적 이유 대신에 인체의 자연스러운 욕구가 소금 섭취를 이끈다.)

**나트륨 균형**sodium balance: 대변이나 땀을 통한 배설처럼 신장을 거치지 않은 나트륨 손실을 고려한, 소변 속 나트륨의 양과 섭취한 나트륨의 양이 일치할 때의 상태를 말한다. 이 상태에서는 몸에서 소금을 잃고 있는 것도 아니고 여분의 소금을 붙잡고 있는 것도 아니다. 우리의 나트륨 균형은 소금 설정값에서 유지되는데, 대부분의 사람이 하루에 나트륨 약 3~4g(소금 약 8~10.5g)을 섭취하는 수준이다. 정상적인 건강한 사람의 나트륨 수치는 하루 나트륨 섭취량이 230~300mg까지 낮을 때 유지될 수 있지만, 이것이 건강과 장수를 위한 나트륨 섭취의 최적 수준이라는 것을 의미하지는 않는다. 오히려 이는 인체가 나트륨을 유지하고자 하는 패턴인 '위기 모드crisis mode'에 있음을 나타내는데, 낮은 섭취량에서도 나트륨 균형을 유지하기 위해 소금 보존 호르몬의 활성화를 유발한다.

**나트륨 결핍**sodium deficit: (피험자들이 건강하다고 가정하고) 나트륨 결핍 여부를 알 수 있는 간단한 방법으로써 나트륨을 섭취하지만 소변으로 섭취하는 것보다 훨씬 적은 양을 배설하거나, 어떤 것도 배설되지 않는 상태를 말한다.[418]

**소금자동 조절장치**salt thermostat: 소금 설정값은 인체의 소금자동 조절장치에 의해 조절된다. 소금자동 조절장치는 인체 내의 최적의 나트륨 저장소를 확보하기 위해 협업協業하는 뇌 안의 복잡하고 상호 연결된 일련의 센서들을 비유하는 것으로, 레닌 안지오텐신 알도스테론 시스템RAAS Renin-Angiotensin Aldosterone System의 소금 보존 호르몬을 활성화하지 않으려고 한다. 당신의 뇌는 정말로 당신이 인체의 취약한 부분에서 소금을 끌어오거나 찾기보다는 오히려 많은 소금을 섭취하는 것을 선호할 것이다. 이러한 자기 보호 메커니즘은 인체가 소금 섭취를 엄격히 조절하는 것을 도우며, 필요할 때 소금을 갈망하게 한다. 그래서 인체가 소금을 갈망할 때 인체 내의 나트륨 함량이 너무 낮다는 것과 적절한 나트륨의 저장, 즉 소금 설정값에 도달할 때까지 더 많은 소금을 섭취해야 할 필요가 있다고 당신에게 말해 주는 것이 바로 '소금자동 조절장치'임을 꼭 기억하자.

나트륨 균형은 소금 설정값(나트륨 약 3,000mg이 소요된다)에서 유지될 수 있지만, 약 4~5일 동안의 소금 제한(일반적으로 하루에 나트륨 약 300mg이나 그 이하를 섭취한다)후에도 발생할 수 있다. 신장에서 흘러나오는 소금을 천천히 멈추게 하는 데는 약 4~5일이 걸리기 때문이다. 그러나 4~5일이 지나면 마침내 인체가 소금 배출구여기선 소금 배출 기능을 하는 신장을 가르킴를 닫아 하루에 나트륨 300mg만큼의 적은 양을 섭취하는데도 나트륨 균형을 유지할 수 있게 된다(그러나 그것은 건강한 신장을 갖고 있어야만 가능하다). 일단 나트륨 균형 상태가 되면 신장을 거치지 않는 소금 손실(땀, 대변)으로 인해 신장을 통한 나트륨 배설량은 섭취량보다 약간 적다.[419] 나트륨 균형 동안에 필요 이상의 나트륨을 섭취하면, 모든 나트륨은 아니더라도 대부분은 배설된다. 하지만 건강한 사람이 저나트륨 식단에서 나트륨 균형을 유지하는 능력(하루에 나트륨 300mg 이하 섭취시는 이 능력이 발휘 될 수 없음)을 갖춘다는 것이 저나트륨 섭취가 이상적이거나 최적의 건강과 수명을 제공한다는 것을 의미하지는 않는다. 실제로 저나트륨 식단에서 나트륨 균형을 유지하려면 특정 구조 시스템이나 소금 보존 호르몬의 활성화가 요구되는데, 이 호르몬은 인체에 해를 끼치는 것으로 일관되게 밝혀졌다. 소금 보존 호르몬은 심장과 혈관의 경화硬化(섬유증fibrosis 纖維症)와 비대 작용을 일으켜 인체의 장기를 해치고, 고혈압과 다른 건강상의 결과를 초래할 수 있다.[420] 이것이 바로 저염 식이가 심혈관 질환과 조기 사망 위험을 높일 수 있는 이유이다. 일반적으로 소금 섭취량이 적으면 나트륨이 고갈되는 동안 소금 부족 위험이 더 커진다. 그리고 인체가 적절한 소금 비축량을 가졌는지 여부를 쉽게 알 수 있는 방법은 없다.

## 소금 손실 막기

다이어트를 하는 사람들만이 '소금 낭비'에 시달리는 것은 아니다. 심각한 건강 문제가 있는 사람들이라 할지라도 질 좋은 소금 공급원을 얻으면 도움이 될 것이다. 현재 80대 중반인 나의 할머니는 40세 무렵에 대장암 진단을 받았다. 다행히도 조기에 발견되어 암을 제거할 수 있었지만, 대장의 대부분을 제거해야 했고 인공 항문 주머니를 부착해야 했다. 대장은 소금을 흡수하고, 신장은 소금을 재흡수하는 데 필수적이다. 신장은 매일 혈액에서 독소를 제거하면서 소금도 함께 걸러 내고 또한 소금을 재흡수한다. 할머니는 나이가 들면서 신장 기능이 점차 저하됨에 따라 체내에서 소금을 붙잡는 능력 또한 떨어졌다. 이와 같은 모든 것이 합쳐져서 할머니를 '소금 낭비자'로 만들었다.

할머니가 83세가 되었을 때 계속해서 피곤하고 어지러웠으며 '탈수증'이 나타나 병원에 줄곧 입원했다. 하지만 할머니 증상의 원인을 아는 사람이 아무도 없었다. 다행히도 나는 소금에 대해 한두 가지 알고 있는 것이 있었다. 나는 할머니에게 식단에서 소금을 흡수하는 데 대장이 얼마나 중요한지, 그리고 수년에 걸친 신장의 손상 탓에 소변을 통해 소금의 손실이 일어날 수 있음을 설명했다. 정확히 내가 우려했던 상황이 할머니에게 일어나고 있었다. 나는 할머니에게 소금 섭취량을 늘리면 탈수를 개선하는 데 도움이 될 수 있을 것이라고 말했고, 물론 충분히 효과가 있었다. 할머니는 소금을 더 즐기기 시작했기 때문에 더 이상 어지럼증을 느끼지 않았다.

당신이 나트륨 섭취량을 줄이면 정상적인 나트륨 균형과 정상적인 세포외 액량을 유지하기 위해 신장은 일반적으로 소금을 더 적게 배출하게 된다. 그러나 신장의 나트륨 보유 능력에 문제가 있으면 오히려 빨리 나트륨이 부족해질 수 있다. 앞에서 언급한 우리 할머니의 이야기를 참조하기 바란다. 그녀의 신장 기능이 손상되었기 때문에 아마 저염 식이로는 나트륨 균형을 유지할 수 없었을 것이다. 만약 누군가 출혈 중이라면, 그의 신장은 정상적인 혈액량을 유지하기 위해 나트륨 배설을 거의 즉시 중단할 것이다.[421] 그리고 예를 들어,

수십 년 동안 정제된 설탕을 과다 섭취하여 요세관 간질 질환tubulointerstitial damage을 얻은 환자의 경우와 같이 신장이 제 기능을 수행할 수 없다면, 특히 소금의 섭취가 제한적일 경우에 출혈이라는 사태가 벌어지면 엄청난 재앙을 겪게 될 수 있다.

1950년대 후반에 발표된 한 놀랄만한 실험에서는 저염 식이를 하면서 가까스로 나트륨 균형을 유지하고 있는 사람이 갑작스러운 소금 결핍(예를 들어, 무더운 날 몇 시간 동안 정원 가꾸기, 이뇨제와 같은 고혈압을 억제하기 위한 처방, 외상으로 인한 충격, 화상, 구토 또는 한바탕 심한 설사 등과 같은 것에 기인함)을 경험한다면 어떤 일이 일어날지 살펴보았다. 갑작스러운 소금 결핍 상황의 모의실험을 위해 피험자는 이뇨제를 투여 받았고, 그 결과 소변을 통해 나트륨 2,300mg을 잃었다. 실험에 따르면 피험자가 소금을 다시 섭취한 후 잃었던 총 나트륨 2,300mg을 다시 회복할 때까지 나트륨 배설이 일어나지 않는 것으로 나타났다. 이것은 신체가 저염 식단에서도 균형을 잡을 수 있다는 것을 보여 주지만, 만약 어떤 원인으로 소금 손실이 야기된다면, 인체는 다시 나트륨 균형에 도달할 때까지 소금을 체내에 열렬히 간직하려 한다는 것을 보여 주는 것이다. 그러나 만약에 신장이 손상되고 여분의 소금을 유지할 수 없다면 큰 문제가 발생한다. 다시 말해, 소금이 고갈되는 예상하지 못한 곤경에 처했을 때, 하루에 나트륨 1,500mg 미만을 섭취하라는 미국심장협회 AHA American Heart Association 권고를 따르는 것을 우리는 결코 원하지 않을 것이다. 한편, 정상적인 소금 식단을 실천하는 사람들의 소금 손실은 자신을 소금 결핍 상태에 빠뜨리거나, 이에 따른 후속적인 해를 입을 가능성이 훨씬 작아진다. 본질적으로 저나트륨 섭취(2.3g 미만)에 비해 정상적인 나트륨 섭취(3~4g)를 유지하면 위에서와 같은 갑작스러운 소금 결핍이 벌어지는 상황이 발생할 때도 체내 소금 손실로 이어질 가능성이 줄어들게 된다. 전문가들은 이러한 소금 결핍 상황에 대처하기 위해 인체가 나트륨을 저장할 수 있는 이와 같은 메커니즘으로 진화했다고 생각한다. 그리고 이 시스템은 체내 나트륨 균형을 유지하기 위해 최소 나트륨 섭취량(알다시피 이 양은 하루 300mg에 불과하다)을 훨씬 상회할 때 가장 잘 작동한다.[422]

1936년에 매케인McCance은 이상적인 총 체내 나트륨 함량total body sodium content이 얼마인지를 결정하기 위해 가장 중요한 연구 중 하나를 수행했다. 자신을 대상으로 실험해 본 결과, 의도적으로 땀을 통해 배출한 체내 순純손실 나트륨의 양이 17.4g이라는 것을 알 수 있었다.[423] 매케인의 소변에는 '사실 나트륨이 없다(하루 23mg 미만).' 그기 다음 이틀 동안 나트륨 약 11.5g(소금 약 30g)을 충분히 섭취하며 보충하기 시작했을 때도 소변을 통한 나트륨 배설은 여전히 하루에 23mg에 머물러 있었다. 그는 나트륨을 소변으로 거의 배설하지 않았으므로 진짜 소금 부족으로 보였지만, 본질적으로 그의 신체는 손실된 모든 소금을 체내에서 여전히 회복하고 있었던 것이다. 다음날에도 그는 나트륨 5,382mg(소금 약 14g)을 섭취해서 사흘간의 나트륨 섭취량이 총 16,836mg(손실된 소금의 96.6%)에 이르게 되었는데, 그때까지도 나트륨 368mg만이 소변으로 배설되었다. 그래서 다음 사항을 기억해 주기 바란다. 보통 나트륨 섭취량은 하루에 약 3,400mg(소금 약 9g)이며, 우리가 매일 섭취하는 모든 나트륨을 정상적인 상황에서 배설한다. 그래서 만약 나트륨 5,382mg(소금 약 14g)을 먹는다면, 나트륨 약 5,000mg이 소변으로 배설될 것이고, 나머지는 땀과 대변을 통해 하루 동안 배설된다. 그러나 매케인의 신체는 잃어버린 나트륨을 되찾을 때까지 거의 모든 나트륨을 소변으로 배설하지 않고 붙잡고 있었던 것이다.

이것은 하나의 예에 불과하지만, 그의 연구는 체내에서 겨우 나트륨 1g의 손실일지라도 문제가 된다는 것을 암시한다. 만약 나트륨 1g 이상의 손실이 우리에게 이상적이라면 나트륨이 보충될 때, 즉 충분한 소금이 다시 보충된 후에도 나트륨을 계속 배설하게 될 것이다. 그러나 인체는 나트륨이 고갈되기 전의 상태, 즉 몇 백 mg도 채 안 되는 양에 도달할 때까지 계속해서 섭취된 모든 소금을 붙잡아 둔다. 우리는 체내에서 나트륨 수십 g이 손실되어도 살아남을 수 있을지 모르지만, 소금을 빼앗긴 인체는 보충된 소금 저장고를 탐욕스럽게 붙들고 있을 것이다. 인체의 적정 소금 수준에 관해서는 오류가 있을 여지가 별로 없다는 것이다.

실제로 연구에 따르면, 생물학적 시스템이 우리 인체를 나트륨 과잉으로

'움직이게' 한다는 사실을 밝혔다. 의심할 여지 없이 나트륨이 과잉 상태인 사람은 어떠한 형태의 나트륨 고갈(질병, 설사, 감염, 출혈, 땀 등)에서도 살아남을 가능성이 훨씬 더 높을 것이다. 더 중요한 것은 나트륨 과잉이 소금을 보존하는 호르몬을 억제하여 결과적으로 중요한 장기에 손상을 일으키지 않도록 몸을 보호한다는 점이다.

슬프게도 정부와 저염 식이 지침은 '저염 식이가 우리 몸에 스트레스를 더한다.'는 중요한 사실을 충분히 신뢰하지 않는 것 같다. 이제 고염 식이를 통해 심각한 건강 문제로부터 자신을 보호할 수 있는 몇 가지 상황을 생각해 보기로 하자.

## 탈수 방지를 위해 더 많은 소금이 필요하다

자신에게 탈수가 보통 왜 일어나는지 자문해 보기 바란다. 자주 일어나는가? 증상은 어떠한가? 몹시 갈증이 느껴질 때 '탈수 증세를 느낀다.'라고 말하지만, 이것이 과연 진정한 의미의 탈수일까? 자신의 몸에서 갈증이 느껴질 때, 그 증상은 단지 당신을 더 많은 물을 마시게 하는 인체 메커니즘 중 하나일 뿐이고, 아무도 목마른 상태를 가지고 탈수를 나타낸다고 확신할 수 없다. 탈수는 일반적으로 많은 요인에 의해 발생하는데, 주로 충분한 물을 섭취하지 않을 때, 운동으로 땀을 많이 흘릴 때, 그리고 소금을 충분히 섭취하지 않음으로써 발생한다. 탈수를 측정하는 가장 좋은 방법은 혈중 나트륨 수치를 살펴보는 것이다. 만약 혈중 나트륨 수치가 높다면 실제로 당신이 탈수되었다는 좋은 표시이다. 나트륨 수치는 몇 가지 이유로 혈액에서 증가하지만, 주로 탈수로 인해 혈액량이 낮아져 혈액의 나트륨 농도가 증가하기 때문이다.

탈수 상태에 있는 동안에 신장은 나트륨의 재흡수를 증가시키는데, 이것은 탈수에 대한 반응으로 알려진 효과이다. 나트륨은 세포의 안과 밖으로 물의 이동을 조절함으로써 우리가 얼마나 수분을 공급받고 있는지를 관리하는 데 도움을 준다. 탈수 증상을 보일 때는 세포에서 물을 끌어 내어 필요한 혈액 속으로 보내는 것이 힘들기 때문에 혈중 나트륨 수치는 높아진다. 이런 이

## 〈표 1〉 더 많은 소금이 필요함을 보여 주는 증상들[424]

| |
|---|
| 수족 냉증 |
| 짙은 소변 |
| 피부 긴장도 감소(피부는 꼬집었을 때 '긴장'을 유지한다.) |
| 나트륨 섭취에 비례한 요로 나트륨 배출 감소 |
| 소변의 양 감소 |
| 건조해지고 변색된 겨드랑이와 혓바닥 |
| 모세혈관 재충만 불량Poor capillary refill(손톱 밑바닥nail bed 손톱 밑의 살 부분이 눌러진 후 흰색에서 분홍색으로 돌아오는 데 2초 이상 걸린다.) |
| 기립성 빈맥 증후군/현기증/저혈압(앉거나 또는 뒤로 기울어진 채로 있다가 일어섰을 때 발생한다.) |
| 소금 갈망 |
| 실신(저혈압으로 인한 의식 상실) |
| 갈증 |

유로 고농축된 혈중 나트륨의 수치는 거의 항상 탈수의 징후가 된다.[425] 하지만 이 정도의 나트륨 수치는 그 자체로도 위험하지 않고 실제로는 인체에 도움을 주는 것이다.

나트륨 섭취량이 적으면 소변의 양이 감소하여[426] 신진 대사후의 노폐물을 제거하는 능력이 떨어지고, 요로 감염의 위험이 높아질 수 있다. 인체는 박테리아 제거를 위해 요로의 잦은 소변 흐름에 의존한다. 즉, 소변을 배출하는 행위는 요도를 세척하는 우리 신체의 방식이다. 저염 식이를 하면 몸의 총 수분량이 감소하여 탈수와 심혈관 및 중추 신경계, 체온 조절, 신진 대사의 이상, 그리고 업무 수행의 문제(특히, 군軍과 스포츠 환경에서)로 이어질 수 있다. 또 기절, 구토, 순환 허탈circulatory collapse, 열사병, 심지어 사망의 위험을 증가시킬 수 있다.

## 달릴 때는 늘 소금을 복용하다

근육질의 중년 남성이고 열렬한 달리기 선수인 한 친구는 보통 훈련 중에 하루에 10마일 정도를 달린다. 수년 동안 이 훈련을 유지했음에도 불구하고, 그는 달리기 전이나 뛰는 동안에 소금을 섭취한 적이 없었다. 나는 장거리 달리기를 시행하기에 앞서 소금 섭취의 잠재적 이득에 대해 조언한 뒤에, 그에게 어떤 이점이 있었는지 물어 보았다. 그는 훈련을 끝마쳤을 때 탈수를 덜 느끼게 되었고, 장기적으로 확실한 차이가 있음을 느꼈다고 말했다. 또한 그는 따뜻한 온도(18℃ 이상)에서 달릴 때 소금 섭취의 이점을 인식했다. 그는 자신을 보통 '추운 날씨 속을 달리는 선수'라고 언급했다. 그가 더 시원한 날씨가 최적의 달리기 온도라고 생각하는 것은 이치에 맞다. 더 추운 온도에서는 땀을 덜 흘리기에 인체는 덜 과열되고 소금과 물을 잃을 가능성이 작기 때문이다. 달리기에 앞서 소금을 복용하는 것은 따뜻하거나 습한 기후에서 달리는 사람들, 빠른 속도 또는 긴 시간 동안 달리는 사람들에게 특히 도움이 된다.

## 화상, 외상 및 출혈에 따른 충격 관리를 위해 더 많은 소금이 필요하다

소금은 인체가 사고와 다른 종류의 외상적 사건들을 견뎌 내는 데 도움을 준다. 과다한 출혈 외에도 화상이나 외상에 의한 충격 상태에서 우리는 체액의 손실을 경험하게 된다.[427] 이러한 체액의 '손실'은 실제로 체액이 체내를 벗어나지 않고도 일어나는데, 손상된 부위가 치유의 속도를 높이기 위해 체액을 끌어들여서 다른 부위는 그 체액을 사용할 수 없기 때문이다. 그리고 나트륨은 체액의 상태를 결정하는 주요 결정 인자이기 때문에, 이와 같은 형태의 충격에 시달리는 환자들은 더 많은 양의 소금을 필요로 한다. 사실 물 손실보다 소금 손실이 더 위험하다는 증거가 제시된다.[428] 왜냐하면 소금 손실은 체내의 혈액 순환 능력을 감소시키고, 물 손실의 경우보다 심장에서 나오는 혈액량을 더 감소시키기 때문이다. 소금 고갈은 심지어 외상이 없는 동물들에서도 실제로 외상적인 충격처럼 보이는 말초혈관 붕괴의 한 형태로 이어질 수 있다. 이 현상은 물 고갈에서는 일어나지 않는다.

## 낮은 나트륨 수치에 대처하기 위해 더 많은 소금이 필요하다

혈중 나트륨 수치가 낮은 것을 저低나트륨혈증hyponatremia이라고 하는데, 이는 가장 흔한 전해질 이상이다.[429] 응급실에 입원해 있는 저나트륨혈증 환자의 약 65%는 위장 장애에 의해 발생한다.[430] 외래 환자 환경에서 치료를 받을 때는 약 4~7%가 저나트륨혈증을 갖게 되며, 입원 시에는 그 비율이 42% 까지 높아질 수 있다(일반적으로는 약 15~30%).[431] 노인 환자의 경우에 저나트륨혈증은 고高나트륨혈증hypernatremia보다 31배 이상 만연해 있으며,[432] 사망 위험 증가, 입원 기간 연장, 낙상, 횡문근융해증Rhabdomyolysis 橫紋筋融解症 근육의 급격한 파괴, 골절 및 의료 비용 증가와 관련이 있다.[433] 가벼운 저나트륨혈증이라도 심혈관 질환, 낙상 위험의 증가, 골절 및 골다공증으로 인해 사망 위험은 더 높아진다.[434]

저나트륨혈증은 요양원 환자의 18%에서 발생하고, 50% 이상이 적어도 1년에 1회 이상 저나트륨혈증을 겪는 것으로 나타났다. 요양원 환자는 저나트륨혈증(혈중 나트륨 함유량 135mEq/L 미만)으로 입원할 위험이 지역 사회의 환자에 비해 43배 높고, 중증 저나트륨혈증(혈중 나트륨 함유량 125mEq/L 미만)으로 입원할 위험은 16배 높은 것으로 인정되고 있다. 우리는 많은 요양원 환자들이 으레 공급받는 저염 식이가 이런 패턴에 기여하고 있는 것은 아닌지 의문을 가져야 한다.

세로토닌 재흡수 억제제SSRI Selective Serotonin Reuptake Inhibitor와 같은 약물들은 항이뇨抗利尿호르몬antidiuretic hormone의 과다 분비를 유발하여 체내 수분 보유를 유도함으로써 저나트륨혈증을 일으킬 수 있다. 또 소세포 폐암small cell lung cancer, 영양실조, 그리고 결핵과 폐렴 등의 감염병도 저나트륨혈증을 일으킨다.[435] 저나트륨혈증은 간경변, 폐렴, 후천성 면역 결핍 증후군AIDS, 그리고 기타 많은 다른 질병에 의해서도 발생할 수 있다.[436] 저나트륨혈증과 함께 발생하는 모든 끔찍한 증상(예를 들어 거식증, 경련, 메스꺼움, 구토, 두통, 화를 잘 내는 과민성, 방향 감각 상실, 정신 착란, 쇠약, 무기력, 골절 등) 외에도 중증 저나트륨혈증(혈중 나트륨 함유량 125mEq/L 미만) 환자는 발작, 혼수 상태, 영구적인 뇌 손상, 호흡 정지, 심지어는 사망까지도 경험할 수 있다. 만성 저나트륨혈증의 문제 중 하나는 혈중 나트륨 함유량이 뇌의 적응적 메커니즘으로 인해 125mEq/L 미만으로 떨어질 때까지 신경학적 증상이 나타나지 않을 수 있다는 것이다. 따라서 누군가는 혈중 나트륨 수치가 낮은 상태로 돌아다닐 수 있고, 심지어 자신도 이를 알 수가 없게 된다.[437]

갑상선 기능 저하증은 사람들이 나이가 들수록 더 흔해지는 질환으로 소금을 낭비하는 신장 기능 장애를 일으킬 수 있는데, 갑상선 호르몬이 신장 세관kidney tubules 細管에서 소금을 재흡수하는 데 도움이 되는 나트륨 펌프NaK-ATPase의 기능에 중요한 역할을 하기 때문이다.[438] 폴리에틸렌 글리콜polyethylene glycol 연고 등의 유화제, 섬유 윤활제 예를 들어 미랄락스Miralax와 같은 삼투성osmosis 滲透性 완화제laxatives 배변을 쉽게 하는 약들은 소금 낭비와 소금 비축의 고갈을 초래할 수 있다.[439] 대장 정결bowel preparation 大腸淨潔을 통한 엄청난 설사와 소금 손실을 유도하는 대장 내시경 검사는 저나트륨혈증의 합병증을 유발할 수도 있다.[440] 출혈의 위험을 증가시키는 많은 흔한 약물들 [예를 들면, NSAIDs(nonsteroidal anti-inflammatory drugs 비非스테로이드 항염증제), 아스피린, 항혈소판 및 경구용 항응고제anti-platelets and oral anti-coagulants]도 혈액을 통한 소금 손실의 위험을 증가시킨다. 실제로 미국 내 16,500명의 사람들이 매년 비스테로이드 항염증제에 의한 위장 출혈로 사망하는 것으로 추정되고 있다.[441] 더 많은 소금 섭취량이 이에 도움이 될 수 있을 것이다. 누군가가 위장 출혈이 있다고 해서 항상 그 증상이 명백하게 드러나는 것은 아니기 때문에 저염 식이 지침을 따르는 것은 출혈 위험을 증가시키는 약물을 복용하는 사람에게는 바람직하지 않을 수 있다. 슬프게도 이들 중 많은 사람은 아마도 자신에게 출혈이 있다는 것을 알았을 때는 너무 많은 시간이 지난 후일 것이다.

## 땀을 흘릴 때는 더 많은 소금이 필요하다

취미로서의 신체 단련이 주류를 이루고, 지구력을 요구하는 훈련과 대회가 그 어느 때보다 인기를 끌고 있다. 그들은 건강을 더 의식하는 경향이 있기 때문에, 선수들은 소금을 덜 섭취하라는 권고를 따를 가능성이 있다. 불행히도 이들은 소금 섭취의 감소와 땀으로 인한 소금 손실 증가뿐만 아니라 생수를 통한 과도한 수분 섭취에 의해서 특히 소금 고갈의 위험에 처할 수 있다. 이 모든 것이 합쳐져 혈중 나트륨 수치를 낮게 만든다.

땀을 흘리면 정상적인 체온을 유지하여 '열사병heat stroke'을 예방하는 데 도움이 된다. 이는 인체의 냉각 방식이다. 충분히 땀을 흘릴 수 있을 정도로 충분한 양의 소금을 체내에 가지고 있다는 것은 체온 조절에 매우 중요하다. 땀 속 나트륨의 양은 일반적으로 40~60mEq/L의 범위이며, 적당한 기후에서는 시간당 1~1.5L, 더운 기후에서는 시간당 2~3L 정도의 땀을 흘린다.[442]

평균적으로는 적당한 기후에서 운동할 때는 시간당 나트륨 1,437mg이 배출되고, 더운 기후에서 운동할 때는 시간당 나트륨 2,875mg이 배출된다. 운동 강도와 주변 온도에 따라 단 1시간 만에 하루 분량의 소금 섭취량을 쉽게 잃을 수 있다. 인도와 같은 더운 기후에서는 하루에 최대 나트륨 14,720mg이 손실될 수 있다.[443] 하루에 나트륨 약 1,500mg(또는 하루 2,300mg의 양도 마찬가지)의 섭취가 건강의 증진은 커녕 이러한 상황을 극복하는 데 과연 도움이 될 수 있을까?

마오Mao와 그의 동료들이 한 연구에서 섭씨 32℃~37℃, 상대습도 50%인 상황에서 1시간 동안 축구 연습을 실시한 선수들은 땀으로 1,896mg의 나트륨을 잃었다고 한다. 한 선수는 실제로 1시간 경기하는 동안 땀으로 거의 6,000mg의 나트륨을 잃었다. 중요한 것은 축구 선수들은 땀으로 평균 요오드 52mcg을 잃었는데(그리고 한 선수는 100mcg을 잃었다), 실제로 이 요오드 손실량은 권장 일일 섭취량(하루 150mcg)의 3분의 1을 넘는 수치이다. 거의 절반의 선수들이 1등급 갑상선종goiter 甲狀腺腫을 갖고 있는 것으로 연구 결과 밝혀졌다. 주로 앉아서 생활하는 통제 대상자의 1%와 비교된다. 이는 땀을 통한 요오드 손실이 계속되고 요오드가 들어 있는 소금이 충분하지 않은 탓에 선수들은 갑상선 질환의 징후인 갑상선종으로 발전했을 가능성이 매우 높다는 것이다. 축구 선수들의 일반적인 요오드 섭취 추정치가 지침 권고치(하루 100~300mcg)를 충족했음에도 불구하고 이런 일이 발생했다.[444] 정리하면, 운동을 할 때는 운동을 하지 않을 때보다 더 많은 소금과 요오드가 필요하며, 어떤 사람들은 다른 사람들보다 더 많이 필요할 수도 있다는 점이다.[445]

전문 운동선수가 아닌 일반적인 성인은 하루 평균 땀으로 최대 나트륨 600mg과 요오드 22mcg을 배설한다. 평균적으로 하루에 땀 3~5L를 흘리는 전문 운동선수는 땀으로 요오드 111~185mcg을 잃을 수 있으며, 하루에 195~270mcg(땀, 소변, 대변을 통한 요오드의 손실과 결합할 때)의 총 요오드 손실을 볼 수 있다. 하루에 최대 요오드 340mcg [현재의 하루 권장량(하루 150mcg)의 두 배가 넘는 양]을 섭취한다고 해도 운동선수에게는 갑상선종과 갑상선 기능 저하증을 일으킬 수 있다. 그리고 이것은 비단 운동선수들만의 문제가 아니다. 여름 동안의 요오드 손실은 취학 연령대의 어린이들 사이에 갑상선종 유행의 증가와 관련이 있다는 점이다.[446] 여기서 우리는 특히 더운 계절에는 해초류, 크랜베리cranberries, 요거트 등 요오드가 풍부한 음식으로 가족들이 충분히 요오드를 섭취하도록 할 수 있다.

위와 같은 소금 손실의 결과 발생할 수 있는 위험한 질환이 갑상선종만 있는 것이 아니다. 체내 나트륨의 고갈은 낮은 혈중 나트륨 수치를 감지하기 전에도 운동 과다 증후군overtraining syndrome에 맞먹는 증상으로 이어질 수 있다. 소금 고갈은 인체가 정상보다 더 열심히 활동하게 해서 일찌감치 훈련 과부하를 유도할 수 있다. 그렇게 되면 체력이 떨어지기 시작하고 교감 신경계가 지치고 혈압이 낮아져 기절할 위험이 있다. 나트륨 고갈이 근력 및 에너지 대사에 장애를 초래할 수 있는 이유 중의 하나는 나트륨의 고갈이 세포의 산성화acidosis를 촉진하기 때문이다.[447]

몸 상태가 좋지 않은 사람들은 운동을 끝내는 데 시간이 더 걸릴 수 있고, 운동 시간이 길어지면 저나트륨혈증의 위험이 증가할 수 있다.[448] 운동 중 땀을 통해 과다한 소금과 기타 미네랄이 손실되고 그 결과 탈수증, 떨림, 근육 약화, 심지어 심장 부정맥까지 있을 수 있다.[449] 한 보고서에 따르면, 고강도 운동 중 나트륨 섭취가 감소하면 경련과 근육 피로가 증가하고 지구력이 저하되며 일반적인 피로, 관절 통증, 수면 장애, 순환 장애 및 뚜렷한 갈증을 보였다고 한다. 그러나 이러한 증상들은 나트륨 섭취량을 늘렸을 때 크게 개선되었다. 그리고 더 강도 높게 운동할 때도 운동 과다 증후군은 완전히 없어졌다.[450]

특히 지구력을 요구하는 종목의 운동선수들 사이에서 경험하는 '갈증'은 실제로 물이 아닌 소금이 그 대체물이 될 수 있다. 소금 섭취를 늘리면 '갈증'이 덜하다는 것을 알 수 있다.[451] 수돗물은 나트륨을 약 1~3mmol(23~69mg)/L 함유하고 있는[452] 반면, 땀은 나트륨을 20~80mmol(460~1840mg)/L 함유하고 있다. 기본적으로 땀은 수돗물보다 나트륨의 농도가 7~80배 정도 더 높다. 따라서 단순한 수돗물보다 훨씬 더 많은 소금을 함유하고 있는 음료를 마셔 수분을 공급해야 한다.

관절염으로 고생하는 운동선수들은 여분의 소금으로 안도감을 느낄 수 있다. 그 이유는 다음과 같다. 연골 세포는 나트륨/수소($Na^+/H^+$) 역수송체 antiporter 逆輸送體 시스템을 가지는데, 만약 연골 세포에 충분한 나트륨이 없으면 산acid 酸(수소, $H^+$)이 쌓일 수 있는데, 이것은 연골이나 관절에 좋지 않다. 골관절염과 류마티스 관절염의 경우에는 염증이 생긴 연골 세포를 둘러싸고 있는 과도한 체액이 이들 부위의 나트륨의 농도를 희석할 수 있으며, 이로 인해 통증이 더 심해질 수 있다.[453] 이처럼 저염 식이는 자가 면역 질환이 있는 사람과 없는 사람 모두에게 연골 건강을 악화시켜 관절을 보호하는 능력을 감소시키며, 특히 운동 중에 관절 통증을 증가시킨다. 따라서 저염 식이는 무릎 연골을 많이 사용하는 달리기 선수에게는 삼중 타격triple-whammy이 될 수 있다. 왜냐하면 그들은 땀, 연골 세포를 둘러싼 체액, 심지어 연골 세포 자체에서도 소금을 잃기 때문이다.

## 더위를 이기다

아주 건강하고 운동을 잘하는 두 아이의 아버지인 젊은 데이비드 해리스 David Harris가 보스턴에서 첫 마라톤을 뛰던 날 기온은 섭씨 32℃에 달했다. 그는 연습에서 그가 할 수 있는 최선을 다했고, 장기간에 걸쳐 많은 준비를 했다. 하지만 더위 탓에 그는 출발한 지 29km 지점에서 근육 경련이 일어난다는 것을 느끼기 시작했다. 경기가 끝난 후 데이비드와 나는 근육 경련에 대해 이야기를 나누었고, 나는 그에게 경기 전이나 경기 중에 소금을 보충할 것을 제안했다. 그날 이후로 그는 실전보다 더 긴 연습용 자전거 타기와 달리기 훈련을 하는 동안, 그리고 참가한 경기마다(현재까지, 철인 경기ironmans 2번, 하프 철인 경기 2번, 마라톤 2번, 그리고 하프 마라톤 2번을 참가했다) 소금 알갱이를 입에 털어 넣었다. 소금 알갱이 섭취가 연습 및 참가한 경기 모두에서 그에게 큰 도움이 되었다. 그 이후 그는 전혀 근육 경련을 경험하지 않았기 때문이다.

## 운동 시 해야 할 일

답은 간단하다. 운동하기 전과 운동하는 동안 소금을 더 많이 섭취하기를 바란다. 그것은 인체를 더 빨리 식히는 데 도움을 줄 것이기 때문이다.[454] 마실 물에 1L당 나트륨 2,300mg(소금 6g)을 첨가하면, 운동 중에 총 체액 손실을 줄일 수 있는 것으로 밝혀졌다.[455] 가장 큰 현장 기반 연구에 따르면, 철인 3종 경기의 결승 지점에서 발생하는 저나트륨혈증의 유행은 결승 지점에 도착한 선수의 약 18%로 대부분 과다 수분 공급일 가능성이 높아 보인다.[456] 그러나 그렇다고 해서 물을 적게 마셔서 저나트륨혈증을 예방해야 한다거나 예방할 수 있다는 뜻은 아니다. 차라리 같은 양을 마시되, 마시고자 하는 음료가 무엇이든 간에 적당한 수준의 소금을 넣는 것을 추천한다.

필자의 경우에는 물에 타서 먹든지, 아니면 바로 유기농 마늘 소금 1티스푼을 떠먹는 것이 순수한 정제염을 사용하는 것보다 더 입맛에 맞았다. 적당한 기후에서 운동할 경우 적정한 소금 섭취량은 식탁용 소금으로는 1/2티스푼(마늘 소금을 사용할 경우 조금 더 추가한다) 정도이다. 이는 나트륨 약 1,150mg을 제공하는 양이며, 운동 첫 시간 동안의 소금 손실 대부분을 해결한다. 그리고 운동 시작 약 30분 전에 예방적으로 이 양을 섭취하고, 그 후 매시간 소금을 1/2티스푼씩 복용하면 운동 수행에 상당한 이득을 볼 수 있다. 소금 1/2티스푼을 떠서 물에 타지 않고 섭취한 후에 물로 헹구어 마시는 것이 1L의 물에 소금 1/2티스푼을 타서 마시는 것보다 더 쾌적하다(기호에 따라서 선택할 수 있다). 또 레몬과 라임 및 오렌지 주스의 혼합물에 소금을 희석해서 먹는 것도 꽤 괜찮은 맛이다. 필자의 경우에는 체내의 소금 수치를 높이기 위해 때때로 운동하기 전에 1티스푼 또는 그 이상의 간장을 마시거나 피클 주스를 꿀꺽꿀꺽 삼킬 것이다.

만약 당신이 장거리 달리기를 하고 있다면 1/2티스푼 크기의 플라스틱 계량 스푼과 함께 작은 소금 주머니를 휴대하고 다니고 싶을 것이다. 운동 시 매시간, 그리고 운동 후에 주위 온도에 따라 아래 표에 있는 권장량의 소금을 간단히 섭취하기를 바란다. 땀을 통해 잃어버린 소금의 양을 보충하는 것이 갈증을 해결하는 데 도움을 준다. 자신의 몸은 얼마나 많은 물을 마셔야 하는지를 알려 줄 것이고, 적정한 양의 소금을 섭취하려 할 때는 더 정확하게 알려 줄 것이다. 이는 또한 지나친 수분 섭취의 위험을 줄여 줄 것이기 때문이다.

운동 전이나 운동 중에 소금을 섭취하는 것은 몸을 더 빨리 식히는 데 도움을 줄 것이고, 경련과 피로 위험을 줄이는 동안 혈액 순환(따라서 조직에 영양/산소 전달), 수분 보유(신체 수분 상태의 개선), 전반적인 신체 기능의 향상(혈류량 및 조직 내 축적된 산acid의 해독 증가)을 도모할 수 있다. 다음 페이지 〈표 2〉는 운동 전과 운동 중에 소금을 첨가한 후에 당신에게 나타날 수 있는 몇 가지 이점을 보여 주는 것이고, 〈표 3〉과 〈표 4〉는 운동 전 및 운동 중 소금 복용의 권장 사항과 관련하여 제공된 것이다.

## 〈표 2〉 운동 전 및 운동 중 소금 복용의 이점

**갈증 감소** (갈증을 푸는 데 도움이 되므로 물을 적게 소비하게 되고, 지나친 수분 공급에 따른 저나트륨혈증의 위험이 적어진다)

**운동 능력 향상** (신체의 냉각 능력 향상, 순환 및 조직 내의 산소 공급/혈류 개선, 신체 내의 수분 과다 공급의 개선, 조직의 산성화/저나트륨혈증 감소, 연골 건강 개선으로 더 오래 훈련할 수 있는 능력 향상)

**움직임 개선**

**근육 증가 개선**

**저나트륨혈증 위험 감소** (혈액의 나트륨 수치가 높아지면 부정맥, 경련, 피로 등의 위험이 감소한다)

**요오드 결핍에 따른 위험 감소** (요오드 첨가 식염iodized table salt 사용 시)

**신장 기능 개선** (더 많은 물을 배출하는 능력이 향상되면 희석성 저나트륨혈증의 위험을 감소시켜 신장을 항이뇨 호르몬의 효과에 덜 민감하게 만든다(이는 물의 과다 보존과 그에 따른 저나트륨혈증의 위험을 감소시킨다).[457]

## 〈표 3〉 운동 전과 운동 중의 소금 복용법과 양

티스푼(또는 티스푼 측정 컵)을 사용하여 소금의 양을 측정하고, 물 없이 섭취한 후에 물(또는 피클 주스)로 입을 헹군다.

피클/올리브 주스로 씻어 낸 큰 딜 피클dill pickles 3개(또는 큰 올리브 5개)를 섭취한다.

따뜻한 물에 닭고기 스프용 고기 토막chicken bouillon cube을 풀어서 섭취한다.

물 1L에 소금 1/2티스푼을 녹인다.

레몬/라임/오렌지 주스 또는 레모네이드의 혼합물에 소금을 녹여 섭취한다(선호되는 방법이다). 만약 당신이 운동 애호가라면 레드몬드 리얼 솔트Redmond Real Salt 같은 요오드가 함유된 소금을 사용하라고 권하지만 요오드 첨가 식염iodized table salt 또한 효과가 있을 것이다.

## 〈표 4〉 운동 전과 운동 중 소금 복용 시 권장 사항

---

**적당한 기후에서 운동 시** (섭씨 27℃ 이하)
운동하기 전에, 그리고 운동한 후에 매시간 1티스푼의 소금을
섭취한다.

**무더운 기후에서 운동 시** (섭씨 27℃~32℃)
운동하기 전에, 그리고 운동한 후에 매시간 1~1.5티스푼의 소
금을 섭취한다.

**무척 더운 기후에서 운동 시** (섭씨 32℃ 이상)
운동하기 전에, 그리고 운동한 후에 매시간 1~2티스푼의 소금
을 섭취한다.

---

※ 위 권장량은 추정치일 뿐이다. 소금 복용량은 유전학, 옷차림, 운동 강
도 수준 및 주변 온도에 의해 결정되는 땀의 양에 따라 달라진다. 물론 식
습관이나 생활 습관을 바꾸기 전에 항상 의사의 승인을 먼저 받아야 한다.

---

주의 사항: 운동을 하거나 과다한 땀을 유발하는 활동을 하면서 또한 이뇨제diuretics(
히드로클로로티아지드hydrochlorothiazide 또는 푸로세미드furosemide), 안지오텐신-전
환 효소 억제제angiotensin-converting enzyme inhibitors(라미프릴ramipril 또는 리시노프
릴lisinopril 등) 또는 무기질 코르티코이드 수용체 길항제mineralocorticoid receptor an-
tagonists(스피로놀락톤Spironolactone 또는 에플레레논eplerenone) 등 소금을 고갈시키
는 약물을 복용하는 환자의 경우에는 위 표에서 권장한 것보다 훨씬 더 많은 소금을
사용할 필요가 있을 수 있다.


## 사우나에서는 더 많은 소금이 필요하다

사우나, 일광욕, 태닝 침대sun bath 및 월풀whirlpool 氣泡浴에서 나오는 열
과 땀의 건강상의 이점은 수년 동안 논의되어 왔지만, 논쟁을 넘어서는 한 가
지 문제는 세포 조직 내 나트륨 고갈의 위험이 증가한다는 것이다. 위와 같은
열로 인한 탈수 전에 소금을 섭취하는 것도 좋은 방법일 수 있다. 고열 사우나
를 하기 전에 위 〈표 4〉 '운동 전 및 운동 중 소금 복용 시 권장 사항'에 나오는
권장 사항을 따르기를 바란다.

## 임신 또는 수유할 때 더 많은 소금이 필요하다

앞서 필자는 낮은 소금 섭취에 따른 낮은 임신 성공률에 대해 입증된 관련성을 이야기했다. 실제로 저염 식이는 남성과 여성 모두에게 자연 피임약처럼 작용하여 성욕, 임신 가능성, 산자수litter size 産子數(동물의 경우), 유아 체중의 감소와 발기 부전, 피로, 수면 장애, 가임기 간격(가임기가 끝난 후 다음 가임기까지의 간격)의 증가를 가져오는 것으로 보인다.[458] 성적性的으로 활발하고 피임을 사용하지 않았음에도 불구하고 저염 식이를 하는 야노마모 인디언들Yanomamo Indians이 4~6년에 한 번만 아이를 출산하는 것으로 보아 생식 능력에 있어 소금의 중요성을 알 수 있다.[459] 선천성 부신 과형성증congenital adrenal hyperplasia 先天性副腎過形成症(특히, 소금을 낭비하는 신장해nephropathies 腎障害를 가진 여성)을 가진 여성은 임신율과 출산율이 낮은 것으로 잘 알려져 있다.[460] 엄마의 소금 상태는 임신 능력을 결정할 뿐만 아니라 향후 아기의 건강을 좌우할 수 있다. 소금은 체내의 수많은 기능에 매우 중요하기 때문에 저염 권고에 따른 저염 식이를 통한 소금 부족이나, 임신의 메스꺼움과 구토로 발생하는 소금 손실은 체내 소금의 고갈로 이어져 산모의 건강을 악화시킬 뿐만 아니라 아이의 성장기부터 심지어 성인기까지의 건강에도 해를 끼칠 수 있다. 임신과 수유는 아기의 적절한 성장과 발육을 위한 충분한 영양소를 공급하기 위해 엄마의 영양 수요를 증가시키는데[461] 소금은 그러한 영양소 중 하나이다. 임산부나 수유모授乳母에 대한 소금 제한은 여러 가지 위험한 결과에 자녀의 취약성을 증가시키는 것으로 보인다.

예를 들어, 동물의 경우 임신 및 수유 중 저염 섭취로 인한 지방량의 증가, 인슐린 저항성의 증가, 그리고 새끼들의 '나쁜' 콜레스테롤과 중성 지방의 상승이 다 성장할 때까지 이어질 수 있다.[462] 또한 연구 결과 더욱 우려되는 사항은 다 자란 새끼에게 고혈압과 신장병을 발생시킨다는 점이다.[463] 이 모든 것은 임신부의 저염 섭취가 아이들에게 비정상적인 지방질, 당뇨병, 비만, 고혈압 및 만성 신장 질환(우리는 저염 식이가 이 질환들을 예방해 줄 것이라 믿고 있다)을 발병하도록 프로그램화할 수 있다는 점을 암시한다.

안타깝게도 임신 중 소금에 대한 생리적 필요성의 증가는 정부나 보건 기관들에 의해 일반적으로 우리 사고방식에 견고하게 확립된 저염 식이 지침과 충돌한다. 예를 들어, 미국 심장협회는 모든 미국인이 나트륨 섭취량을 1,500mg 미만으로 줄일 것을 권고하며, 가임 연령이나 임신 또는 수유 중인 여성도 이 권고에서 제외되지 않는 것으로 보인다. 심지어 세계보건기구(WHO)도 임산부와 수유 여성의 나트륨 섭취량을 하루 2g 미만으로 제한할 것을 권고하고 있다.[464] 그러나 이러한 권고는 의도하지 않은 결과를 가져올 수 있다. 정부 기관과 보건 기관들은 임신과 수유 기간 동안 식이 요오드 요구량이 50% 이상 증가한다는 것과,[465] 요오드 첨가 식염이 수십 년 동안 요오드 결핍을 예방하는 중요한 방법이었다는 사실을 잊은 것 같다. 실제로 세계보건기구는 임산부와 수유하는 여성들에게 하루에 요오드 250mcg을 섭취할 것을 권고한다.[466] 그러나 임신 및 수유 중인 여성의 식염 섭취가 모두 요오드 첨가 식염에서 비롯된다고 해도 하루 요오드양(250mcg/일)에 대한 권장 영양 섭취량RNI Recommended Nutrient Intake은 이러한 저염 권장 사항을 따를 경우 여전히 충족되지 않을 것이다. 그리고 우리는 임신 및 수유 중인 여성들이 그 차이를 보전하기 위해 매일 요오드 함량이 높은 음식을 충분히 먹어야 한다는 것을 알고 있다고 가정할 수 없다.

임신 중 요오드 결핍이 정신 지체의 주요 원인이라는 것을 안다면, 보건 기관들은 인간발달human development 에 있어서 이 중요한 시기에 자신들의 저염 식이 권고를 재고하고 싶을 것이다. 임신 및 수유 중의 요오드 결핍은 또한 운동 기능 저하와 성장 장애뿐만 아니라 갑상선 기능 저하, 심지어 태아 및 유아 사망으로 이어질 수 있다.[467] 게다가 국가적 규모의 데이터는 젖을 뗀 아기들은 충분한 요오드 섭취를 하지 못할 수 있으므로 더 많은 요오드 첨가 식염의 섭취로부터 이익을 얻을 수 있다는 것을 보여 준다.[468]

실제로 우리가 현재 생각하는 임신 중의 '적절한' 요오드 섭취라는 것이 실제로는 충분하지 않을 수 있는데, 자료에 따르면 임산부의 36% 이상이 갑상선 기능 저하증(또는 갑상선 기능 부전)을 나타낸다. 심지어 이러한 증상은 임신 첫 3개월에 적절한 요오드 상태를 가진 임산부들 사이에서도 나타났다.[469]

중요한 것은 요오드 결핍은 산업화를 이룬 나라나 개발 도상국 모두에게 영향을 미치는 전 세계적으로 중요한 건강 문제이며, 54개국은 여전히 요오드 결핍 상태인 것으로 보인다.[470] 최근 미국의 책임감 있는 영양을 위한 협의회 CRN Council for Responsible Nutrition가 자국 내의 임신 및 수유 여성을 위한 모든 보충제에 적어도 요오드 150mcg을 포함해야 한다고 권고한 것도 이 때문일 것이다.[471] 그러나 그렇게 될 때까지 임신 및 수유 중인 여성에게 의식적으로 소금 섭취에 대한 제한 권고를 하는 것은 요오드 결핍의 위험을 증가시키는 것이며, 분명히 해로운 권고가 될 수 있다.

지금도 지속되는 근거 없는 믿음 가운데 하나는 임신 중 소금을 너무 많이 먹으면 자간전증preeclampsia 子癎前症 임신중독증의 한 시기로 혈압 상승. 단백뇨 등이 따라오며 산모와 아이를 모두 위험에 빠뜨리고 조산早産을 초래할 수 있는 고혈압으로 특징지어지는 위험한 질환으로 이어질 수 있다는 것이다. 50여 년 전 뉴잉글랜드 의학 저널New England Journal of Medicine에 실린 2,000명 이상의 임산부들을 대상으로 한 연구에 따르면 고염 식이와 비교했을 때 저염 식이를 하는 임산부들에게서 유산, 미숙아(34주 임신 전 출생), 사산, 태아 상태와 신생아 상태에서 사망, 부종, 자간전증, 출혈이 더 많이 나타났고,[472] 고염 식이를 하는 사람들에게는 자간전증이 적었기 때문에 자간전증의 경우는 고염 식이를 해서 치료되는 질환으로 나중에 판명되었다. 그 연구에서 1957년 5월말에서 9월말 사이에 28명의 여성이 임신중독증으로 진단받았는데 그 중 8명에게는 여분의 소금이 주어지지 않았고, 나머지 20명에게는 소금을 더 많이 섭취하도록 권고되었다. 여분의 소금을 섭취한 20명 모두 증상이 나아졌고 모두 건강한 만기출산아full-term 滿期出産兒를 낳았다. 연구에 따르면, "소금 복용량이 많을수록 더 빠르고 더 완전하게 회복되었다. 소금의 추가 복용량은 출산 시까지 섭취해야 했다. 그렇지 않으면 임신중독증 증상이 재발했다."라고 한다. 즉, 소금을 많이 섭취하도록 한 것이, 일반적인 오해처럼 자간전증을 유발하거나 악화시킨 것이 아니라 오히려 이를 치료한 것이다. 뉴잉글랜드 의학 저널에 실린 이 연구자의 다음 설명을 음미하기를 바란다.

"환자 16명은 매일 아침에 식탁용 소금을 티스푼 가득히 4티스푼을 받았고, 밤이 되면 모두 섭취했는지 확인하라는 권고를 받았다. 그들은 매일 소금을 20~30g 섭취한 것으로 계산되었다. 더 많은 양을 섭취할수록 회복 속도가 더 빨라졌다. 그들은 소금의 대부분을 오렌지 주스, 레모네이드 또는 라임 주스에 타시 먹고, 남는 것은 음식에 넣어서 먹는 게 가장 쉽다는 것을 알았다. 그들은 모든 이상 증상이 사라질 때까지 매일 검진을 받았다. 그들 모두는 완전히 회복되었고 하루에 적어도 티스푼 가득히 약 3회에 걸쳐 소금 섭취를 이어갔다. 그들 중 누구도 태반이 경색硬塞되지 않았고, 모두 살아 있는 만기출산아를 낳았다."[473]

이와 대조적으로 소금 제한을 따르던 8명의 여성에서는 다음과 같은 일정한 부작용이 나타났다.

"심한 요통, 팔다리 또는 복부의 피부 자극, 팔다리의 피로와 뻣뻣함 등이 있었다. 그중 어떤 이들은 다리가 갑자기 축 처져 넘어지는 것을 호소했다. 때로는 이 증상이 너무 심해서 혹시 넘어질지 염려되어 집 밖으로 나가거나 길을 건너는 것을 두려워했다. 이런 증상들은 여분의 소금을 투여 받은 집단에서는 발병하지 않았다. 그 증상들이 첫 검진에서 발견되었더라면 소금을 더 섭취하자마자 사라졌을 것이다."[474]

즉, 임신 중 저염 식이는 특히 다리 근육의 약화를 초래하는 것으로 보이는데, 이것은 소금을 더 섭취하게 해서 치료되었다. 연구자들은 식단에서 여분의 소금이 '임산부와 태아 및 태반의 건강에 필수적인 것'이라고 결론지었지만,[475] 여분의 소금 투여에 수반되는 만약의 위험 때문에 윤리위원회는 이런 종류의 연구를 승인하지 않을 것 같다. 단지 몇백 명의 임산부를 상대로 저염 식단 대對 평균적인 소금 식단을 시험하는 2회에 걸친 소규모 무작위 통제 실험의 결과만을 가지고도, 우리는 임산부들에게 저염 식이를 권고하는 관행을 강력하게 재고하기를 원할지도 모른다.[476]

또 다른 논문은 알도스테론 수치가 낮고 혈압이 높아진 임산부에게 하루에 소금 20g을 섭취하게 한 후 수축기와 이완기 혈압이 각각 16mmHg와 12mmHg씩 떨어진 증거를 기술했다. 저자들은 임신 중 저혈량은 알도스테론을 생산하는 능력이 감소한 것이 원인이고, 임산부는 소금 보충을 통해 도움을 얻을 수 있을 것이라고 결론을 내렸다.[477] 또 다른 연구에서도 이러한 연구 결과를 확인했는데 "보통의 임신에서 소금의 중요성을 지지한다."라고 언급했다. 연구자들은 특히 자산이 부족한 지역에서 소금은 '저렴하고 쉽게 얻을 수 있는 중재자'이며 자간전증과 같은 위험한 임신 조건을 피하는 데 도움이 될 수 있다고 제안했다.[478] 임신 중이거나 임신을 원하는 사람들에게 나타날 수 있는 저염 식이의 폐해를 아래 〈표 5〉에 요약했다.

소금을 더 많이 섭취하면 정상 혈압을 가진 임산부가 고혈압이나 자간전증으로 옮겨가는 것을 막을 수 있다. 저염 식이로 인해 낮아진 혈액량은 이러한 여성들에게 고혈압이 발생하는 위험 요인이 되기 때문이다.[479] 실제로 자간전증을 앓는 임신부의 혈액량은 지속적으로 감소되는 것으로 밝혀졌으며, 혈액량의 개선을 통해 소금이 왜 임신 중에 자간전증 치료에 도움이 되는지를 알 수 있다.[480]

### 〈표 5〉 임신 중 또는 임신을 원하는 사람들에게 나타날 수 있는 저염 식이의 폐해

| |
|---|
| 임신 가능성 감소 |
| 유산 확률 증가감소 |
| 조산무産 위험 증가 |
| 유아 사망률 증가 |
| 산모의 출혈 위험 증가 |
| 자간전증 위험 증가 |
| 비만, 인슐린 저항성, 고혈압 및 신장 기능 손상의 위험이 높고, 만성 소금 갈망자/중독자가 될 수 있는 저체중 아기가 태어날 위험 증가 |

## 에너지와 근육의 건강을 위해 더 많은 소금이 필요하다

거의 모든 인구 집단에서 찾아볼 수 있는 저염 식이의 부작용 중의 하나는 에너지가 줄어들고 피로가 늘어난다는 점이다. 경증輕症 고혈압 치료를 위한 9가지 다른 식단과 약물의 조합을 평가한 다기관multicenter, 무작위randomized 위약 제어placebo-controlled 임상시험clinical trial인 항고혈압 중재 및 관리의 시험 TAIM Trial of Antihypertensive Interventions and Management 결과를 고려해 보면[481] 저염 식이로 인한 나트륨 섭취량의 평균 변화가 기준치인 하루 3,128mg에서 6개월 후 하루 2,484mg으로 감소했다. 이와 같이 하루 700mg 가까운 양이 감소한 결과, 피로감과 수면 장애 및 발기 부전이 심해지는 것으로 나타났다.[482] 말하자면 소금 제한은 삶의 질을 급격하게 떨어뜨린다는 것이다. 더군다나 저염 식이를 시도했으나 원하던대로 하루 나트륨 섭취량을 1,610mg 미만으로 줄일 수 있었던 사람은 25%에 불과했다.[483] 저염 식이를 하는 집단은 저염 식이를 하지 않는 대조 집단보다 피로감을 호소한 사람이 두 배 많았고, 환자 3명 중 1명 이상이 피로 증상이 심해지는 것으로 나타났다.[484] 만성 피로 증후군 환자 중 61%는 "일반적으로 또는 항상 소금과 짠 음식을 피하려고 노력했다."라고 보고되었다.[485] 아마도 그들은 그렇게 하는 것이 건강에 좋다고 믿었기 때문일 것이다. 그러나 이것은 분명히 건강에 좋지 않은 결정일 수 있다.[486] 저염 식이는 근육이 약해지고 만성 피로 증후군을 증가시키거나 악화시킬 수 있으며, 파킨슨병과 만성 피로 증후군의 증상인 저혈압, 현기증, 경經두통, 실신(일시적인 의식 상실) 등의 증상들을 가지고 있는 사람에게는 특히 해로울 수 있다.[487]

만약 자신이 이러한 증상이나 상태를 가지고 있지만 운동으로 그것들을 극복하려 한다면, 저염 식이는 운동 중 부상의 가능성을 증가시키고, 회복 기간을 길게 하며, 근육의 생성을 저하시킬 수 있다. 게다가 특정 약물의 부작용은 저염 식이로 인해 더 심각할 수 있다. 예를 들어 근육통은 스타틴statin 항고지혈증제의 꽤 흔한 부작용인데, 저염 식이는 이러한 부작용을 초래하고, 스타틴으로 인해 운동을 더욱 못하게 되어 체중 증가의 위험을 증가시킬 수 있다.

## 저염 식이가 어떻게 근육 생성을 저하시키고
## 만성 피로 증후군을 일으키는 경로

**고高당식high-sugar diet으로 인해 소금 낭비가 될 때도 많은 소금이 필요하다**

혈중 높은 포도당 수치는 나트륨 배설을 증가 시킬 뿐만 아니라 전반적으로 인체의 나트륨을 고갈시키고, 혈중 나트륨 수치를 낮출 수 있다. 혈중 포도당 수치가 높아지면 세포의 수분을 혈액으로 끌어 내어, 혈중 나트륨 수치가 낮아진다고 알려져 있다.[488] 당뇨병이 잘 조절되지 않고 혈중 포도당 수치가 높은 사람들은 높은 포도당 수치가 삼투성 이뇨osmotic diuresis 滲透性 利尿뿐만 아니라 소금 낭비와 저나트륨혈증을 일으킬 수 있기 때문에 나트륨 고갈의 위험에 처할 수 있다.[489] 설탕이 소금 고갈을 일으키는 방식을 다루는 목록 22가지(다음 페이지)를 살펴보기 바란다.

이 모든 것은 일단 포도당 수치가 만성적으로 높아졌을 때 누군가에게 더 많은 소금을 주는 것은 실제로 그 사람의 건강을 증진할 수 있고, 심지어는 그 사람의 생명을 구하는 것일 수도 있다는 것을 시사한다. 인슐린 저항성을 가진 환자들에 관한 연구에서, 연구자들은 하루에 나트륨 3,000mg에 비해 6,000mg(16g) 정도를 섭취하게 하면 그들의 인슐린 저항성이 개선된다는 것을 발견했다.[490] 현재 미국 내 성인의 50% 이상이 당뇨병 또는 당뇨병 전증前症 환자로 여겨지고 있는 상황을 살펴볼 때 저염 식이가 성인 인구 집단의 절반 이상에 해를 끼치고 있음을 알 수 있다.[491]

# 〈표 6〉 설탕이 소금 고갈을 일으키는 22가지 방식

1. **설탕** → 대장 세포 손상 → 만성 소화 장애증/크론병Crohn's disease/궤양성 대장염 → 대장을 통한 소금 흡수 감소[492]
2. **설탕** → 과당 흡수 불량 → 과민성 대장 증후군 → 설사 → 소금 배설 증가[493]
3. **설탕** → 칸디다 알비칸스Candida albicans → 과민성 대장 증후군 → 설사 → 위장관胃腸管을 통한 소금의 낭비[494]
4. **설탕** → 신장의 재흡수 능력 손상(요세관 간질尿細管間質 손상) → 소금을 낭비하는 신장[495]
5. **설탕** → 신장 손상 → 신사구체腎絲球體의 여과율 감소 → 수분 보유 우선 → 혈액 내 나트륨 및 염소 수치 낮음.[496]
6. **설탕** → 방사구체 세포juxtaglomerular cell 傍絲毬體細胞(방사구체 장치juxtaglomerular apparatus, 傍祠球膣裝置의 위축)와 신장관 손상 → 레닌renin 생산 감소(저低레닌 고혈압) → 알도스테론aldosterone 감소(그리고 알도스테론에 대한 신장 세관 반응 감소) → 나트륨 배설 증가 → 소금 낭비[497]
7. **설탕** → 당뇨병성 자율 신경 장애(자율 신경계 오작동) → 신장에 의한 프로레닌pro-renin에서 레닌renin으로의 전환 감소 → 저低레닌 → 저低알도스테론 → 소금 낭비[498]
8. **설탕** → 심장 손상 → 울혈성 심부전 → 심박출량cardiac output 心拍出量 유지를 위한 수분 보유 우선 → 혈중 저低나트륨 및 저低염소 수치가 될 위험[499]
9. **설탕** → 간 손상 → 지방간 → 간경변 → 과잉 수분 보유 → 혈중 저나트륨 및 저염소 수치가 될 위험[500]
10. **설탕** → 혈중 포도당 수치 증가 → 고혈당증 예방을 위한 혈액 내 수분 필요 증가 → 혈중 저나트륨 및 저염소 수치가 될 위험[501]
11. **설탕** → 고지혈증 → 삼투성 이뇨(다뇨증/나트륨뇨尿 배설 항진) → 저나트륨혈증(포도당 수치가 조절되지 않을 때 소변을

통한 나트륨 제거)[502] (100mg/dL마다 150mg/dL이상의 혈장 포도당이 증가하고, 혈청 나트륨은 약 2.4mEq/L만큼 감소한다.[503] 포도당 수치를 조절하지 못하는 당뇨병 환자들은 저나트륨혈증에 걸릴 위험이 더욱 높다.)[504]

12. **설탕** → 당뇨병성 케토산증diabetic ketoacidosis → 케톤은 나트륨 제거를 촉진한다. → 신장의 나트륨 낭비[505]

13. **설탕** → 당뇨병 → 당뇨병 치료제[sodium-glucose cotransporter2(SGLT2) inhibitors, acarbose, metformin, sulfonylureas] → 나트륨 제거 증가, 그리고/또는 저나트륨혈증 위험 증가(인슐린 수치 감소, 흡수 감소 및 나트륨 제거 증가, 항이뇨성 호르몬 분비의 증가[506]

14. **설탕** → 당뇨병 → 위胃 비우기 지연으로 인한 저장액 재흡수 → 혈중 저나트륨 및 저염소 수치가 될 위험[507]

15. **설탕** → 고혈압 → 항抗고혈압약(이뇨제, 베타 차단제, ACE 억제제, 무기질 코르티코이드mineralocorticoid 수용체 길항제 등 나트륨을 고갈시키는 다량의 약물) → 저나트륨혈증의 위험

16. **설탕** → 비만 → 체중을 줄이거나 유지하기 위해 운동량 증가 → 땀으로 인한 소금 낭비 → 소금 고갈

17. **설탕** → 염증, 산화 스트레스, 세포 손상, 높은 인슐린 수준 → 암 → 혈액 내 나트륨 농도가 낮음.[508] → 특정 항암제(시스플라틴cisplatin) → 소금을 낭비하는 신장해nephropathy 腎障害[509]

18. **설탕** → 비만 → 비만 수술 → 소금 흡수 감소 → 소금 고갈 위험[510]

19. **설탕** → 칸디다 알비칸스Candida albicans → 칸디다 알비칸스에 들어 있는 단백질은 티록신thyroxine과 결합할 수 있다. → 칸디다 알비칸스와 티록신의 교차 반응에 따른 알레르기 반응 → 자가 면역성 갑상선염 → 갑상선 기능 저하 → 소금 고갈[511]

20. **설탕** → 칸디다 알비칸스 → 소장의 유당乳糖 분해 능력 감소 → 유당불내증lactose intolerance 乳糖不耐症 → 설사 → 소금 배출 증

가[512] (중요한 점은 칸디다가 장 점막에 결합하기 위해서는 당 화합물sugar compounds이 필요하므로 칸디다가 유당불내증lactose intolerance을 유발하기 위해서는 설탕이 필요하다.)[513]

21. **설탕** → 칸디다 알비칸스 → 면역 반응 → 글루텐에 대한 교차 알레르기 → 만성 소화 장애증 → 장내 미세 융모 손상 → 소금 흡수 감소[514]

22. **설탕** → 신동맥 협착renal artery stenosis 腎動脈狹窄 → 신장 국소 빈혈 → 고高레닌 수치 → 고高안지오텐신 II angiotensinII [고高항이뇨 호르몬(ADH)으로 이어진다.] → 갈증과 수분 보유 → 저나트륨혈증 → 혈압 증가 → 정상 신장을 통해 나트륨 배설 항진을 압박한다. → 항이뇨 호르몬(ADH)을 더욱 방출 → 저나트륨혈증-고혈압 증후군[515]

## 신장 질환에는 많은 소금이 필요하다

나이가 들수록 레닌renin과 알도스테론aldosterone의 수치와 신장의 소금 보유 능력이 감소함에 따라 소금 결핍 위험은 증가한다.[516] 신장이 최적의 기능을 하지 못하는 만성 신부전증 환자는 정상 또는 평균적인 나트륨 섭취를 따르더라도 체내의 적정 나트륨의 수준을 유지할 수 없다. 한 연구에 따르면, 나트륨 섭취량이 690~920mg으로 줄어든 3~4일만에 나트륨 결손이 5,750~6,900mg 정도 초과한 것으로 밝혀졌다.

나트륨의 양이 섭취하는 것보다 소변에서 더 많이 나온다면 소금을 낭비하는 신장 질환을 가지고 있다는 하나의 징후가 될 수 있다. 소금을 낭비하는 신장 질환이 있으면 하루에 나트륨 6~7g(소금 약 15.6~18.2g) 이상을 섭취해야 안정적인 신장 기능을 유지할 수 있다. 나트륨을 하루 1,610~2,300mg으로 줄이면 혈액량과 신장 면역 기능의 저하로 심각한 병으로 이어질 수 있다.[517] 본질적으로 저염 식이 지침(하루에 나트륨 2,300mg 미만 섭취)을 따른 결과로 신부전증, 순환 허탈circulatory collapse로 이어지고, 소금을 낭비하는 신장 질환 환자의 경우에는 사망에 이를 수도 있다. 정상적인 소금 섭취를 하지만 만성적으로 알도스테론 수치가 높거나, 낮은 나트륨을 섭취할 때 알도스테론 수치가 최대 10배까지 높은 사람들은 소금을 낭비하는 신장 질환의 징후를 보인다.

신장의 나트륨 펌프는 칼륨을 제거하는 데 도움을 줄 뿐만 아니라 나트륨을 재흡수하는 기능도 한다. 신장의 구조적인 손상이나 변화는 나트륨 펌프 기능을 감소시켜 나트륨을 재흡수하거나 칼륨을 배출할 수 없게 만든다. 만약 이런 경우라면, 부적절하게 높은 혈중 칼륨 농도는 나트륨 펌프 기능의 손상을 나타낼 수 있으며, 신장을 통한 나트륨 손실보다 오히려 감지하기가 쉬워진다.[518]

신장도 나이가 들수록 물을 배설하는 능력이 떨어져 노인들이 저나트륨혈증에 걸리기 쉽고[519], 대사성 산혈증metabolic acidosis 代謝性 酸血症의 위험도 증가하는데, 이것은 서구식 식습관의 부작용으로 여겨진다.[520] 그런 다음 소변을 통해 여분의 산酸(수소 이온)은 배설될 필요가 있는데, 여분의 산酸은 신장 세뇨관 산혈증renal tubular acidosis의 위험을 증가시키고, 신장의 나트륨 보유 능력을 감소시키기 때문이다.[521] 고혈압 환자의 신장은 물을 과도하게 보유하거나, 불충분한 양의 소금(염화나트륨)을 재흡수한다. 또는 이 두 가지를 동시에 한다.[522] 이는 고혈압이나 특정 신장 질환을 갖고 있는 환자들에게 높은 양의 보유된 물과 신장을 통해 손실된 소금의 균형을 위해 더 많은 소금이 필요할 수 있음을 의미한다.

나트륨 섭취가 감소하면 신장 기능이 손상되고 신장 혈장 유량renal plasma flow과 여과율이 저하되는 것으로 나타났다.[523] 단순한 고혈압에서도 저염 식이는 혈청 나트륨과 염소[524]의 현저한 감소와 혈압의 급격한 저하로 인한 쇼크까지 유발할 수 있다.[525] 신장 기능이 타격을 입었고, 또한 저혈압인 사람들에게 소금 섭취를 늘리면 쇼크 증상의 즉각적인 개선을 볼 수가 있다.[526] 한 연구자 집단은 고혈압에 대한 저염 식이의 이점이 입증되지 않았다고 결론을 내렸고, "엄격한 저염 식이는 입에 맞지 않아 광범위한 환경적 및 심리적 조정이 필요하며, 때로는 영양실조, 특히 신장 장애, 요독증uremia 尿毒症, 심지어 죽

음까지 동반할 수 있다."라고 경고했다.[527]

또한 저염 식이는 신장의 여과율을 감소시킬 수 있는데 이것은 인체의 질소 보유량을 증가시킬 수 있고, 심지어 체액과 호르몬 및 전해질의 불균형 상태인 요독증노폐물이 몸 밖으로 배설되지 못하고 독성 부산물이 혈액 속에 축적되어 일어나는 증세환자들의 죽음을 초래할 수도 있다. 실제로 한 연구 그룹의 저지들은 소금 결핍의 위해성에 주목했다. 즉, 상당한 양의 질소 보유와 저염 식이 요법으로 적어도 고혈압 환자 2명이 요독증으로 인해 사망했다.[528] 심박수를 낮추거나(예를 들어, 아테놀롤atenolol) 심방세동atrial fibrillation 心房細動 환자의 다비가트란 dabigatran과 같은 뇌졸중을 예방하는 약물을 포함해서 흔히 처방되는 많은 약물들은 신장에 의해 여과된다. 만약 당신이 신장에 의해 여과되는 약물을 복용하는 동안 소금 섭취를 줄이게 되면 완벽한 여과를 감소시킬 수 있는데, 이는 곧 혈액 속에 이 약물들의 농도를 높여 죽음까지 이를 수 있는 심각한 부작용의 위험을 증가시킬 수 있다. 물론 저염 식이 지침은 나트륨 제한 시 신장에서 발생하는 이 중요한 측면을 언급하지 않으므로 임상의臨床醫와 환자는 일반적으로 이러한 위험을 알지 못한다.

소변을 묽게 하는 신장의 능력은 신장 질환이 더 진행됨에 따라 감소한다.[529] 그리고 만성 신장 질환 환자는 신장 여과율이 감소하기 때문에 물을 유지하기 시작해서 위험하게 혈액량이 많아지고 저나트륨혈증의 위험 또한 증가한다. 신장의 일차적인 기능은 여과되는 모든 나트륨을 재흡수하는 것이기 때문에 신장사구체腎臟絲球體의 여과율 감소로 나트륨을 보유하지 못하게 된다 (신장에 의해 여과되는 나트륨의 약 99%는 재흡수되며, 나머지 1%는 식단에서 온다). 신장에 의한 나트륨의 과잉 보존이 실제 있더라도 간은 장에 신호를 보내 나트륨 흡수를 줄일 수 있고, 간과 위장 계통 모두 신장에 신호를 보내 나트륨을 덜 흡수하도록 할 수 있다.[530] 게다가 인체는 여분의 소금을 피부, 장기, 그리고 심지어 연골/뼈로 이동시킬 수 있다.[531] 이런 모든 부차적인 메커니즘은 인체가 소금 과부하를 다루기 위해 잘 적응되어 있음을 시사하지만, 소금이 부족할 때에는 잘 적응하지 못한다.

저나트륨혈증은 극히 흔한 질병이기 때문에(13.5%) 나트륨의 제한은 특히 만성 신장 질환에 해롭다. 실제로 만성 신장 질환 환자 4명 중 1명(26%) 이상이 5년 동안 저低나트륨혈증을 적어도 1회 이상 경험하게 된다. 반면, 고高나트륨혈증을 경험하는 비율은 14명 중 1명(7%)에 미치지 못한다. 저나트륨혈증의 유행은 신장 질환이 진행되면서 약간 감소하는 것처럼 보이지만, 여전히 고나트륨혈증보다 훨씬 더 널리 퍼져 있다. 저나트륨혈증은 고나트륨혈증에 비해 만성 신장 질환의 1, 2 단계에서는 약 20~30배, 3단계에서는 약 5~7배, 4단계와 5단계에서는 약 4배 더 많이 만연해 있다.[532]

흥미롭게도 저나트륨혈증이 사망률에 미치는 영향은 만성 신장 질환의 어떤 단계에 있든지 간에 비슷한 규모를 가지고 있다. 반면, 고나트륨혈증으로 인한 사망률의 규모는 그것이 더 널리 퍼졌을 때(만성 신장 질환의 후기後期단계 동안에 진행된다) 덜 뚜렷한 양상을 보였다. 이는 혈중 높은 나트륨 수치가 만성 신장 질환의 후기 단계(4단계와 5단계)에서 약간 더 널리 퍼질 수 있지만, 그렇게 해롭지 않다는 것을 나타낸다. 이런 현상은 인체가 혈중 높은 나트륨 수치에 적응할 충분한 시간을 가지고 있기 때문이며, 혈중 나트륨 수치가 낮을 때는 일어나지 않는 것으로 보인다.[533]

한 연구에서는 저나트륨혈증과 고나트륨혈증에서 둘 다 사망률이 증가할 것으로 예측했으며, 사망률이 가장 낮은 위험의 범위는 혈중 나트륨 농도 140~144mEq/L 사이였다.[534] 다른 전문가들은 혈중 나트륨의 최적 범위를 139~143mEq/L로 정의했다.[535] 만약 당신의 혈중 나트륨 수치가 이 최적의 범위에 있지 않다면, 소금을 더 많이(또는 덜) 섭취해야 한다. 혈중 나트륨 농도가 145mEq/L(고나트륨혈증) 이상이고, 130~135.9mEq/L(저나트륨혈증) 사이인 경우, 사망할 위험은 만성 신장 질환 환자에서 서로 크게 다르지 않은 것으로 보인다. 그러나 혈중 나트륨 수치가 145mEq/L 이상인 경우 사망 위험이 단지 1.3배인 것에 비해, 혈중 나트륨 수치가 130mEq/L 이하로 떨어지면 사망 위험은 거의 2배이다.

요컨대, 저나트륨혈증은 만성 신장 질환에서 특히 고나트륨혈증과 비교했을 때 매우 흔하다. 만성 신부전증 환자에게 나트륨을 제한하는 것은 반드시 좋은 생각이 아니며, 건강상 좋지 않은 결과를 초래할 수 있다. 만약 그렇다면 오히려 만성 신장 질환을 앓고 있는 환자들은 소금을 더 많이 섭취함으로써 이득을 볼 수 있다. 또 저나트륨혈증은 이러한 환자들의 사망 위험을 증가시키기 때문에 심지어 혈액 투석 환자(투석 기간 동안 일반적으로 소금을 배설하는 힘이 부족한 환자)도 실제로 더 많은 소금을 섭취함으로써 이익을 볼 수 있다.[536] 저염 섭취는 또한 복막 투석peritoneal dialysis 腹膜透析[537] 으로 인한 사망 위험의 증가와 관련이 있는데, 저나트륨혈증은 복막 투석의 합병증이라 할 수 있다.[538] 저염 식이는 또한 탈수로 이어질 수 있기 때문에 설탕은 신장에 더 해로운 물질이 된다. 이로 인해 신장에서 '폴리올 대사계polyol pathway 代謝系' 가 활성화되어 포도당으로부터 더 많은 과당을 형성하고, 과당을 더 빨리 대사代謝하며, 산화 스트레스와 신장 손상을 증가시킨다.[539] 부연하자면, 이 모든 것으로 인해 신장은 소금을 낭비하게 된다는 것이다. 본질적으로 설탕이 높은 식단과 함께 저염 식이를 선택한다면, 신장은 더 이상 소금을 붙들고 있을 수 없는 상태가 되는 완벽한 공식을 갖게 된다.[540] 그렇기 때문에 저염 식이는 설탕이 많은 식단을 섭취하는 사람들, 특히 당뇨병을 앓고 있는 환자들에게 잠재적으로 매우 해로운 것이 된다.[541]

## 염증성 장腸질환을 앓고 있다면 많은 소금이 필요하다

소장을 외과적으로 제거하면 장腸기능 부전, 즉 짧은 창자 증후군short bowel syndrome으로 이어져 소금을 흡수하는 능력이 떨어질 수 있다.[542] 그러나 장은 염증이나 국소 빈혈, 운동 장애로 인해 기능 부전이 일어날 수도 있다. 체외로 배설물을 내보내는 것 외에 대장의 가장 기본적인 임무는 소금과 물을 흡수하는 것이다. 염증성 대장염(크론병과 궤양성 대장염) 환자들은 장과 대장에서 각각 소금을 흡수하는 데 중대한 문제가 있어 더 많은 소금을 배설해서 혈중 나트륨 수치를 낮추게 된다.[543] 대장암을 치료하면서 대장의 일부를 제거한 사람 또한 나트륨과 물 고갈의 위험에 처하게 된다.[544] 사실 만성 소화 장애증과 같은 장내 점막의 손상은 소금의 흡수를 감소시키고 저염 식이를 따르는 생활에 위험을 증가시킬 것이다.

## 저低탄수화물 식이 요법이 가져온 경련이 사라지다

나의 친구이자 일반의一般醫인 데이비드 언윈 박사David Unwin, MD는 최근 고통스러운 통증을 겪기 시작했다. 얼마 전부터 저탄수화물 식습관 계획을 따르고 있었는데, 그때부터 그는 고통스럽고 당황스러운 다리 경련이 일어나면서 경고도 없이 비명을 지르게 되었다. 이런 경련은 그가 환자와 상담을 할 때처럼 가장 불편한 순간에도 찾아올 것이다. 그 경련은 그가 따르기 시작한 저탄수화물 식이 요법에서 기인함을 짐작할 수 있다. 그런데 그가 식단에 소금을 더 넣자마자 이 고통스럽고 짜증스럽고 불편한 증상들은 모두 완전히 사라졌다.

## 저低탄수화물 식단에는 더 많은 소금이 필요하다

저탄수화물 식단을 하는 환자들은(특히 처음 2주 동안) 인슐린 수치가 높은 사람(하루 50g 이상 탄수화물을 섭취하는)에 비해 더 많은 소금이 필요하다. 높은 케톤keton 수치, 글루카곤glucagon 분비량 증가, 낮은 인슐린 수치 등은 모두 저탄수화물 식단에서 발생하며, 이는 나트륨 배설을 증가시킨다.[545] 식이 탄수화물이 하루에 50g으로 제한되면 절식 중에 발생하는 나트륨의 배설도 이 정도의 탄수화물 제한과 동일하게 발생한다.[546] 건강한 정상인을 대상으로 한 연구에서, 하루에 100g 이상의 단백질과 1,500~2,000Kcal를 섭취했음에도 불구하고 탄수화물의 제한은 3일만에 약 4.7~5.6g 정도되는 상당한 양의 나트륨 고갈을 초래했다. 이전에는 단식을 하는 동안 칼로리의 부족 때문이라고 여겨졌던 나트륨 고갈이 이제는 탄수화물 제한의 결과인 것으로 밝혀졌다.[547] 또 다른 비만 대상 연구에서는 저탄수화물(하루 40g) 식단으로 7일 만에 체내에서 4,266mg의 나트륨이 고갈된 것으로 나타났다.[548] 건강한 환자를 대상으로 한 연구에서 탄수화물 제한을 하루 0g(단식 및 절식 연구에서)까지 10일간 시행했더니 소변을 통한 손실만으로 체내에서 18.72g의 나트륨이 고갈되는 것으로 나타났다.[549] 비만 환자 40명을 대상으로 한 또 다른 연구에서는 사람들이 10일 동안 평균 8~19g의 나트륨을 잃었다.[550] 7명의 비만 여성을 대상으로 한 단식 연구에 따르면, 이들은 5~6일 주기로 나트륨 배설을 거쳐 30일 동안 18.6~57.3g의 나트륨이 손실되었음을 보였다.[551] 이를 종합해 보면, 저탄수화물 식단(뿐만 아니라 장기간 지속하는 단식 요법도)은 총總 체내 나트륨 함량을 급격하게 감소시킬 수 있다는 점이다(따라서 나트륨 결핍의 위험이 더 크다). 저탄수화물 식이 요법에서 나타나는 소변을 통한 나트륨 손실은 인체가 적응을 하면서 약 2주 후에는 소멸되는 것으로 보인다. 그러나 탄수화물 함량이 높았던 이전의 식단에 비해 탄수화물이 적은 식단을 따르는 이러한 사람들은 인슐린 수치가 낮아져 소변을 통해 계속해서 소금을 더 많이 잃고 있었다. 이들은 어지럼증, 피로, 탄수화물 갈망 등의 증상을 경험했는데 이는 소금 섭취량을 늘림으로써 크게 개선될 수 있다.

가넷E. S. Garnett 박사와 동료들은 7명의 비만 여성이 절식하는 동안 대사 병동病棟 연구metabolic ward study를 수행했다(하루 115mg의 나트륨만 섭취한다). 이들은 교환 가능한 나트륨(즉, 세포외액으로 들어오거나 나갈 수 있는 나트륨) 수치가 단식 첫 주 동안 떨어졌지만, 지속적인 단식과 나트륨 제한에도 불구하고 점차 절식 이전 수준으로 상승했다는 사실을 발견했다.[552] 이는 크게 네거티브 나트륨 균형 상태negative sodium balance(뼈, 피부 또는 장

## 저탄수화물 식단에 소금을 추가하라

저탄수화물 식단을 시작하는 환자(하루 50g 이하로 탄수화물 섭취) 대부분은 10일 안에 4~8g의 나트륨을 잃지만, 이 기간에 최대 20g까지 몸무게를 감량할 수 있다. 그렇기 때문에 저탄수화물 식단의 첫 2주 동안은 나트륨 섭취량을 하루에 최소 1g씩 늘리거나, 첫 주 동안은 하루에 2g씩 늘리는 것이 좋다. 하루에 큰 딜dill 피클 3개, 큰 올리브 5개, 또는 닭 수프용 부용 큐브Bouillon Cube(육류, 가금류, 야채 등을 우려 낸 스톡을 응축시켜 정사각형으로 자른 것) 1개를 먹음으로써 이러한 나트륨의 양을 보충할 수 있다.

기에 저장된 나트륨이 교환 가능한 나트륨 공간으로 유입되고 있음)임에도 불구하고 일어났다.

이러한 연구 결과는 낮은 나트륨 섭취량으로 장기간 단식을 하면 교환 가능한 나트륨 공간을 보충하기 위해 뼈와 같은 인체의 소금 저장소로부터 나트륨을 끌어 낸다는 것을 시사한다. 나트륨은 뼈 형성에 중요한 요소인데 단식하는 동안 체내에서 고갈되는 것으로 보아, 특히 낮은 나트륨 섭취량으로 장기간 금식을 하면 골다공증의 위험에 빠질 수 있다.

우리는 누군가가 소금이 부족한지를 판단하기 위해서 전적으로 나트륨 수치에만 의존할 수 없다. 왜냐하면 인체는 특정 부분의 나트륨 고갈을 희생하면서 전체적으로는 정상적인 나트륨 수준을 유지하기 때문이다. 개인마다 체내 총 나트륨의 수치가 다르기는 하지만, 대부분 환자는 체내 총 나트륨 수치가 69g 정도에 도달하면 나트륨의 손실을 멈춘다. 실제로 체내 총 나트륨의 63~69g 정도가 인간이 생존하는 데 필요한 체내 총 나트륨의 최소 수준이다. 한 연구 결과에서 나온 중요한 점은, 체내 총 나트륨 수치가 151g인 환자가 전체 절식 기간 동안 나트륨 82g을 잃었지만, 다른 대상자들은 훨씬 더 적은 나트륨을 손실했다는 사실이다. 이 연구 결과가 시사하는 바는 특정 개인은 분명히 다른 사람에 비해 체내 총 나트륨 수치가 더 높은 상태에서 기능하므로 이들 개인은 다른 사람들에 비해 소금 결핍 위험이 더 낮다는 것이고, 이것은 반대로 어떤 사람들은 다른 사람들에 비해 저염 식이의 해로움에 더 민감할 수 있다는 것을 의미한다. 그래서 우리는 소금 섭취에 대한 포괄적인 권고안을 발표하기 전에, 누가 더 소금 결핍의 위험이 높고 낮은지를 확인해야 할 필요가 있다.[553]

## 요오드 부족을 예방하기 위해 더 많은 소금이 필요하다

요오드 첨가 식염은 전 세계적으로 갑상선종goiter을 없애는데 있어서 공중 보건 분야의 중요한 승리였다. 133명을 대상으로 한 연구에서 소금 제한과 요오드 결핍과의 관련성에 관한 테스트가 있었다.[554] 피험자의 절반은 보통의 식단을, 나머지 절반은 나트륨 섭취량을 제한하는 식단(하루 1.9g의 나트륨만 섭취)을 실시한 뒤에 24시간 동안 나트륨과 요오드의 배설량을 측정했다. 그 결과 하루에 1.9g의 제한된 나트륨만을 섭취한 그룹의 50%는 8개월 동안 하루에 100mcg 이하의 요오드를 배설했다. 즉, 소금 섭취를 제한하는 대상자의 절반 이상이 하루 권장 요오드 섭취량을 채우지 못할 수 있는 것으로 나타났다. 그런데도 이 양은 현재 미국 심장협회가 권장하는 양보다 더 많고(나트륨 1.9g/일 대對 미국 심장협회 권장량 나트륨 1.5g/일), 세계보건기구WHO의 권장량(하루 나트륨 2.3g미만)을 충족하는 수치이다. 그러나 정상적인 양의 나트륨을 섭취하는 환자의 그룹은 25%만이 8개월 동안 하루에 100mcg 이하의 요오드를 배설했다. 이는 본질적으로 소금 섭취를 제한하지 않는 사람에 비해, 저염 식이 지침을 따르는 사람은 하루 권장량의 요오드를 섭취하지 못할 가능성이 두 배나 높을 수 있다는 점이다.

갑상선종을 예방하기 위해서는 하루에 요오드 약 50~70mcg을 섭취해야 한다. 24시간 동안 측정되는 소변의 요오드 수치를 기준으로 했을 때 저염 식이를 하는 집단의 15%는 대조군의 10%에 비해 갑상선종의 위험이 높았다. 이는 저염 식단(나트륨 약 1.9g)을 따르면 일반적인 소금 식단보다 갑상선종의 발병 위험이 50% 증가함을 시사한다. 요오드 함유량이 자연적으로 높은 음식을 먹지 않는 사람들에게는 갑상선종의 발병 위험이 확실히 더 높다. 중요한 것은 이 연구에 참여한 사람들의 약 50%가 일주일에 한 번 이상 해산물을 먹었기 때문에, 정기적으로 같은 양의 해산물을 먹지 않는 사람들의 갑상선종의 발병률에 있어서는 요오드 결핍의 위험이 과소평가될 수 있다는 점이다. 흥미롭게도 이 연구 기간(1983~1984년) 무렵에 요오드포iodophor는 유제품 산업에서 소독−세정제로 무척 많이 활용되고 있었다. 요오드포를 이용한 위생제 및 젖소의 젖꼭지 소독제를 사용하면 우유 속 요오드 수치는 증가한다. 이는 유제품이 요오드포를 통해 많은 양의 요오드를 제공받는다는 것을 확실히 보여 주는 대목이다.[555] 따라서 동일한 수준의 요오드포의 소독 없이 유제품을 소비하는 현재의 집단은 요오드포가 사용되어 생산된 유제품을 소비하는 비교 집단보다 요오드의 결핍과 갑상선종의 위험이 훨씬 더 클 수 있다.

## 감염과 싸우기 위해 더 많은 소금이 필요하다

우리의 숙주 방어 시스템은host defense mechanism 宿主防禦機能 소금에 의해 작동되는데, 이는 다른 항균 방어 시스템을 활성화할 수 있다. 소금이 없다면 피부에서 병원균을 효과적으로 제거할 수 없을 것이다. 왜냐하면 소금 농도가 높은 환경hypertonic environment에서는 병원균을 제거하는 데 도움을 주는 산화질소NO nitric oxide의 생산이 증가하기 때문이다.[556] 이는 침입한 세균과 싸우기 위해 열과 감염이 있는 환자에게서 소금 배설이 상당히 감소하는 이유일 수 있다. 충분한 소금을 섭취하면 피부에 충분한 소금이 축적되어 보호 대식세포macrophages 大食細胞가 박테리아의 감염을 공격하는 데 도움이 될 수 있다. 한 연구의 저자들은 "감염에서 부종 형성은 수분 보유와 붓기로 특징지어질 뿐만 아니라 나트륨 농도가 높은 미세 환경도 만든다는 것을 보여 준다."라고 결론을 내렸다. 연구원들은 높은 소금 섭취를 한 쥐에게서 그들의 '나트륨 비축'이 박테리아 감염을 물리치는 데 특히 효과적이었으며, 피부에 항균성 장벽 기능을 제공한다는 것을 발견했다.

정상적인 소금 섭취는 피부 감염을 예방하는 데 도움이 될 수 있다. 항생제 내성의 시대에 접어들면서 피부 감염이 몸 전체로 퍼지게 되면 이는 잠재적으로 치명적일 수 있다. 더 무서운 것은 저염 식이가 우리를 더 큰 위험(메티실린 내성 황색포도구균MRSA 및 기타 피부 감염이나 살을 파먹는 박테리아에 의한 합병증이나 심지어 사망)으로 이끌지도 모른다는 점이다. 메티실린 내성 황색포도구균은 흔히 박트림Bactrim/셉트라Septra(트리메소프림trimethoprim과 술파메톡사졸sulfamethoxazole의 결합)라고 불리는 약물로 치료되는데, 이는 신장 손상과 대사성산증metabolic acidosis 代謝性酸症 혈액, 특히 혈액의 산–염기 평형이 산酸 쪽으로 기우는 증세로, 체내의 대사 결과로서 생성되는 산酸에 의해 발생을 유발하여 소금 낭비를 초래할 수도 있다. 설파메톡사졸sulfamethoxazole 자체가 신장을 통한 나트륨 배설을 직접적으로 증가시키므로 이 약을 많이 복용하는 환자들은 특히 나트륨이 고갈될 위험이 있다.[557] 또 소금은 피부 감염과 싸우는 데 매우 중요하기 때문에 보다 높은 소금 식단은 당뇨병 환자의 피부 궤양(당뇨병에 흔한 합병증) 치료에 도움을 줄 수 있다. 본질적으로 당뇨병 환자는 피부 궤양을 예방하고 치료하는 데 더 많은 소금이 필요하지만, 소금이 감염을 예방하고 치료하는 데 도움을 주는 유일한 장기가 피부만은 아니다. 림프 조직(림프절, 비장, 흉선)과 염증이 생긴 조직에 고농도의 소금은 인체가 감염을 퇴치하는 데 도움이 될 수 있다.[558] 고염 식이는 패혈증에도 도움이 될 수 있는데, 고농도의 소금은 T 세포 기능을 증가시키고[559] 다른 위험한 면역 결핍 바이러스(HIV), 에볼라 바이러스, 간염 바이러스와 같은 전신 감염에 도움이 될 수 있다.

감염은 우리가 섭취하는 식품을 통해서도 온다. 미국에서는 매년 100만 건이 넘는 식중독이 발생(그중 500여 건은 거의 치명적인 경우이다)하고 있다. 포장된 식품의 '저염' 상태는 일반 소금양으로 포장된 상태보다 미생물 수치가 높을 수 있으므로 식중독의 위험이 증가한다.[560] 따라서 저염 포장 식품은 식품 감염food-borne으로 인한 질병의 위험을 증가시킬 수 있다. 게다가 식중독에 걸렸을 때는 구토와 설사로 많은 소금을 잃는다. 기본적으로 저염 식이는 미국에서만 매년 100만 건이 넘는 식중독 사례에서 사망 위험을 증가시킬 수 있다.

호주의 한 연구에서는 미생물 성장률을 비교적 적은 양으로 줄이면 가공된 고기에서 발생하는 리스테리아병listeriosis의 위험에 큰 영향을 미칠 수 있다고 추정했다. 연구 저자들은 "리스테리아병의 원인균Listeria monocytogenes의 성장률을 50% 줄이면 인구의 질병 위험이 80~90% 감소한다."라고 언급했다.[561] 이는 다른 방부제가 충분히 사용되지 않고 소금이 감소함에 따라 발생하는 리스테리아균의 성장률이 약간만 상승해도 그 균에 취약한 집단에 대한 위험이 상당히 증가할 수 있음을 시사한다.

이 모든 것은 비과학적인 저염 식이 지침을 따르기 위해 식품의 소금 함량을 낮추면 식품 감염으로 인한 질병의 위험과 음식 부패의 정도를 증가시킬 수 있다는 것을 나타낸다. 베이컨을 생산하는 한 제조업체가 베이컨의 소금 함량을 3.5%에서 2.3%로 줄였을 때 유통 기한이 56일에서 28일로 단축되었다.[562] 포장된 식품의 소금 함량을 낮추는 것은 또한 식품의 미생물 안정성을 유지하기 위해 인산염과 질산염 및 아질산염과 같은 의심스러운 방부제를 더

많이 사용해야 할 수도 있는데, 이는 소금을 첨가하는 것에 비해 건강에 더 해로울 가능성이 높다.[563]

　서구에서 소금 고갈을 일으키는 많은 만성 질환 상태와 약물 때문에, 우리는 지금 소금을 거의 섭취하지 않은 원시 사회보다 훨씬 더 큰 소금 결핍의 위험에 처해 있다. 다행히도 이제 우리는 이와 같은 사실을 깨닫고 그것에 대해 대처할 수 있다. 그리고 그렇게 함으로써 우리 시대의 가장 쇠약해진 많은 상황을 예방하거나 심지어 뒤집을 수 있다. 소금에 대한 잘못된 부분을 바로잡고 올바른 인식을 해야 할 때이다. 다음 장에서는 체내의 소금 균형을 조절하고, 선천적인 소금 자동 조절 장치를 재활성화하는 방법을 알아볼 것이다. 또한, 개인의 상황에 맞는 최고 품질의 소금을 선택하는 방법과 소금 사용에 대한 죄책감을 해소하는데 도움이 되는 단계별 계획을 소개할 예정이다. 그러면 당신은 다시 활력과 에너지를 느끼며 소금이 가져다 주는 풍미 가득한 맛을 즐길 수 있을 것이다.

## 다음과 같은 경우에도 더 많은 소금이 필요하다

● **자폐증:** 자폐증은 가능한 많은 원인과 유전적 연관성을 가진 매우 복잡한 질환이다. 그러나 어떤 이론에서는 타우린과 글루타민과 같은 뇌의 필수 영양소를 고갈시키는 혈중 낮은 나트륨 수치와 더불어 지나친 체액 과잉이 원인일 수 있다고 주장한다.[564] 이것은 자폐증 질환을 가진 아이들이 소금을 갈망하는 한 가지 이유일 것이다. 자폐아들은 소금을 더 많이 섭취함으로써 이득을 볼 수 있다. 반면, 저염 식이는 실제로 그들의 상태를 악화시킬 수 있다. 경구재수화염經口再水和鹽 Oral Rehydration Salt은 자폐증에도 도움이 될 수 있다.[565]

● **카페인:** 천연 이뇨제처럼 작용하는 카페인 음료는 신장으로부터 물과 소금 손실을 증가시킬 수 있다. 커피와 차는 현재 시장에 넘쳐나는 탄산 음료나 에너지/스포츠 음료와 같은 다른 카페인 음료는 말할 것도 없고 세계에서 두세 번째로 가장 많이 소비되는 카페인 음료이다. 우리는 카페인 중독 때문에 지금 그 어느 때보다도 소금 배출량이 많은 사회에서 살고 있다.

● **특정 조건:** 저삼투성 저나트륨혈증hypotonic hyponatremia은 중증重症 조갈증polydipsia 燥渴症(조현병schizophrenia 調絃病 환자에게 빈번하다)이나 '맥주 음주자의 저나트륨혈증'(일명 맥주 과음 증후군)에서 발견될 수 있다. 맥주를 지나치게 많이 마시는 사람들은 기본적으로 희석성稀釋性 저나트륨혈증을 가지게 된다. 특정 유형의 신장세관산증renal tubular acidosis 腎細管酸症 및 대사성 알칼리혈증metabolic alkalosis은 저나트륨혈증을 유발하며, 소변에서 중탄산염bicarbonate 重炭酸鹽이 증가하면 나트륨이 신장에서 흘러나오게 된다.[566] 대뇌 염분 소모 증후군cerebral salt wasting syndrome(지주막subarachnoid 蜘蛛膜 출혈로 인한)으로 혈액 내 나트륨 수치가 낮아질 수 있다. 정상혈량성 저나트륨혈증Euvolemic hyponatremia은 갑상선 기능 저하증, 제1 부신 기능 부전증, 뇌하수체 기능 저하증 등에 의해 발생할 수 있다. 자가 면역 애디슨병autoimmune Addison's disease(또는 부신 피로와 같은 다른 부신 결핍 장애)도 저나트륨혈증으로 이어질 수 있다.[567] 저나트륨혈증은 코르티솔cortisol 결핍에 의해서도 생길 수 있다.[568]

● **니코틴:** 니코틴(담배, 시가, 파이프 및 씹는 담배)이 들어간 담배를 이용하는 사람들은 물 보유를 증가시키는 니코틴의 기능(항이뇨抗利尿 호르몬의 증산을 통해)으로 인해 혈중 저나트륨 수치의 위험이 증가한다.[569]

# | 08 최적의 소금양 :

# 인체가 진정 원하는 소금양을 섭취하라

우리는 지금까지 인체가 더 많은 소금을 왜 필요로 하는지에 대해 구체적인 설명과 그 증거를 살펴보았다. 다행히도 우리의 소금 부족을 반전시키는 것은 매우 간단하다. 그냥 소금에 대한 타고난 갈망에 충실히 반응하는 것만으로도 인체는 최상의 상태로 작동하는 데 필요한 이상적인 최적의 소금양The Salt Fix으로 우리를 자연스럽게 안내할 수 있을 것이다. 당신은 그동안 그러한 갈망과 인체의 소금 자동 조절 기능을 무시하도록 배워 왔기에, 그러한 내부 보호 메커니즘을 재설정하는 데는 약간의 시간과 실험 과정이 필요할 수도 있다. 고맙게도 현재의 식단과 생활 방식에 대한 단지 몇 가지의 조정을 통해 우리의 건강에 중요하고 광범위한 영향을 미칠 수 있다.

필자는 자신의 몸이 선천적인 소금 자동 조절 장치를 재설정하고, 현재의 내적 기아를 극복하며, 신체를 자연적인 균형 상태로 되돌리는 과정을 단순화하는 데 도움이 되는 5단계 계획을 세웠다. 이러한 과정에서 나타나는 변화를 다섯 단계로 나누어서 관리할 수 있도록 하고 있으며, 각 단계는 이전 단계에 따라 구축된다. 하지만 자신의 생활 방식에 더 적합한 것이 있다면, 이 단계들을 원하는 순서로 선택할 수 있다. 심지어 이 모든 것을 바로 바꿀 수 있는 자유도 갖고 있으므로 가장 알맞은 것으로 선택 하기를 바란다. 그러나 이러한 각 단계의 부분들이 반드시 포함되도록 선택하기를 바란다. 그렇게 하면 자신의 몸이 원하고, 생명의 기운을 불어넣어 주는 소금 수준을 반드시 회복할 수 있기 때문이다.

이 프로그램에는 별다른 단점이 없다. 여러분은 더 많은 활력을 느끼고 외부 감염이 줄어들며, 성적 능력과 운동 수행 능력이 향상될 뿐만 아니라 신진대사 능력은 더 향상될 것이다. 또 신체의 면역력은 높아지고, 세포의 기능은 향상되며, 중요 장기에 대한 스트레스를 훨씬 덜 받을 것이다. 여러분이 해야 할 것은 칼로리가 전혀 없는 소금을 첨가해서 맛있는 음식을 섭취하는 것뿐이다. 이보다 더 좋은 방법이 있을까? 이제 그것에 대한 자세한 실천 단계를 소개하고자 한다.

### 단계 1: 의사를 방문하여 내부 기아Internal Starvation 상태인지를 검진받을 것.

만약 복부 주위에 지방을 잔뜩 저장하고 있거나 항상 배가 무척 고픈 상태이면서 나트륨 섭취량이 적거나 설탕 섭취량이 높다면, 근본적으로 인슐린 저항성을 악화시키고 있는 중 일지도 모른다. 그리고 인슐린 수치가 높아지면 내부 기아에 보다 더 가깝거나 깊어질 수 있다. 만약 이러한 패턴이 친숙하게 느껴진다면 주치의와 진료 일정을 잡기를 바란다. 인슐린 수치가 안정적이지 못하거나 내부 기아를 촉발하는 다른 징후들로는 다음과 같은 것들이 있다.

● 만약 고농도의 첨가당(일반적으로 20g 이상)이 들어간 식품을 먹거나 마시고 난 후에 떨리거나 초조해지고 땀이 난다면 인체가 인슐린을 과다 분비해서 혈당이 떨어지고 있는 상태임을 의미할 수 있다.

● 만약 미국 성인의 약 30%에 영향을 미치는 무알코올성 지방간 질환 non-alcoholic fatty liver disease을 진단받는다면, 그것은 아마도 내부 기아로 고통받고 있다는 또 다른 단서일 것이다.

이러한 증상이 자신에게 일어나고 있다면, 다음과 같이 시도해 보기를 권장한다.

인슐린 수치를 확인하라. 의사와 진료 예약을 할 때는 진료 전에 반드시 공복 인슐린 수치를 미리 검사하도록 요청하기를 바란다. 이렇게 하면 인슐린 수치가 높은지 감지하고 내부 기아를 겪고 있는지 간접적으로 알 수 있게 되어, 진료를 받으면서 다음 단계를 논의할 수 있기 때문이다.

일반적으로 최적의 공복 인슐린 수치는 5μIU/mL 이하이다. 만약 이것보다 높으면 공복 인슐린 수치가 낮은 사람과 같은 수준의 칼로리를 소비한다고 하더라도 더 많은 지방을 저장하고 있는 상태일 것이다.

수치에 관해 살펴보면, 내부 기아가 덜 진행된 사회에서는 일반적으로 3~5μIU/mL 사이의 공복 인슐린 수치를 갖고 있고, 대조적으로 미국에서는 몇 년 동안 조금씩 등락登落을 거듭했지만 평균 공복 인슐린 수치가 약 9~11μIU/mL이다.[570]

좀 더 미묘한 차이를 주는 검사를 고려하라. 더욱 정확한 결과를 위해 인슐린 분석과 함께 종종 포도당 유발 검사GCT Glucose Challenge Test를 요청해 볼 수 있다. 포도당이 약 75g 들어간 음료를 마신 다음 2시간 후에 인슐린과 혈당 수치를 측정한다. 이 검사에서는 식사 후에 많은 혈당과 급격히 상승한 인슐린 수치를 갖고 있는지 알아내는 데 도움을 주며, 흔히 내부 기아에 대한 더 나은 척도가 된다. 만약 높은 공복 인슐린 수치나 높은 식후 인슐린 수치를 갖고 있다면 어느 정도 내부 기아 상태일 것이고, 인슐린 수치가 높다는 것은 소비되는 각 칼로리에 대해 비정상적인 양의 지방이 저저장된 상태라는 것을 의미한다.

현재 복용 중인 약물을 다시 고려하라. 검사 결과 인슐린 수치가 높다면 의사와 함께 인슐린 수치를 낮추고 싶을 것이다. 첫 번째 단계는 의사가 복용 중인 약물이 인슐린 저항성과 높은 인슐린 수치를 유발할 수 있는지를 평가하는 것이다. 많은 일반적인 약물들(선택적 세로토닌 재흡수 억제제SSRI Selective Serotonin Reuptake Inhibitor), 특정 항정신병 약물, 이뇨제 및 고혈압용 베타 차단제beta blockers for hypertension 등)은 인슐린 저항성을 악화시킬 수 있다. 이러한 각각의 건강 상황에 적합하면서 높은 인슐린 수치를 촉진하지 않고도 우리 몸을 괴롭히는 증상을 효과적으로 치료할 수 있는 다른 약이나 더 나은 옵션이 같은 등급 내에 있을 수 있다. 여러분은 또한 공복 인슐린과 혈당 수치에 따라 인슐린 민감성 약물(예를 들어 메트포르민metformin, 아카보스acarbose, 피오글리타존pioglitazone)을 복용하면 이득이 되는지에 대해서도 논의하고 싶을 것이다.

## 인슐린 저항성을 예방(또는 반전)하기 위해 다음 약물의 교체를 고려하라

| 현재 복용 중인 약물 | 대체 권고 약물 |
|---|---|
| 이뇨제<br>Diuretics | |
| Hhydrochlorothiazide | Indapamide |
| 베타 차단제<br>Beta-blockers | |
| Atenolol 또는 Metoprolol | Carvedilol 또는 Nebivolol |
| 항고지혈증제<br>Statins | |
| Atorvastatin, Simvastatin, Rosuvastatin | Livalo® 또는 Pravastatin |
| 안지오텐신 전환 효소 억제제<br>Angiotensin-Converting Enzyme (ACE) Inhibitors | |
| Enalapril 또는 Lisinopril | Perindopril |

## 단계 2: 설탕을 소금으로 대체하라

'매사에 중용을 지켜라.'는 격언은 소금과 설탕의 소비에도 적용된다. 하지만 중용의 정의는 소금에 대해서는 '더 넓게', 설탕에 대해서는 훨씬 '더 좁게' 적용될 수 있다. 다시 말하면 매사에 중용을 지킨다는 의미를 '가장 적정한 범위를 찾아라.'로 다시 정의 내릴 수 있겠다. 구체적인 사항을 알아보자.

● 지나치지 않으면서도 인체의 요구와 자신의 미각이 만족할 최대 소금양: 신장으로 소금을 낭비하지 않거나 소금을 잘 흡수하지 못하는 사람에게는 하루에 나트륨 6,000mg 이하(소금 약 15.6g)로 제한한다.

● 설탕 중독을 막을 수 있는 최소 설탕량: 언제든지 노력하여 감소할 수 있는 양으로, 극히 드물지만 첨가당 30g 이하로 제한한다. 이것보다 더 많은 양을 섭취하면 건강을 해칠 수 있기 때문이다.

환자들이 고혈압으로 병원에 입원할 때 많은 의사들이 하는 첫 번째 권고는 소금을 줄이라는 것이다. 하지만 만약 환자들에게 소금을 풍부하게 즐기고 대신에 설탕을 줄이라고 설득한다면, 필자는 많은 생명을 구할 수 있다고 믿는다. 우리가 원하는 만큼의 소금을 섭취하도록 허용하는 것이야말로 설탕 중독을 극복하는 데 도움을 줄 수 있기 때문이다.

우리는 몇 년 동안이나 적정한 범위의 소금을 섭취하기 위해서는 자신의 미뢰 감각이 소금을 덜 요구하도록 훈련되어야 한다고 들었다. 하지만 이제 우리의 미뢰가 소금을 소비하도록 요구하는 것이 아니라, 체내 소금자동 조절장치가 전반적인 소금을 증가시키거나 낮추기 위해 미뢰를 조절한다는 것을 알게 되었다.

만약 자신이 평소보다 더 많은 소금을 섭취하거나 제어하지 못할 정도로 소금통을 많이 흔들고 있다면, 자신의 몸이 최적의 건강을 위해 그 많은 여분의 소금을 필요로 하는 상태라는 신호일 수 있다. 그러나 설탕은 정반대의 역할을 한다. 단것에 대한 갈망과 의존이 우리의 인체와 뇌를 장악하여 지속해서 위험한 수준까지 증가하게 만든다. 부연하자면, 설탕 중독은 소금과는 달리 우리의 미뢰 감각을 재훈련함으로써 극복할 수 있다. 그리고 앞 6장에서 언급했듯이 설탕 섭취를 줄임과 동시에 소금 섭취를 증가시키는 것은 인체가 이 변화를 여러 다른 방법으로 다루는 데 있어서 도움을 줄 수 있을 것이다.

어떤 사람들은 설탕 절감을 위해 이것 아니면 저것이라는 양자택일의 방법이 좋다고 하지만 다른 이들은 '단계적인' 방법을 선호한다. 나는 소금 섭취가 증가할수록 거기에 맞춰 조금씩 설탕 섭취를 줄여 나가는 것이 더 쉽고 지속 가능한 방법이라고 생각한다. 어떤 방식을 선택하든 다음과 같은 최적의 설탕 섭취 지침이 있다.

20g 이하의 설탕을 섭취하라. 하루 20g(약 5티스푼) 이하의 첨가당 또는 무가당[과일 주스, 시럽, 꿀(항산화제를 많이 함유한 야생 꿀은 제외될 수 있다)]을 제한할 것을 목표로 하기를 바란다. 그러나 이는 과일, 채소 및 기타 유기농 홀푸드whole food 가공. 정제하지 않거나 아주 최소한의 가공 및 정제한 식품에서 섭취할 수 있는 '천연당'과는 무관하다는 점에 유의하기를 바란다. 대체로 필자는 20/80 규칙을 추천한다. 즉, 하루에 정제당 20g 이하만 섭취하고 이 규칙을 적어도 기간의 80%(10일 중 8일) 이상 준수할 것을 권한다. 이렇게 할 수 있다면 설탕 중독을 고칠 수 있고 건강을 증진시킬 수 있을 것이다.

절대 액체 형태로 섭취하지 마라. 식단에서 설탕을 줄이기 위해서는 먼저 탄산 음료, 과일 주스(100% 천연 과일 주스도 포함한다), 스무디, 달콤한 아이스티, 에너지 음료, 스포츠 음료, 라떼/모카 음료 등 액체 형태의 첨가당 또는 무가당의 공급을 멀리해야 한다(심지어 커피에 첨가하는 설탕도 멀리한다). 여기서 액체 형태로 흡수되는 당은 최악이다. 가장 빨리 흡수되어 고체 형태의 공급원보다 더 나쁜 신진 대사의 결과를 초래하기 때문이다. 말 그대로 몇 초 안에 마실 수 있는 탄산 음료 한 캔에 들어 있는 설탕 40g은 실로 엄청난 양이다. 이렇게 섭취되는 설탕은 인체의 대사 능력을 훨씬 상회할 수 있기 때문에 이 달콤한 액체를 줄일 수 있거나, 이상적이기는 하지만 완전히 배

제할 수 있다면, 이 한 가지의 실천만으로도 자신의 몸에서 가장 강렬한 변화를 만들어 낼 수 있다. 여기서 인공 감미료 또한 답이 될 수 없다. 구체적인 내용은 다음을 참조한다.

숨겨진 설탕을 찾아라. 일단 분명한 첨가당의 원천을 잘라 낸 다음, 다른 가공 식품에 들어 있는 고高과당 옥수수 시럽이나 자당sucrose 蔗糖 같은 것들도 멀리해야 한다. 연구에 따르면, 단순히 첨가된 과당의 섭취를 줄이는 것만으로도 만성적으로 높은 인슐린 수치를 낮추고 인슐린 저항성이 감소되는 것으로 나타났다. 이것은 인체에 필연적으로 좋은 변화를 나타낸다.[571] 포장된 음식에 적힌 음식의 성분 분석표를 읽는 습관을 들이는 것은 숨겨진 당분을 밝히는 데 도움이 될 수 있다. 설탕은 많은 다른 이름을 갖고 있다. 예를들어 흰색 과립당, 정제당, 원당raw sugar, 갈색당 이외에도 증발시킨 사탕수수즙evaporated cane juice, 옥수수 시럽, 아가베 꿀agave nectar, 단풍나무 시럽, 코코넛 팜 슈가coconut palm sugar 등이 있다. 그리고 대부분 영문 철자가 '~ose'(maltose, dextrose 등)로 끝난다.

'건강한' 설탕이라 해서 안심하지 마라. 어떤 종류의 설탕은 다른 설탕보다 더 건강에 좋다고 홍보되고 있다. 실제로 이것이 일면 사실이기도 하지만, 어떤 설탕은 다른 설탕보다 더 해롭다고 말하는 것이 오히려 더 진실에 가깝다. 생리학적으로 말하면, 과당fructose과 포도당glucose은 인체에서 다른 방식으로 대사되는 까닭에, 과당을 함유한 당은 순수한 포도당을 함유한 당과 동일하지는 않다. 당밀molasses은 미량의 칼슘과 철 및 칼륨을 포함하고, 꿀은 항산화 및 항균성이 있어서 가장 높은 평가를 받는다. 설탕과는 맛이나 질감 및 색상이 다름에도 불구하고 당분의 영양가는 대부분 형태가 서로 상당히 비슷하다. 그리고 어떤 종류의 설탕이든 같은 수의 칼로리(16/티스푼)를 가지고 있지만 과당으로부터 나오는 열량은 훨씬 더 해롭다.[572] 아가베 시럽agave syrup은 혈당 지수가 낮기 때문에 한때 건강 후광 효과를 누렸다. 즉, 섭취했을 때 혈당이 살짝 상승한다는 것이다. 그러나 최근에는 과당이 매우 많이 함유되어 (심지어 오래 전부터 섭취해서는 안 되는 목록the do-not-fly list의 맨 위에 있었던 고高과당 옥수수 시럽보다 더 많이 함유되어 있다) 있다고 밝혀져 비난을 받았다. 문제는 아가베 시럽과 과당을 함유한 다른 설탕들이 건강에 좋지 않은 염증을 촉진하고, 식욕 조절 호르몬(렙틴leptin, 그렐린ghrelin 등)을 방해하여 체중 증가, 특히 복부 비만을 초래할 수 있다는 것이다. 게다가 많은 양의 아가베 시럽을 섭취하면 인슐린 저항성이 생길 가능성이 증가하고, 당뇨병에 걸릴 위험이 있으며, 이미 당뇨병을 앓고 있다면 통제하기 어렵게 만들 수 있다. 기본적으로 그것을 섭취할 때 아가베 시럽, 자당sucrose 또는 고과당 옥수수 시럽 등의 과당은 통제 불능이 되어 폭주하는 화물 열차와 같은 기세로 세포 속으로 들어가 혈당 조절 시스템의 기능을 억눌러서 산화 스트레스, 염증, ATP adenosine triphosphate(수많은 생화학적 세포 과정에 에너지를 공급한다)의 고갈, 인슐린 저항성 등을 일으킨다. 어느 면에서 살펴보더라도 이것은 건강에 해를 끼치는 일련의 문제임이 분명하다. 과당과 포도당의 조합은 이 도미노 효과를 작동하게끔 할 수 있다. 60개 이상이나 되는 서로 다른 종류의 설탕 이름을 익히는 것은 건강을 위해 올바른 방향으로 나아가는 한 단계이며, 우리가 무심코 설탕을 소비하는 것을 피하는 데 도움을 줄 것이다. 포도당(덱스트로스dextrose나 옥수수 시럽)만을 함유한 설탕은 과당과 포도당 모두를 함유한(고과당 옥수수 시럽, 자당, 증발시킨 사탕수수즙, 갈색당, 당밀 등이다) 형태의 설탕만큼 건강에 나쁘지는 않지만, 여전히 인슐린 저항성과 원치 않는 체중 증가로 이어질 수 있다.

가짜 설탕은 완전히 피하라. 게다가 설탕 대용물도 대부분 해결책이 될 수 있는 것은 아니다. 인공 감미료는 기본적으로 우리의 몸을 혼란스럽게 한다. 즉, 설탕이 설탕 대용물의 단맛을 내지 못할 때, 식욕은 과잉 작동되어 우리 몸이 느끼기에 마땅히 필요하다고 여겨지는 설탕을 섭취하도록 한다. 이것은 당신이 식단에서 진짜 설탕을 찾도록 할 수 있지만, 더 많은 달콤한 것들을 섭취하도록 유도할 수도 있다. 또 다이어트 음료와 함께 나오는 탄수화물(버거 빵, 감자튀김 등)은 더 쉽게 흡수되어 포도당 수치가 순간적으로 상승하고, 건강상 더 나쁜 결과를 초래할 수 있다.

단맛을 찾는 당신의 입맛을 갓 익은 과일로 길들여라. 자신의 미각이 지나친 설탕 섭취에서 원래의 상태로 회복하는 동안, 빠르고 간단하게 섭취할 수 있는 적정한 양의 설탕을 원한다면 단단한 형태로 된 적은 양의 설탕을 선택해서 천천히 녹여 먹은 후 음미해 볼 것을 권한다. 갓 익은 과일 한 조각(약간의 딸기류, 복숭아나 과즙, 멜론 조각, 사과나 배)을 섭취하는 것이 도움이 될 것이다. 지나치게 익은 과일은 저항성 전분resistant starch이 부족하여 당도가 높아지기 때문이다. 또 단백질과 함께 설탕을 섭취하면 포만 인자가 활성화할 수 있고, 단백질과 함께 섭취하지 않으면 일어날 수 있는 혈당의 급속한 상승이 감소할 수 있다. 아몬드와 천일염이 포함된 다크 초콜릿의 작은 조각이 효과가 있을 것이다. 다크 초콜릿은 당신이 갈망하는 단맛을 제공할 것이고, 천일염은 신경 전달 물질인 도파민(뇌의 보상과 쾌락 센터를 관장한다)의 방출을 자극할 것이며, 아몬드는 오래 지속되는 포만감을 제공하기 때문이다. 양질의 유기농 초콜릿 단백질 셰이크(설탕 대신 스테비아stevia가 들어간 스벨트svelte 단백질 셰이크)를 섭취하는 것도, 단백질 덕분에 포만감을 증진하면서도 설탕 욕구를 건강하게 억제하는 좋은 방법이다. 스테비아는 화학적으로 생산된 인공 감미료보다 수천 년 동안 소비되어 온 천연 식물 화합물이다. 스벨트 셰이크는 필자가 갑자기 설탕에 대한 충동을 느낄 때 도움이 되었다. 단지 몇 모금 마시는 것만으로 필자의 설탕 충동은 흩어지곤 했고, 몇 달이 지난 후에는 더 이상 필요조차 없었다. 스테비아는 소량(하루 최대 약 10g) 섭취하면 단맛의 유혹을 벗어나는 데 도움이 될 것이다.

### 고소한 탄수화물 속의 설탕 맛에 저항하라.

그러고 나서 흰 빵, 흰 쌀, 흰 파스타, 심지어 흰 감자처럼 탄수화물이 많은 야채와 같은 정제된 탄수화물을 훨씬 더 줄여야 한다(단, 한 가지 예외가 있는데 다음에서 설명하는 '혈당 걱정, 비만 걱정 없는 감자 요리법' 편을 참조하길 바란다). 에스겔Ezekiel(발아 곡식) 빵 한 조각을 엑스트라 버진 올리브 오일extra-virgin olive oil에 찍어 먹는 것과 같이 소량의 건강한 탄수화물을 먹는 것이 좋다. 밀가루가 없는 에스겔 빵은 '최적의 설탕량sugar fix'을 제공하고, 올리브 오일은 건강한 페놀 화합물뿐만 아니라 추가적인 포만감을 제공한다. 에스겔 빵 한 조각에는 탄수화물이 단지 14g만 들어 있다. 이 중 섬유질은 3g 이며, 한 조각당 순 유효 탄수화물이 11g 들어 있다. 더욱이 다른 많은 정제된 빵들에 비해 혈당 상승을 덜 일으키고, 또한 인공 방부제나 식물성 기름이 들어 있지 않은 유기농 음식이다. 그리고 이 빵에는 다른 종류의 건강 물질들이 들어 있다. 예를 들면, 어떤 에스겔 빵을 사느냐에 따라 보리, 렌틸콩lentils, 유기농 참깨 씨앗 등이 들어가게 된다. 필자는 참깨가 들어간 에스겔 빵을 가장 좋아한다. 에스겔 빵을 냉장고에 보관한 다음 구우면 맛이 좋아지며, 엑스트라 버진 올리브 오일에 찍어 먹으면 빠르게 흡수되는 설탕류 간식이 일으키는 폐해가 없으면서도 매우 만족스러운 건강한 간식을 먹을 수 있다. 빵을 오일에 찍기 전에 좋은 마늘 소금과 향신료 및 후추를 약간 넣어 올리브 오일의 풍미를 높이는 것도 잊지 않기를 바란다.

주의 사항:

당신이 당뇨병 또는 당뇨병 전증을 앓고 있거나 혈당을 떨어뜨릴 수 있는 약물, 특히 인슐린을 복용하고 있다면, 정제된 설탕과 탄수화물의 섭취를 줄이려는 계획을 의사가 알도록 해야 한다. 식이 탄수화물이 꼭 필요한지에 대한 논쟁이 있지만, 식이 탄수화물의 섭취를 줄일 때 저혈당과 같은 어떤 결과를 낳을 수 있다. 그러므로 의사가 그 분야의 전문가인지 확인할 필요가 있다.

## 혈당과 비만 걱정이 없는 감자 요리법

전통적으로 흰 감자를 손질해서 시행하는 요리는 혈당의 엄청난 급증을 가져올 수 있지만, 감자의 손질 과정을 약간 수정하면 그런 특별한 경우를 대비하는 편안한 감자 요리를 식탁 위에 올려놓을 수 있다. 감자를 살짝 덜 익힌 다음, 먹기 전에 냉장고에서 8시간 동안 식히면 냉각 과정에서 '탄수화물이 많은' 감자가 '섬유질이 풍부한' 감자로 바뀐다.

작은 유기농 감자를 구입하여 깨끗이 씻은 다음, 4분의 1로 잘라 준비한다. 오븐을 180℃로 예열한다. 손질한 감자를 잘게 썬 양파와 함께 큰 그릇에 담고 엑스트라 버진 올리브 오일을 살짝 넣는다. 그런 다음 감자와 양파를 함께 섞어 유리로 된 팬에 옮겨 담고, 소금과 후추를 뿌린 후 예열한 오븐에 넣어 40~45분간 살짝 덜 익을때까지 굽는다. 그리고 8시간 동안 냉장고에 넣어 식힌다.

감자를 익힌 후 식히는 것은 저항성 전분 수치를 증가시켜 글리세믹 인덱스GI glycemic index*를 낮추고 체중을 감소하는 데 도움이 된다. 이 요리는 보통의 흰 감자뿐만 아니라 고구마에서도 사용할 수 있는 방법이다. 물론 자신의 감자 요리에 소금을 자유롭게 뿌려도 좋다.

*글리세믹 인덱스GI glycemic index: 체내에 탄수화물이 '당'으로 변하면서 2시간 이내 혈액 내의 '혈당이 상승하는 속도'를 음식별로 비교하여 어떤 음식이 혈당을 더 빠르고 높게 치솟는지 표시해 주는 지표. 즉, 소화가 진행되는 동안 가장 빨리 분해되는 탄수화물을 함유한 식품은 당분 지수가 가장 높다. 식이 당질 지수라고도 한다.

## 소금은 저탄수화물 섭취자들의 식단에 도움이 된다

만약 당신이 적극적으로 살을 빼려고 한다면, 건강에 좋은 소금을 충분히 섭취하도록 특히 주의하기를 바란다. 가장 흔한 체중 감소 접근법 중 하나인 탄수화물을 멀리하는 것은 자신의 몸을 '소금 낭비자'가 되게 한다는 사실을 기억하기 바란다. 처음 3~10일 동안 균형 잡힌 식단에서 더욱더 많은 소금을 배설하는 상태가 되며, 특히 케토시스 상태(하루에 탄수화물을 50g 또는 그 이하 섭취)에 도달했을 때 소금 배설이 더 많아진다. 인슐린 수치가 떨어지기 시작하면 인체는 더 많은 소금을 배출한다. 특히, 한동안 인슐린 저항성을 가지고 있다면 더욱더 그럴 것이다. 이는 과다한 인슐린의 도움 없이 나트륨을 재흡수하기 위해 신장이 재훈련받아야 하는 것과 같다. 당신이 '앳킨스 독감Atkins flu'에 걸린 경험이 있는지 모르겠다. 앳킨스 독감 증상과 같이 저탄수화물 식단은 나트륨과 물을 고갈시켜 어지러움, 가벼운 두통, 저혈압으로 이어질 수 있다.

이렇게 되면 자신의 신장에 의한 추가적인 소금 손실에 비례해서 소금 섭취량을 늘리고, 후속적으로 인슐린 수치가 상승하는 것을 막아 손실을 보완하려 한다. 하루에 탄수화물 약 50g 정도 또는 그 이하로 실천하는 탄수화물 제한 식이의 첫 주 동안에 대부분의 사람들은 물을 더 많이 마시고, 자신들의 평균적인 소금 섭취량 이외에 하루에 나트륨 2,000mg을 추가로 섭취해야 될 필요가 있다. 그 다음에 증가한 소금 손실과 비례하도록 두 번째 주 동안 하루에 나트륨 1,000mg을 추가로 섭취해야 한다. 추가로 섭취되어야 할 나트륨은 피클 약 85g, 닭고기 또는 쇠고기 부용 큐브bouillon cube 1개(따뜻한 물에 잘 녹일 것), 점보 올리브 약 142g, 굴 약 170g 또는 게살 약 340g를 섭취하면 쉽게 얻을 수 있다.

## 설탕 섭취 습관을 길들이는 데 필요한 보충제를 고려해 보라.

또 만약 자신이 과체중, 당뇨, 당뇨전증 또는 지방간 질환을 앓고 있다면, 설탕 섭취를 줄이려고 노력하는 동안 특정한 설탕 보충제를 사용함으로써 여분의 '활력'을 얻을 수 있다.

● L-카니틴L-carnitine은 지방간을 개선하고, 체중/지방 감소, 굶주림을 줄이는 데 도움이 될 수 있는 것으로 밝혀졌다.[573] L-카니틴 1,000mg을 몇 달 동안 매일 2~3회(공복에 복용)씩 보충하면 도움이 될 수 있다.

● 글리신glycine(아미노산 중 가장 작다)도 설탕의 신진 대사 폐해를 완화하는 데 도움이 되는 것으로 밝혀졌다. 식사 30~45분 전에 매일 3회 글리신 5g(물과 혼합된 분말 형태로 섭취하는 것이 좋다)을 섭취하면, 고혈압을 줄이고 지방간 질환을 개선하며 지방을 감소하는 데 도움이 될 수 있다. [574]

● EPA/DHA(어유魚油의 활성 성분) 약 1,000mg 섭취가 보장된다면 지방을 태우는 기능도 좋아질 것이며 체중, 특히 배와 간 주위에 완강하게 자리잡은 지방 감소에도 도움이 되는 것으로 밝혀졌다.

● 식이를 통한 요오드 섭취가 적절하지 않다면, 즉 크랜베리cranberries, 해조류(초밥에 쓰이는 김 등), 요거트 같이 요오드가 많이 함유된 음식들을 먹지 않는다면, 요오드를 보충하는 것이 다음으로 좋은 선택일 수 있다. 다음에 소개하는 퓨어캡스Purecaps(www.purecaps.com)는 제3자 회사를 고용하여 보충제를 관리하고, 헬스케어 전문가만 보충제를 구입해서 판매할 수 있게 한다. 비록 헬스 케어 전문가를 통해 주문할 수 있지만 이것은 좋은 선택일 수 있다.[575]

## 단계 3: 홀푸드wholefood와 짠 음식salty food에 초점을 맞춰라

자신에게 맞는 '최적의 소금양The Salt Fix'으로 소금을 섭취해야 하는 가장 좋은 이유 중의 하나는 다시 맛있는 진짜 고염 식이를 즐기는 데 별다른 어려움이 없어진다는 것이다. 좋아하는 음식을 만족스럽지 못한 형태로 섭취하면서 입맛을 희생할 필요는 없다. 사실 당신도 지금은 알고 있겠지만 저염 형태의 가공 식품은 결국에는 건강에 해롭고, 음식으로 인한 질병, 당뇨병, 비만, 대사 증후군 및 고혈압의 위험성을 증가시킨다. 예를 들어, 상점에서 구매한 파스타 소스pasta sauce는 그럴 필요가 없지만, 항상 설탕으로 범벅이 되어 있다. 최적의 소금양의 원칙에 따라 잘게 썬 토마토, 허브, 다진 마늘, 소금, 그리고 약간의 첨가당으로 재빨리 자신만의 토마토 파스타 소스를 준비할 수 있고, 자신이 요리한 이 수제 파스타 소스는 입에 침이 고일 정도로 맛있으면서도 통조림 등에 넣어서 판매되는 것보다 설탕이 훨씬 적을 것이다.

또한 인체는 하루에 약 3,000~5,000mg의 나트륨을 섭취를 끊임없이 요구하는데, 만약 소금 섭취를 피한다면 인체가 갈망하는 소금의 양을 얻기 위해서는 하루 종일 더 많은 양의 음식을 먹어야 함을 잊지 않기를 바란다. 결국 인체가 요구하는 나트륨 3,000~5,000mg 수준이 될 때까지 더 많은 소금을 섭취할 수밖에 없으며, 따라서 저염 식이를 하게 되면 인체는 여전히 소금을 '갈망'하게 되어 결국 평소보다 2~3배나 많은 음식을 섭취할 수밖에 없게 된다. 그것은 분명히 가까운 미래에 체중 증가로 이어질 수 있음을 의미하므로 자신의 몸이 이제 충분한 양의 소금을 갖게 되었다고 신호를 보내지 않는 한 저염 식이는 피하도록 권한다.

식단에 적정량의 소금을 첨가하면 요리의 구성을 더 조화롭게 할 수 있으며, 과일과 채소(특히, 쓴맛을 내는 채소)의 맛을 더 좋게 함으로써 섭취를 늘릴 수 있게 될 것이다. 적절한 소금을 사용하여 음식의 맛을 한층 높여 더 큰 만족감을 얻는다면, 좋은 것을 더 많이 섭취하게 되고, 나쁜 것은 덜 섭취하게 될 것이다. 이것은 또한 비만을 유발하는 정제된 음식의 과식을 멈추게 하는 역할을 한다.

세계에서 가장 맛있는 요리를 모방하라. 예를 들어 프랑스, 이탈리아, 한국, 일본과 같이 고염 식이를 하는 많은 인구 집단은 오래 살면서 건강하다. 다른 인구 집단과의 차이점은 이러한 문화들이 가공된 음식(이것 또한 소금이 많이 들어 있다)보다는 가공되지 않은 진짜 음식을 섭취하며 소금을 첨가한다는 것이다. 신장 건강에 가장 좋다고 널리 여겨지는 지중해식 식단은 저염 식단이 아니다. 올리브, 정어리, 멸치, 소금에 절인 고기, 오래된 치즈, 수프 등을 생각해 보기를 바란다. 앞서 언급한 고염 음식을 다시 가져와 열거해 보면 견과류, 피클, 독일식 김치sauerkraut, 해산물, 조개류, 비트beet, 스위스 근대Swiss chard, 해조류 및 아티초크artichokes 등인데 모두 영양이 풍부한 천연 나트륨 공급원들이다. 또한 이 음식들 중 많은 것들이 칼륨, 마그네슘, 칼슘 및 혈압을 조절하는 데 도움이 되는 미네랄이 풍부하다.

요오드 대체 공급원을 찾아라. 소금이 풍부한 위 음식들을 모방하기 위해서 유제품, 달걀, 해산물, 초밥, 해조류, 크랜베리, 덜 익혀서 식힌 감자(189페이지 참조)등 필요한 요오드를 충족시키는 데 도움을 줄 수 있는 홀푸드whole-food를 섭취하는 것을 목표로 하기를 바란다. 양식이 아닌 바다에서 잡은 물고기와 자유롭게 방사放飼해서 생산한 유제품/달걀과 같이 가능한 한 자연과 가까운 것을 고수하기를 바란다.

식사 때마다 소금을 넣어라. 아침 식사는 유기농 소금으로 절인 견과류로 시작하자. 특히, 커피를 마시는 경우 소변으로 배설되는 소금을 보충하는 데 도움이 된다. 점심 식사는 엑스트라 버진 올리브 오일(유기농 오일을 추천한다), 유기농 마늘 소금, 후추 및 여타 허브로 자신만의 수제 드레싱을 만들기를 바란다. 잘 혼합하면 건강한 드레싱을 얻을 수 있다. 소금으로 풍미가 높아진 이 맛있는 드레싱을 채소나 샐러드에 넣거나, 고기를 담그는 소스dipping sauce로도 활용할 수 있다. 점심 식사를 위한 또 다른 좋은 선택은 오래된 치즈(자유롭게 방사되어 사육된 동물로부터 얻어진 것을 선택한다)를 곁들인 유기농 소금에 절인 고기와 사이드 메뉴로 유기농 피클이나 올리브를 들 수 있겠다. 저녁 식사는 사료가 아닌 풀을 먹여 키운 고기를 섭취하고 싶다면 올리브유를 사용해서 고기 양면에 오일을 바르고, 유기농 마늘 소금을 자연스러운 양만큼 소량의 후추와 함께 뿌린 다음, 중불로 각 면을 골고루 익힌다. 그런 다음 온도를 낮춰 고기가 타지 않게 굽기를 바란다.

소금을 사용해 홀푸드의 풍미를 더하라. 소금은 음식의 맛을 높이는 첫 번째 단계이다. 소금은 보다 건강에 좋은 쓴 음식을 즐기게 하고, 건강한 수제 드레싱과 소스를 만들게 하며, 진짜 음식real food 거의 가공되지 않고 화학첨가물이 없으며, 영양이 풍부한을 더 많이 섭취할 수 있게 해 준다. 과일, 채소, 견과류, 씨앗, 콩류, 생선과 같은 진짜 홀푸드는 영양 라벨이 필요하지 않다. 영양 라벨이 없는 음식을 먹는다고 해서 결코 잘못된 것이 아니다. 자연스럽게 발생하는 소금과 지방은 홀푸드에 내재한 맛을 불러와 그 맛을 더 만족스럽게 만든다. 특히, 해조류를 먹이로 하며 오메가-3 지방산과 소금 함량이 높은 물고기(연어, 고등어, 참치, 정어리 등)는 포만감을 높이고 지방 제거를 촉진한다.[576] 그리고 건강에 도움이 되지만 일반적으로 입맛에는 썩 맞지 않는 음식(예를 들어, 방울다다기양배추Brussel sprout, 양배추cabbage, 순무turnip)에 소금을 첨가하면 더 많이 섭취할 수 있게 된다.

맛을 다양화해서 설탕에서 멀어져라. 더 많은 진짜 음식과 설탕이 덜 첨가된 음식을 섭취하기 시작하면, 우리의 입맛은 점점 더 달지 않은 음식에 익숙해질 것이다. 이 기회야말로 우리의 미뢰를 올바른 방향으로 재교육할 때이다. 그리고 우리가 이 사실을 인식하기도 전에 좋은 맛을 제공했던 소량의 첨가당이 들어간 음식들도 이제 너무 달게 느껴질 것이다. 이것은 매우 바람직한 현상이다. 중요한 것은 의식적으로 건강한 홀푸드를 선택하는 방법을 배우는 것이다. 즉, 재료를 현명하게 조합하고 허브와 향신료를 전략적으로 사용하는 것, 그리고 소금을 넣지 않고 약간의 풍미를 더하고 싶을 때는 설탕 대신 향신료와 허브를 더 넣어 보기를 권한다.

## 소금으로 유익한 박테리아와 해로운 박테리아 간의 불균형을 바로잡아라

최근 몇 년 동안 주목 받는 이론은 위장 계통에서 유해한 박테리아와 유익한 박테리아 사이의 불균형, 즉 '장내腸內 마이크로바이옴microbiome'이 비만의 발판을 마련하는 역할을 할 수 있다는 것이다. 간단히 말하면 설탕을 많이 섭취하면 해로운 장내 박테리아와 칸디다 알비칸스Candida albicans의 성장을 촉진할 수 있는데, 이것은 세포의 영양소 흡수를 방해하는 미생물이며, 내부 기아의 또 다른 형태이다.[577]

이와는 대조적으로 소금은 특정 음식에서 유익한 박테리아의 성장을 촉진하는 데 필수적인 역할을 하는데, 이러한 음식은 장 건강을 증진할 수 있다. 예를 들어, 소금이나 소금물을 사용해 채소 등이 발효되면(예를 들어, 한국의 김치나 독일식 김치sauerkraut를 조리하는 중에 일어난다) 채소를 자연상태에 가깝게 보존하고 프로바이오틱스probiotics('좋은' 박테리아)가 번성할 수 있는 환경을 만드는 데 도움이 된다. 건강을 증진하는 이러한 박테리아는 요구르트나 케피르kefir 우유를 발효시킨 음료와 같은 음식에 자연적으로 존재하지만, 발효 과정을 통해서도 생성될 수 있다. 연구에 따르면, 정기적으로 프로바이오틱스를 섭취하면 면역 기능과 소화 기능 및 체중을 조절하는 능력이 향상될 수 있다고 한다.

## 단계 4: 자연 영양소가 많은 소금을 선택하라

대부분의 주방에는 조리용 화구나 탁자 가까이에 식탁용 소금이 꾸며지지 않은 듯 하얀색을 띠며 놓여 있다. 우리는 소금의 이런 모습에 익숙하기 때문에, 소금이 자연 상태에서 마법처럼 하얗게 탈색되어 완벽하게 과립 모양을 갖게 된 것이 아니라는 것을 종종 잊는다. 놀랄 것도 없이 자연에서 발견되는 더 건강한 형태의 소금들은 오염 물질에 의해 영향을 받지 않고 덜 정제되거나 덜 가공된다. 그리고 소금은 자연스럽게 여러 가지 다른 맛, 즉 매캐한 맛,

구수한 맛, 견과류 맛, 후추 맛, 단맛, 심지어 삶은 달걀 냄새가 나는 유황 맛 등을 낸다. 자신이 선호하는 맛을 찾기 위해 다양한 소금 맛을 경험해 보기를 바란다. 여기에서 인기 있는 몇몇 '자연산' 소금들을 분석해 놓은 자료를 보면서, 이것들이 표준 식탁용 소금과 어떻게 비교되는지를 살펴보자.

## 소금 유형: 레드몬드 리얼 솔트

속성: 다양한 종류의 질감을(굵고 거친 입자 형태, 도돌도돌한 알갱이 형태 또는 분말 형태)를 가진 암염이며, 히말라야 소금보다 좀 더 단맛이 난다고 한다.

영양 정보: 미량 미네랄을 60종류 정도 제공하며, 인기 있는 암염 중 칼슘 함량이 가장 높은 것으로 보인다. 만약 당신이 하루 동안 레드몬트 리얼 솔트 Redmond real salt 약 9g(나트륨 3,450mg)을 섭취한다면 칼슘 약 45mg, 마그네슘 약 8mg, 칼륨 약 9mg, 요오드 약 178mcg을 얻을 것이다. 회사가 제공한 분석이 정확하다면 레드몬드 암염 섭취는 요오드에 대한 권장 식이 허용량을 충족하는 데 도움이 되는 아주 훌륭한 방법이 될 수 있다.

오염/순도 문제: 분명히 이 소금에는 고결 방지제anti-caking agents 固結防止劑가 들어 있지 않으며, 히말라야 소금에서 발견되는 방사성 원소radioactive elements는 적은 것으로 보인다. 또 현대 해양에서 얻은 소금에 비해 환경 오염 물질에 대한 영향도 적어 보인다.[578]

생산: 미국 유타Utah 주州 레드몬드에 있는, 현재는 육지가 된 고대 해저에서 채굴한다.[579]

## 소금 유형: 켈틱 천일염

속성: 밝은 회색 빛을 띄고, 질감은 거친 편이며, 약간 축축한 편이다.

영양 정보: 켈틱 천일염Celtic sea salt은 필수 미량 미네랄을 82종류 제공하지만, 다소 적은 양이다. 모든 소금 중에서 가장 높은 마그네슘 함량을 가지고 있다고 홍보하지만 하루에 마그네슘 약 40mg만을 제공하는 양이다. 하루에 필요한 다른 미량 미네랄로 칼슘 약 17mg, 칼륨 약 9mg, 요오드 약 6mcg만이 들어 있다. 요약하면, 아마도 마그네슘 함량을 제외하고는 이러한 미량 미네랄들의 실제 양은 너무 적기 때문에 얻을 수 있는 혜택은 구매 비용에 비례해서 많지 않을 수 있다.[580]

오염/순도 문제: 이 소금은 정제나 표백 공정을 시행하지 않고 첨가물은 들어 있지 않다고 추정되고 있다. 하지만 현대의 바다에서 수확되고 있어서 수은과 같은 유독성 금속을 미량 포함할 수 있다. 그러나 셀리나 자연 켈틱 천일염 더미Selina naturally Celtic sea salt collection에서 나오는 마카이 순수 심층 바다 소금Makai pure deep sea salt은 깊은 바닷속(해수면에서 약 600m 아래)에서 수확되는 것으로 알려져 있다. 깊고 차가운 조류 탓에 이 깊은 바닷속은 바다의 다른 부분과 섞이지 않아, 특정 켈틱 소금은 오염이 적을 수도 있다.[581]

생산: 현대 프랑스 해안에서 떨어진 염전에서 수확한 바닷물을 증발시켜 수확한다. 그러므로 일반 정제염처럼 매우 높은 열이 가해지지 않은 상태이다.[582]

## 소금 유형: 히말라야 (핑크) 솔트Himalayan (pink) salt

속성: 색깔은 분홍색이고, 질감은 결정화되어 있거나 뭉툭한 편이며, 구수한 맛을 낸다.

영양 정보: 미네랄 84종류와 미량 원소를 포함하고 있으며, 암염 중 가장 많은 칼륨(레드몬드 리얼 솔트의 약 3배)을 가지고 있다. 그러나 공정하게 따져 살펴보면, 당신의 총 소금 섭취량이 히말라야 소금에서 나온다고 해도, 이것은 칼륨 약 28~32mg(일일 권장량 4,700mg의 극히 일부)만 공급하는 양이

다.[583] 이를 다른 것과 비교해 보면, 검은콩 1컵 분량은 칼륨을 무려 2,877mg 공급한다. 모든 인기 있는 소금의 종류 중에서 가장 비싸다.

오염/순도 문제: 일반적으로 손으로 채굴하고 오염되지 않은 지하 공급처에서 수집된 후 수작업으로 씻어 낸다. 따라서 독성 금속의 오염은 적겠지만 라듐, 우라늄, 폴로늄, 플루토늄과 같은 다른 방사성 원소를 가지고 있을 수 있다(농도는 0.001ppm에 못 미친다).[584]

생산: 파키스탄의 고대 해양이 말라붙은 여러 지역에서 채굴된다.[585]

## 소금 유형: 히말라야 블랙 솔트

속성: 히말라야 블랙 솔트Himalayan black salt(Kala Namak)는 인도산 암염으로, 유황 성분 때문에 썩은 달걀 냄새가 난다고 한다. 색상은 전체적으로는 갈색(핑크색에서 어두운 보라색)이며, 분쇄하면 연한 자주색에서 분홍색을 띠기도 한다.

영양 정보: 주로 염화나트륨sodium chloride과 황산수소나트륨sodium bisulfate, 아황산수소나트륨sodium bisulfite, 황화나트륨sodium sulfide, 황화철iron sulfide, 황화수소hydrogen sulfide로 구성된다.

오염/순도 문제: 어떻게 생산되는가에 달려 있다. 칼라 나막Kala Namak은 분명히 방글라데시와 인도 및 파키스탄에서 양념으로 널리 쓰인다.

생산: 칼라 나막은 여러 가지 경로에서 생산될 수 있는 것으로 보인다. 히말라야 소금대帶(방글라데시, 인도, 네팔, 파키스탄 등과 비슷하다), 북인도 소금 호수 지역(삼바르Sambhar 소금 호수, 드니와나Didwana, 네팔의 무스탕 지역Mustang district)에서 채굴, 또는 염화나트륨을 황산나트륨, 황산수소나트륨, 황산 제2철 등과 결합하여 생산된다(오늘날 가장 흔한 방식으로 보인다).[586]

## 소금 유형: 블랙/레드 하와이안 천일염

속성: 하와이안 블랙 용암 소금은 명칭과는 달리 사실 지구 깊숙한 곳에 있는 화산성 소금이 아니다. 이 소금은 태평양 바닷물로 만든 흰색 천일염에 불에 탄 코코넛 껍데기에서 얻어진 활성탄activated charcoal을 혼합해서 만든다.[587] 활성탄은 산화 방지 기능과 해독 기능이 있는 물질을 제공하는 것으로 추측되며, 소화에도 좋을 수 있다.[588] 견과류 맛이나 유황 맛이 난다고 한다. 하와이안 레드 알라에아Alaea 소금 또한 흰색 천일염 결정으로 이루어져 있지만 화산성 적토(산화철이 풍부하다)가 섞여 있다. 단맛이 난다고 한다.[589] 알갱이는 곱거나 굵으며 수분이 많다. 블랙/레드 하와이안 천일염black and red Hawaiian sea salt은 하와이안 블랙 용암 소금, 하와이안 레드 알라에아Alaea 소금이라는 명칭으로도 알려져 있다. 분홍색, 녹색, 흰색 및 회색 하와이산 천일염도 구할 수 있지만, 블랙 솔트 또는 레드 솔트 만큼 섬에서 인기가 있거나 전통적이지는 않다.[590]

영양 정보: 약 94%가 염화나트륨으로 구성되어 있다. 만약 하와이안 천일염으로 하루치 소금을 섭취한다면 마그네슘 약 30~35mg, 칼륨 약 18mg, 칼슘 약 11~14mg을 얻을 수 있지만 요오드는 거의 없다. 블랙 하와이안 천일염에는 자연적으로 수확하는 소금 중 가장 많은 양의 철분이 들어 있는 것으로 보인다(하루 분량 소금 중 철분 최대 3mg).

오염/순도 문제: 하와이 근해는 다른 지역보다 오염이 덜할 수 있다. 하와이 카이Hawaii Kai 주식회사의 웹사이트에서는 몰로카이Molokai 섬(미국 하와이 주 중부의 섬)에서 생산되는 진짜 하와이안 소금을 제공한다(아마도 가장 고립된 섬일 것이고, 이 때문에 이곳의 소금은 공해로 인한 오염이 가장 적을지도 모른다). 하와이 카이 주식회사가 생산한 천일염은 "하와이의 소금 전문가 조합의 일원이며, 인증된 소금 전문가의 감독하에 있는 것으로 보인다. 이 협회는 고대 하와이 문화가 축적된 천년 소금 제조의 전통을 다시 활성화하는 것을 목표로 설립되었다고 한다."[591] 하지만 이 밖의 섬에서도 다른 좋은 하와이안 소금을 얻을 수가 있다.[592] 그리고 값싼 모방 소금에 주의해야 한다. "값싸고, 고도로 정제된 캘리포니아 정제염(염화나트륨 순도 약 99.8%)을 중국이나 하와이의 알라에아 점토와 기계적으로 섞어서 제조한다. 전형적으로 소금의 붉은색이 짙을수록, 그것을 만들기 위해 사용되는 알라에아 점토의 농도도 높아진다."[593] 고 한다.

생산: 태평양 해수를 태양열로 증발시킨 천일염[594]

## 소금 유형: 정제염(염화나트륨)

속성: 입자가 고운 흰색 결정체

영양 정보: 단 두 가지 미네랄(나트륨과 염소)만으로 구성되어 있다. 나머지 성분은 정제과정에서 제거되었기 때문이다. 그러나 이 소금에 요오드를 첨가하면 요오드 성분을 포함하게 될 것이며, 실제로 1920년대에 요오드 결핍성 갑상선종goiter 甲狀腺腫(갑상선의 비정상적인 확대)을 예방하기 위해 요오드가 첨가되었다.

오염/순도 문제: 대개 매우 정제되고, 아주 잘게 분쇄되며 불순물이 대부분 제거되었다. 문제는 미세하게 분쇄된 소금이 함께 뭉쳐지는 경향이 있기 때문에 뭉쳐지는 것을 방지하기 위해 고결 방지제anti-caking agents 固結防止劑로 불리는 다양한 첨가제가 첨가된다. 고결 방지제들 중 일부는 안전이 의심스럽지만, 지금까지는 별다른 염려는 없는 것으로 보인다.

생산: 세계 각지에서 바닷물을 기계적으로 증발시켜 제조된다.[595]

## 가장 인기 있는 소금의 영양 비교

이 표는 추정 미네랄 함량(제품마다 다를 수 있다)을 포함하고 있으며,
각 소금의 하루 소금 섭취량을 기준으로 한다.

|  | 요오드가 첨가된 정제염 | 레드몬드 리얼 솔트 Redmond real salt | 켈틱 천일염Celtic sea salt | 하와이안 천일염 Hawaiian sea salts | 히말라야 (핑크) 솔트 Himalayan (pink) salt |
|---|---|---|---|---|---|
| 요오드 | 450 mcg* | 178 mcg | 6mcg | 거의 없거나 전무하다 | 100~250mcg |
| 칼슘 | 0mg | 45mg* | 17mg | 11~14mg | 37mg |
| 마그네슘 | 0mg | 8mg | 40mg* | 30~35mg | 1.4mg |
| 칼륨 | 0mg | 9mg | 9mg | 18mg | 28~32 mg* |

\* 표시는 해당 미네랄의 함량이 가장 높은 소금을 나타낸다.

위 표에서 보는 바와 같이 각 소금에 의해 제공되는 추가적인 미량 미네랄의 실제 양은 레드몬드 리얼 솔트에 함유된 요오드(그리고 칼슘 정도)와 켈틱 천일염과 하와이안 천일염에 함유된 마그네슘 함량을 제외하면 상당히 적다. 만약 누군가가 충분한 요오드 섭취를 하지 못한다면 레드몬드 리얼 솔트를 섭취하는 것이 확실히 몇 가지 이점을 제공할 것이다. 식단에 칼슘이나 마그네슘이 부족하면 레드몬드 리얼 솔트와 켈틱 천일염은 일반 식염에 비해 몇 가지 추가적인 건강상의 이점을 제공할 수 있다. 하지만 진짜 음식을 먹는 것이야말로 이러한 미량 미네랄trace mineral 양의 최소 10배를 제공할 것이다.

위 표에서 열거한 인기 있는 소금과 일반 식염 사이의 가장 중요한 차이는 제조 과정에 있을 것이다. 일반 식염(정제염)은 순백색으로 만들기 위해 표백되고, 바닷물을 약 650℃ 고열로 증발시키고, 고결 방지제anti-caking agents 固結防止劑로 처리된다고 한다(그래서 식탁용 소금 알갱이가 서로 뭉쳐지지 않

는다).[596] 그러나 앞서 표에서 언급한 그 밖의 소금들은 이러한 유형의 처리 과정이 적어서 안전성에 대한 보다 높은 수준의 확신을 제공할 수 있다.

필자는 다음과 같은 다섯 가지 이유로 레드몬드 리얼 솔트를 가장 좋은 소금으로 선택했다.

1. 위의 인기 있는 소금 중 가장 저렴하다.
2. 풍부한 요오드의 양을 제공한다.
3. 고대 해저에서 채굴되므로 오염이 가장 적을 수 있다(반대로 캘틱 천일염은 현대 해양에서 수확된다).
4. 히말라야 소금에 비해 방사능 원소가 적은 것 같다.
5. 현대 해양에서 나온 천일염과 달리, 습기가 많은 결정체로 생산되어 나오지 않기 때문에 공기 건조를 할 필요가 없다.

만약 당신이 식단에서 매일 권장되는 양의 요오드(대부분의 사람들에게 하루에 약 150mcg 필요)를 섭취하지 못할 것 같으면, 레드몬드 리얼 솔트나 요오드가 첨가된 소금이 여러분에게 좋은 선택이 될 수 있다. 그렇지 않으면 여분의 요오드를 보충하고 싶을 수 있다. 엄격한 채식주의자Vegan는, 특히 요오드 결핍의 위험에 처해 있다. 상당량의 요오드를 함유한 가장 흔한 음식 공급원 중의 일부가 유제품, 달걀, 조개류/해산물, 초밥이기 때문이다(엄격한 채식주의자들도 해조류, 크랜베리, 구운 감자 등에서 요오드를 얻을 수 있다). 예를 들어 호주와 뉴질랜드의 식품 기준에 의하면, 초밥 조각 한 개에는 요오드 약 92mcg(대부분 해조류에서 나온다)이 들어 있는 것으로 추정된다.[597]

필자의 권고는 여러분의 식단에서 요오드를 우선적으로 섭취하라는 것이다. 아직 엄격한 연구가 수행되지 않았기 때문에, 우리는 매일 요오드를 얻기 위해 소금을 함유한 요오드에만 의존해서는 안 될 것이다. 소금을 섭취하는 주된 목적은 나트륨과 염소를 얻는 것인데, 자신의 식단에서 요오드가 충분하지 않고 땀으로 많은 양의 요오드를 잃거나 요오드 보충제를 사용하고 싶지 않다면, 레드몬드 리얼 솔트나 요오드가 첨가된 소금을 섭취하는 것이 좋은 선택일 수 있다.

만약 요오드 섭취가 별다른 문제가 되지 않는다면, 유기농 소금이나 유기농 마늘 소금을 사용하는 것도 좋은 선택이다. 왜냐하면 위 인기 있는 소금에 비해 저렴하고, 일반 식염보다 덜 가공되었을 것이기 때문이다. 이러한 덜 가공된 유기농 소금류의 실질적 이점은 환경 오염 및 처리 과정의 감소이지만, 이는 분명 논쟁의 여지가 있다. 이렇게 더 비싼 천일염, 암염 등의 추가 비용은 일반 식염 가격의 3배에서 10배에 이른다.

## 소금을 대체할 만한 것은 없다

의사의 권고에 따라 소금을 회피하고 있는 사람들은 종종 소금 대체물로 눈을 돌린다. 하지만 그것들도 반드시 정답은 아니다. 우선, 많은 소금 대체물은 염화나트륨 대신 칼륨과 염소(예를 들어, 알소솔트AlsoSalt[598])를 함유하고 있는데, 신장 문제가 있는 사람들은 종종 염화칼륨을 처리하거나 그 초과되는 양을 제거하는 데 어려움을 겪는다. 만성 신장 질환을 앓거나 특정 항抗고혈압 약물(ACE 억제제나 칼륨 보존 이뇨제 등)을 복용하면 칼륨 과부하(고高칼륨혈증의 상태)가 더 심해질 수 있으며, 이를 즉시 치료하지 않으면 치명적일 수 있다. 이제 가장 건강한 선택을 하기를 바란다. 진짜 소금을!

## 단계 5: 소금을 당신의 운동 에너지원(源)으로 하라

운동에 대한 에너지와 열정이 부족하다고 느껴진다면, 먼저 핵심적인 식생활 문제를 다루어 보자. 그러면 자신에게 체육관에 갈 동기를 부여하고 새로운 활력을 불어넣을 수 있다. 당신이 오랫동안 신체 활동을 하지 아니한 상태라면, 20분 동안 활발한 산책을 하거나 자전거를 타는 것과 같은 적당한 형태의 운동으로 신체 활동(의사의 감독하에 활동한다)의 수준을 높이는 것이 운동의 좋은 출발점이 된다. 그러나 거기서 멈추지 말고, 웨이트 트레이닝도 해 보기를 바란다. 역기를 들거나 저항 밴드, 웨이트 머신weight machine 또는 자신의 체중을 이용하는 저항력 운동을 하는 것이 인슐린 저항성에 도움이 되는 가장 좋은 방법 중의 하나이기 때문이다. 유산소 운동은 인슐린을 더 잘 사용하게 하고 내장(복부) 지방의 축적을 줄이는 데 도움이 되지만, 저항력 운동은 인슐린에 더 민감하게 만들고 근육이 혈액에서 더 많은 포도당을 흡수하도록 도와 혈당을 낮추게 한다. 탄수화물 수치가 높은 음식을 섭취하기 전이나 섭취한 직후에 운동하는 것만으로도 혈당과 인슐린 분비의 결과로 빚어지는 변화를 줄이는 데 도움이 될 수 있다.

가벼운 운동부터 시작해서 천천히 강도를 높이도록 한다. 걷기부터 시작해서 서서히 조깅과 달리기를 하고, 가벼운 무게부터 시작해서 차츰 무거운 무게까지 올려 보도록 한다. 2012년 한 연구에서 이탈리아 베로나Verona 대학교의 연구원들은 제2형 당뇨병을 가진 40명의 사람들이 4개월 동안 유산소 훈련이나 저항력 훈련을 한 후에 두 그룹 모두 인슐린 민감도가 개선되었고 복부 지방이 줄었다는 것을 발견했다.[599] 한편, 트론헤임Trondheim에 위치한 노르웨이 과학기술대학교의 2012년 연구에서는 최대 저항력 훈련과 지구력 저항 훈련은 모두 제2형 당뇨병 발병 위험이 있는 사람들의 인슐린 저항성이 감소되는 결과를 가져왔다. 흥미롭게도 근육의 힘을 증가시키기 위해 최대한 무거운 무게를 이용하는 훈련은 혈액으로부터 포도당을 섭취하는 근육의 능력을 더욱 증가시킨다. 반면, 지구력 저항 훈련은 인슐린 민감도를 더 높였다.[600] 운동량이 증가하면, 어떤 방식으로든 신체는 혈액에서 포도당을 흡수하는 데 더 잘 적응할 것이고, 그 결과 당신이 먹는 탄수화물은 덜 해롭게 될 것이다.

물론 운동을 하면 할수록 땀을 통해 소금을 잃게 되므로 신체는 더 많은 소금이 필요할 것이다. 중요한 것은 적당한 양의 소금을 섭취하면 체내에 적당한 양의 수분을 보유하게 되어 수분 공급이 충분한 상태에서 운동할 수 있는 에너지가 더 많아지게 된다는 점이다. 단, 소금 1티스푼만으로도 체력이 좋아지고 혈액 순환의 증가로 인해 훨씬 더 강렬한 '펌프' 기능을 얻게 되고, 물이 동맥으로 끌어당겨질수록 동맥의 혈액량은 증가하여 장기로 더 잘 관류灌流하게 된다. 열렬한 운동 애호가들이 소금을 피하게 되면 부작용의 증가, '순환 허탈 circulatory collapse'의 위험, 그리고 체육관에서 운동으로 얻어지는 이득의 감소 등으로 자신을 제한하는 결과를 낳게 된다. 필자는 운동하는 모든 사람들에게 이렇게 말하고 싶다. "소금은 더 강한 근육과 지구력, 그리고 점점 더 조각같은 몸매를 만들 수 있는 발판이라고."

비록 당신의 건강 상태가 최고의 수준이 아니라 할지라도, 소금을 충분히 섭취하는 것은 운동을 하고 싶어하는 에너지 수치를 증가시키며 내부 기아를 개선하기 위해 할 수 있는 가장 좋은 방법 중의 하나이다. 무엇보다도 소금 섭취를 제한하는 행위를 멈추면 인슐린 수치가 정상 범위로 떨어지기 시작하고, 인체는 저장된 에너지에 접근하기 시작할 것이다. 다시 말해, 인체는 음식으로부터 섭취하는 칼로리를 즉시 지방으로 저장하기보다는 더 많은 지방을 태워 에너지를 위해 사용한다는 것이다. 더 중요한 것은 소금 보존 호르몬이 감소하여 인슐린에 대한 지방 세포의 민감도가 향상된다는 것이다. 이런 이유로 지방 세포는 여분의 지방과 포도당을 흡수하기 시작할 수 있다(정확히는 복부와 내부 장기로 내몰리는 것이 아니라, 실제로 가야 할 곳에 있게 된다). 이로 인해 당신의 뇌는 렙틴에 더 민감해질 것이고, 자연적인 식욕 조절 기능은 돌아올 것이다. 또한 충분한 에너지를 갖게되어 운동을 할 수 있고 좋은 기분을 유지할 수 있게 된다. 궁극적으로는 체내의 소금자동 조절장치를 재부팅하고 오랫동안 잃어버렸던 정상적인 소금 섭취량을 달성함으로써 활력을 되찾게 되고, 내부 기아의 상태로 다시 들어가지 않게 되어 신진 대사 기능을 왕성하게 증진시키고 체중을 다시 조절하는 데 도움을 줄 것이다. 마침내 우리는 '겉으로 보기에는 날씬하지만 안은 뚱뚱하다.'라는 상황에서 벗어나 '겉모습은 물론 안도 날씬하다.'로 변모할 수 있게 된다. 그리고 무엇보다도 결국에는 유해한 설탕 섭취 습관을 극복할 수 있게 된다는 것이다.

이 모든 혜택은 몸의 가장 기본적인 욕구를 빼앗는 대신에, 자신의 선천적인 소금에 대한 욕구를 존중하고, 진짜 건강한 음식을 다시 즐기며 몸이 그토록 간절히 원하고 필요로 하는 소금을 섭취하는 것에서 직접적으로 나온다.

이 프로그램을 마친 후 우리는 자신의 건강을 유지하는 데 도움이 되는 맛

있고 건강한 음식을 평생 먹을 수 있기를 기대한다. 또한 끝없는 허기와 파괴적인 설탕에 대한 갈망 또한 사라질 것이다. 우리는 소금자동 조절장치에 귀기울이는 법을 배우고, 최고의 운동 수행을 위해 소금을 적절하게 복용할 수 있게 되며, 생활 방식에 스며들 수 있는 카페인 섭취나 과다한 땀의 배출, 약물과 같은 '소금 낭비자'에 주의를 기울이게 될 것이다. 또한 시간이 흐르면서 우리는 직관적인 감각이 발달하여 언제 소금을 더 넣어야 할지 스스로 알게 될 것이다. 그러는 동안 우리는 자신의 몸과 조화를 이루며 살게 될 것이다.

자신의 음식에 소금을 조금 더 넣는 게 훨씬 낫지 않겠는가!

# 소금이 나의 운동 프로그램을 구했다

개인적으로 나는 이 교훈을 어렵게 다시 배웠다. 몇 년 전 체육관 운동을 그만둔 지도 8개월이 지났을 무렵이었다. 사실은 여름이 끝날 무렵에 체육관 운동을 그만둔 후 8개월 간의 긴 겨울 동안 집에서 가벼운 아령과 역기로만 운동을 했다. 다시 체육관으로 돌아온 첫날에 접수처의 직원에게 1년 더 등록해 달라고 부탁했고, 그는 운동을 마친 후에 다시 접수를 하라고 했다. 역기를 든 지 한 시간쯤 지나 다시 접수처로 향하던 중 극도의 어지럼증을 느꼈으며 실내가 빙빙 도는 것 같았다. 나는 그 직원에게 잠시 앉아 있고 싶다고 말했지만 사실은 몸 상태가 얼마나 나쁜지 알리고 싶지 않았다.

그러나 나는 이 증세를 숨길 수가 없었다. 몸이 너무 지쳤기 때문에 즉시 벤치에 곤두박질치듯이 쓰러졌다. 완전히 축 처지고 얼굴이 아래로 숙여지며 눈이 감겼고 겨우 심호흡만 할 수 있었다. 약 45kg(100파운드)의 무게가 나를 짓눌러 꼼짝할 수 없게 된 기분이었다. 물고기가 물에서 나온 느낌이었고, 목을 옆으로 돌려서 엎드린 채 공기를 한 모금 들이마셨다. 내가 느낀 것 중 가장 무력한 느낌이었다.

지치고 움직일 수 없는 상태를 3분 정도 보낸 후에야 나는 다시 접수처로 돌아갈 수 있을 만큼의 힘이 생겼다. 그때 나는 소금을 운동 전에 섭취하지 않았다는 것을 기억해 냈다.

다음날 체육관에 가기 전에 건조 마늘 소금을 티스푼 가득히 1티스푼을 삼키고 물로 입안을 헹궜다. 나는 즉시 활기를 되찾았다. 체육관에서 더 무겁고, 더 오래, 더 강렬하게 들어 올릴 수 있었을 뿐만 아니라, 운동 후에도 아무런 피로를 느끼지 않고 약 1,600m(1마일)를 질주했다. 달리기도 할 수 없었고 지쳐서 정신을 차릴 수 없었던 상태에서 운동을 끝냈던 전날과는 완전히 달라진 것이다.

# 나가며

## 올바른 흰색 결정체-소금에 다가가기

앞에서 기술된 내용을 모두 읽고 난 후에는 우리 모두에게 저질러졌던 저염 식이의 속임수에 대해 현명해지고, 40년 이상 동안 벌어졌던 소금 논쟁이 신체와 건강에 얼마나 큰 영향을 끼쳤는지 알게 되기를 희망한다. 이제는 이 중요한 미네랄을 섭취하는 즐거움을 부정하기보다는 마땅히 있어야 할 주방의 제 위치에 되돌려 놓아야 한다. 그리고 이제는 우리 몸이 더 잘 느끼고 기능할 수 있게 도와줄 수 있는 어떤 것으로 받아들일 때이다. 우리는 시대에 뒤떨어졌고 입증되지 않은 소금-혈압 가설을 넘어서서 소금이 인간이 진화 과정을 거치는 동안 우리에게 어떤 영향을 미쳤는지를 생각해 볼 필요가 있다. 여기서 다음과 같은 점을 기억해 주기를 바란다.

소금은 음식 맛을 훌륭하게 만든다. 소금을 음식에 더 많이 넣음으로써 건강에 좋은 음식들을 더 많이 섭취할 수 있게 된다. 식재료들은 종종 쓴맛을 내기도 하지만 조리 시 소금을 더하면 풍미가 생겨 음식 맛이 크게 향상 된다. 소금은 음식을 건강하게 섭취하는 데 필요한 수단이다. 마그네슘, 칼슘, 칼륨 등이 많이 함유된 건강한 식품을 섭취할 때도 소금은 당연히 혈압을 증가시키지 않는다.

소금을 제한해서 혈압을 낮출 수는 있지만, 이것은 좋은 일이 아니다. 소금을 제한해서 혈압을 낮추는 것은 반드시 건강한 방식이라고 할 수 없다. 이것은 일반적으로 낮은 혈액량이나 탈수 증상의 문제를 야기하기 때문이다. 이렇게 되면 혈압이 낮아질 수 있고, 순환 기능은 떨어지며, 장기는 더 무리하게 삭동해야 하고, 장기에 공급되는 신소와 영양소의 양은 감소한다. 저염 식이 지침은 소금 제한으로 나타나는 이런 증상들을 해결할 것이라고 공언한다.

소금을 제한하면 심박수가 증가한다. 소금 제한 식이에서 나타날 수 있는 탈수와 관련된 혈압의 감소는 심박수가 더 증가함에 따라 상쇄될 것이다. 그래서 대부분의 사람들은 혈압이 2% 감소하는 동안에 심박수가 10% 증가한다. 심박수의 증가는 혈압의 소폭 감소보다 더 해롭고, 심장과 동맥에 대한 스트레스의 양을 증가시켜 잠재적으로 고혈압, 심장 마비 및 심혈관 질환으로 이어지게 할 수 있다.

소금 제한은 해로운 호르몬의 수치를 높인다. 소금 섭취를 제한하면 심장과 동맥을 확장하고 경직시키는 것으로 알려진 호르몬의 수치가 높아진다. 다시 말해서, 소금을 더 많이 섭취하면 고혈압과 심장 마비 및 심혈관 질환의 발달을 막을 수 있다. 반면, 소금을 제한하는 식이는 실제로 이러한 질환들을 일으킬 수 있다. 저염 식이도 인슐린 호르몬을 증가시켜 비만 위험이 높아진다. 분명히 말하면, 소금을 더 많이 섭취하면 우리는 날씬함을 유지할 수 있다.

소금은 미국의 만성적 질병 위기의 원인이 아니라 하나의 해결책이 될 수 있다. 우리는 이제 소금을 '적게' 섭취하면 체중 증가, 고혈압, 제2형 당뇨, 신장 질환, 심장 마비와 뇌졸중, 갑상선 장애, 넘어짐과 부상, 그리고 어쩌면 조산까지도 일으킬 수 있다는 것을 알게 되었다. 의무적으로 저염 식이 지침을 따르는 전문 운동선수이든지, 아직 드러나지 않은 건강 문제를 가지고 있든지, 또는 몸에서 소금을 고갈하는 약물을 복용하기 때문이든지 간에, 이와 같이 소금이 고갈된 상태에서 생활할 때도 동일한 위험이 발생한다는 것을 기억하는 것이 중요하다. 우리는 이제 자신의 소금 섭취를 감시하기보다는 우리 몸의 소금 수준에 대해 신중하고 비판적으로 생각할 필요가 있다. 정말로 미국 식품의약국FDA은 가공 식품의 소금양을 제한하는 지침을 내놓는 대신, 소금 섭취를 제한하는 지침 자체를 완전히 포기해야 한다. 그렇게 해야 식품 제조업체가 인공 방부제 또는 설탕과 같은 잠재적으로 더 위험할 수 있는 또 다른 물질을 대신할 수 없게 된다. 미국 식품의약국이 바른 인식을 하기 전까지 그들의 저염 식이 홍보에 맞서 우리 모두가 실천할 수 있는 몇 가지 방법이 아래에 있다.

## 당신이 할 수 있는 방법

- 제대로 된 식재료로 조리된 진짜 음식real food을 섭취하고 음식에 소금 간을 시작한다.
- 앞에서 기술되어 있는 아이디어에 대해 친구들과 가족들에게 이야기한다.
- 앞에서 기술되어 있는 아이디어에 대해 의료인과 상의한다.
- 진짜 고혈압의 주범인 정제당의 섭취를 중단한다.

## 의료인이 할 수 있는 방법

- 환자들에게 의식적으로 소금 섭취를 제한해야 한다고 말하지 않는다. 그들은 소금 섭취에 관한 한 어떤 지침보다도 자신의 몸을 더 잘 알고 있다.
- 저염 식이 지침의 사용 금지 사유에 대해 스스로 학습하고, 이러한 갈등에 대해 동료 의료인과 병원 및 실무진과 논의한다.
- 의료계의 동료들 간에 저염 식이 권고 사항을 없애는 데에 목소리를 높인다.

## 정책 입안자가 할 수 있는 방법

■ 이 책에 있는 아이디어를 동료 및 전문가와 토론한다. '지식은 받아들이는 것'이라 생각하며 안주하는 이들에게 높은 수준의 증거와 연구 결과를 보어 주면서 그들이 가지고 있는 기존의 상식들을 철회하도록 요구한다.
■ 식품 제조업자를 겨냥한 자발적인 나트륨 감소 정책을 미국 식품의약국이 철회할 것을 촉구하는, 점점 커져가는 목소리에 동참한다.
■ 뉴욕 시의원들에게 식당과 야구장 및 영화관에서 '고염' 음식에 대한 경고(즉, 범죄자를 상징하는 불길한 검은/붉은 삼각형 안에 그려진 소금통)를 철회해 줄 것을 청원한다.

한편, 우리 모두는 허리선, 건강, 그리고 장수를 위해 더 해로운 흰색 결정체인 설탕의 섭취를 제한하는 데 초점을 맞추어야 한다. 설탕을 많이 섭취해서 비만에 이르지 않더라도 설탕 중독은 인체에 만성 염증과 호르몬의 혼란 및 산화성 스트레스를 일으키고, 심장 마비나 뇌졸중의 위험을 증가시킬 수 있는 다른 형태의 관상동맥 또는 염증성 손상을 촉발하며, 고혈압이나 제2형 당뇨병, 알츠하이머병, 지방간 질환 또는 특정 형태의 암을 발병시켜서 조용하고 은밀하게 당신을 죽일 수 있다. 설탕을 많이 섭취해서 좋은 것은 결코 없다.

그럼에도 불구하고 설탕의 유혹에 저항하기는 어렵다. 그리고 이것을 식품 제조업자들은 알고 있다. 그들의 목표는 본질적으로 거부할 수 없는 맛을 가진 가공, 포장된 음식들을 만들어 사람들이 나중에 더 많이 구매하도록 유도한다. 그래서 그들은 습관적, 의식적 및 의도적으로 그들의 제품에 중독성 있는 설탕을 첨가하는 것이다. 정부 정책은 나쁜 음식에 보조금을 지급하는 것을 중단하고, 건강 식품에 대한 지원을 시작해야 될 필요가 있다. 다음과 같은 설탕이 든 음식에 세금을 부과하는 제안을 장려하고 지원하기를 바란다. 버클리와 캘리포니아 및 멕시코에서 시행된 '탄산 음료 세금soda tax'과 같은 정책은 설탕이 든 음료에 세금을 부과하는 것이 어떻게 섭취량을 줄이는지를 보여주는 좋은 예이다. 정크 푸드junk food에 그래픽 경고 라벨을 붙이는 것도 올바른 정책 방향의 움직임일 것이다. 담배에 붙어 있는 경고성 사진처럼 음료수 캔에 당뇨병성 궤양 사진이 있고, 쿠키 포장에 정상적인 간 사진과 나란히 병든 지방간 사진이 있으며, 설탕이 든 유아용 유동식을 마셔서 비만이 된 생후 6개월 가량의 유아의 사진이 붙어 있는 라벨을 상상해 보기를 바란다. 아마도 우리가 그 제품을 살 확률이 훨씬 낮아질 것이다.

제품에 붙어 있는 설탕 섭취의 의욕을 꺾는 이런 경고성 라벨의 등장이 현실이 되기 전까지, 앞에서 살펴보았듯이 설탕 습관을 스스로 극복하는 데는 여러 가지 방법이 있다. 가장 강력하고 영향력 있는 실천 사항 중 하나는 단순히 소금을 더 많이 섭취하는 것이다. 저렴하고 맛있으며 다용도로 쓰이고 생명도 구할 수 있는 소금은, 깨끗하고 건강한 음식을 섭취하기 위한 우리의 싸움에서 강력한 협력자이다. 우리는 여타 설탕 알갱이를 섭취하지 않고 남은 인생을 살 수 있지만, 소금 없이는 결코 오래 살 수 없다는 사실을 기억하기를 바란다.

바라건대 소금에 대한 인식이 바뀌고, 공중 보건 정책 입안자들이 이것을 인식하기를 바란다. 우리는 설탕을 제한하고 소금을 찬양할 필요가 있다. 필자는 개인들, 그들의 부모, 의료인, 정책 입안자 등의 모두에게 소금에 대해 덜 걱정하고 정말로 독성이 강한 흰색 결정체인 설탕에 더 많은 주의를 기울일 것을 요구한다. 우리의 미래는 이것에 달려 있다.

그동안 식사 때마다 자연에서 가장 오래되고 가장 즐거운 건강 보호 장치 중의 하나인 소금을 이제는 죄책감 없이 즐기기를 바란다. 잘 사용하지 않아 식탁 한쪽 구석에 모셔 둔 소금통을 꺼내기를 바란다.

우리의 미뢰와 건강을 위해!

# 부록 1

## 소금과 설탕에 관한 중요한 역사적 사건을 다룬 100년 연대표

1904년과 1905년 – 암바르Ambard와 보차르Beauchard는 소금-혈압 가설을 세우고, 고혈압이 소금 보유에 의해 발생한다는 믿음을 인정받았다.[601]

1907년 – 로웬슈타인Lowenstein은 고혈압에 대한 저염 식이의 이점을 확신하지 못했다.[602]

1920년대 – 미국에서 소금 논쟁이 시작되었다.[603]

1920/1922 – 앨런Allen과 스케릴Scherrill 및 그의 동료들은 소금이 신장 질환이 있든지 없든지 상관없이 사람들의 혈압을 높인다는 생각을 홍보한다.[604]

1929 – 베르그Berger와 피네베르그Fineberg는 그의 논문에서 본태성 고혈압 환자 4명 중 거의 3명에게서 저염 식이(하루에 소금 1g 이하)가 고혈압 치료에 효과가 없다고 결론을 내린다.[605]

1930-1944 – 저염 식이는 서서히 고혈압 치료에서 인기를 잃었다.[606]

1944-1948 – 켐프너Kempner는 그의 논문에서 라이스 다이어트rice diet의 이점을 보여 준다(그것은 무엇보다도 저염 식이였다).[607]

1945 – 그롤맨Grollman은 혈압을 낮춘 것이 켐프너Kempner의 라이스 다이어트의 저염 때문임을 확인한 것으로 인정된다.[608] 그러나 이 연구는 실제로 모든 환자가 혜택을 받은 것은 아니며, 다른 환자들은 피해를 입었고(실제로 환자 1명이 사망했다), 또 다른 환자는 순환 허탈을 경험했다(그 환자에게 소금을 제공함으로써 교정되었다).[609]

1950년대 – 루이스달Lewis Dahl과 조지 메닐리George Meneely는 그들의 논문에서 고혈압과 만성 질환에서 소금이 중요한 역할을 한다고 제안하기 시작했다.[610]

1950년대 – 심장병의 원인이 포화 지방인지, 아니면 설탕인지에 관해 주로

안셀키즈Ancel Keys와 존유드킨John Yudkin 사이에서 논쟁이 시작되었다.[611]

1960 - 루이스달Lewis Dahl은 5개의 집단에서만 높은 나트륨 섭취량과 높은 고혈압 발병률을 연관 짓는 유명한 논문을 발표한다.[612] 그 논문에 사용된 그 래프는 1953년으로 거슬러 올라가 관상동맥 심장 질환의 원인으로 식이 지방을 악마화하는데 안셀키즈가 사용한 증거와 매우 유사했다.[613]

1961 - 안셀키즈의 '포화 지방—심장 가설diet-heart hypothesis'은 미국 심장 협회에 의해 받아들여진다. 설탕이 아닌 너무 많은 포화 지방이 심장병을 일으키는 진범으로 받아들여진다는 생각이 그것이다.[614] 결과적으로 미국 심장 협회는 심장 질환의 위험을 줄이기 위해 동물성 지방 섭취의 제한과 식물성 기름 섭취의 증가를 권장한다.

1966 - 홀Hall 부부는 그들의 논문에서 설탕이 쥐에게 고혈압이 발생하는 데 영향을 미친다는 것을 보여 준다.[615]

1972 - 영국 의학 잡지New England Journal of Medicine는 존 라라그John Laragh와 그의 동료들의 논문을 발표한다. 이 논문에서 "혈장 레닌 활성도 plasma renin activity는 본태성 고혈압 환자의 잠재적인 위험 요소로 나타난다."라고 언급했다. 또 이 연구에서 저염 식이는 더 높은 혈장 레닌 활성도와 상관관계가 있다는 것을 보여 준다.[616]

1974 - 리차드 에이 아렌스Richard A. Arrens는 설탕이 고혈압과 심장 질환의 원인이라는 것을 시사하는 검토 논문을 발표한다.[617]

1974년 - 식품영양위원회는 통상적인 나트륨 섭취를 통해 정상적인 혈압에서 고혈압으로 발전한다는 직접적인 증거는 거의 없다고 지적한다.[618]

1975 - 알렉산더 워커Alexander Walker는 그의 논문에서 고당류 식단이 심장병이나 고혈압의 동력이라는 결정적인 자료는 없다고 언급한다. 그의 연구는 설탕 생산업체로부터 부분적인 보조금을 받은 것 같아 보인다.[619]

1976 - 에드워드 프라이스Edward Freis와 메닐리Meneeley 및 배타비Battarbee는 소금의 해악에 대한 매우 영향력 있는 검토 논문을 발표한다.[620]

1977 - 모든 미국인들에게 하루에 소금 섭취량을 3g으로 제한할 것을 권고하는 다이어트 목표가 발표되었다.[621]

1978 – 에이이 하퍼AE Harper는 그의 논문에서 1977년의 다이어트 목표에 대한 비평을 발표하는데, 여기서 그는 고혈압 환자의 저염 식이에 대한 증거가 일반 대중에게 부적절하게 추론되었고, 하루에 소금 3g의 섭취는 비현실적이고 달성 불가능한 수치임을 보여 준다.[622]

1979 – 에프 올아프 심슨F. Olaf Simpson은 저염 식이로부터 얻어지는 이익에 대해 회의적인 검토 논문을 발표한다.[623]

1980 – 제이디 스왈레즈JD Swales는 인구 집단 전체에게 나트륨 섭취량 감소를 권고하는 것은 시기상조라는 결론을 내린 검토 논문을 발표했다.[624]

1980 – 프레우스Preuss 부부는 그들의 논문에서 설탕이 소금 섭취가 높지 않은 정상적인 신장 기능을 가진 쥐의 혈압을 증가시킨다는 것을 보여 준다.[625]

1981 – 야모리Yamori는 그의 논문에서 일본인의 경우 나트륨/칼륨 비율이 6 미만인 경우에는(고高나트륨 섭취에도 불구하고) 그 평균 혈압은 고혈압이 아님을 보여 준다.[626]

1982 – 타임TIME지가 '소금: 새로운 악당?'이라는 제목의 발행물을 발표한다.[627]

1983 – 테시오 레벨로Tesio Rebello와 그의 동료들은 설탕이 인간의 혈압을 현저히 상승시킨다는 것을 보여 준 첫 번째 연구자들이었다.[628] 이것은 우리가 고혈압을 일으키는 주된 식이 요인으로 소금을 비난한 후의 일이다.

1983 – 로버트 이 호지스Robert E. Hodges와 테시오 레벨로Tesio Rebello는 설탕이 동물과 인간 모두에게 혈압을 높인다는 것을 보여주는 검토 논문을 발표한다.[629]

1985 – 분Boon과 아론손Aronson의 검토 논문은 혈압에 대한 측정 가능한 효과를 얻기 위해 제한되어야 할 소금의 양이 대부분의 환자들에게는 견딜 수 없는 양이라고 결론을 내린다.[630]

1988 – 인터솔트Intersalt는 그의 논문에서 4개의 원시 사회가 실험군群에서 제거되었을 때(총 48개의 인구 집단만 남겨 두었을 때), 더 높은 나트륨 섭취가 평균 혈압을 높게 하거나 고혈압의 유병률과는 관련이 없다는 것을 보여 준다. 중요한 것은 "체질량 지수는 개별 피험자의 혈압과 강력하고 중요한 독

립적인 관계를 가지고 있었다."라는 점이다.[631]

1989 - 해리어트 피 더스탄Harriet P. Dustan은 그의 논문에서 혈압과 소금 고갈/소금 섭취 증량 사이에는 아무런 관계가 없으며, '소금 의존성 고혈압'은 소금 섭취에 의해 엄격히 통제되는 것이 아니라 아마도 알도스테론aldosterone, 노르에피네프린norepinephrine, 에피네프린epinephrine에 의해 조절된다고 말한다.[632]

1991 - 나트륨 제한과 혈압을 조사한 최초의 메타 분석(무작위적이고 작위적인 실험 포함)이 발표되었다.[633] 저자들은 혈압의 감소만을 근거로 삼아 "하루에 소금 100mmol(밀리몰)의 감소는 장기적으로 보아 허혈성 심장 질환으로 인한 사망률을 30% 정도 감소시킬 것이다."라고 결론을 내렸다. "나트륨 섭취량을 하루에 50mmol 감소하면 뇌졸중 발생률이 5분의 1, 허혈성 심장 질환 발생률이 6분의 1로 감소할 것이다."라고 말했다.

1993 - 고혈압 예방, 발견, 평가 및 치료에 관한 국가합동위원회의 제5차 보고서(JNC-5)는 나트륨 감소를 지원하기 위해 최근 발표된 1991년 메타 분석을 인용한다.[634]

1995 - 마이클 앨드먼Michael Alderman과 동료들은 "저뇨低尿나트륨과 고혈압을 치료받은 남성 환자들 가운데서 심근경색에 걸릴 위험과는 큰 관련이 있다."라는 것을 보여 주는 논문을 발표한다.[635]

1998 - 니엘스 그로달Niels Graudal은 저염 식이를 테스트하는 엄격한 무작위 임상 실험에 대한 메타 분석을 발표한다. 그 결과 혈압은 최소 감소한 반면, 저밀도 지방 단백질(LDL) 콜레스테롤, 총 콜레스테롤, 노르아드레날린noradrenaline, 레닌, 알도스테론은 저염 식이로 인해 증가했다. 그들의 결론은 "이러한 결과는 나트륨 섭취를 줄이기 위한 일반적인 권고를 뒷받침하지 않는 결과이다."라는 것이었다.[636]

2001 - DASHDietary Approaches to Stop Hypertension 고혈압을 멈추기 위한 식이 접근법의 소금 실험편이 발표되었다. 이것은 나트륨 섭취를 줄이는 것이 혈압을 낮추는 효과를 제공할 수 있다는 것을 보여 주는 30일간의 무작위 연구였다.[637] 그러나 혈압이 정상인 사람들과 45세 이하의 고혈압이 없는 사람들에게는 별

다른 도움이 되지 않았다.[638]  또 소금 섭취를 제한할 때 조절 식단에 포함된 트리글리세리드triglycerides, 저밀도 지단백질(LDL), 총콜레스테롤 대對 고밀도 지방 단백질(HDL) 비율이 증가했다.[639]

2002 – 레이븐Raben과 그의 동료들은 그들의 논문에서 당분이 높은 식단은 사람의 혈압을 크게 높인다는 것을 보여 준다.[640]

2008 – 브라운Brown과 그의 동료들은 그들의 논문에서 설탕이 인간의 혈압, 심박수, 심박출량, 혈압 변동성 및 심근 산소 요구량을 증가시킨다는 것을 보여 준다.[641]  또한 설탕이 섭취된 후 설탕의 항抗고혈압 효과가 일어난다는 것을 보여 준다.

2010 – 프레쯔 포조Perez-Pozo와 그의 동료들은 그들의 논문에서 높은 설탕 식단이 불과 몇 주 만에 24시간 활동시 혈압24 hour ambulatory blood pressure을 크게 증가시킨다는 것을 보여 준다.[642]

2011 – 스톨라즈 스크르지페크Stolarz-Skrzypek와 그의 동료들은 "더 낮은 나트륨 배설은 더 높은 심혈관 질환 사망률과 관련이 있다."라고 결론을 내리는 전향적prospective 인구 집단의 연구를 발표한다.[643]

2014 – 말릭Malik과 그의 동료들은 40만 명 이상의 참가자를 포함하는 12개의 연구(횡단면적cross-sectional 및 전향적prospective 집단 연구)에 대한 체계적인 리뷰를 발표하여 당분 음료 섭취가 고혈압 증가 및 고혈압 발생률과 유의미하게 관련되어 있음을 보여 준다.[644]

2014 – 테 모렝가Te Morenga와 그의 동료들은 무작위 통제 실험의 메타 분석을 발표했는데, 낮은 설탕 식단에 비해 높은 설탕 식단은 혈압을 현저히 증가시킨다는 것을 보여준다. 이것은 낮은 소금 섭취량에서 높은 소금 섭취량으로 변경으로 인한 혈압 상승률보다 약 2배였음이 밝혀졌다.[645]

2014 – 엘더 에이제이Adler AJ와 그의 동료들은 무작위 통제 실험의 최신 코크란Cochrane 메타 분석을 통해 저염 식이는 혈압을 최소한으로 낮출뿐이며, 심혈관 질환으로 인한 전全 원인 사망률all-cause mortality이나 사망률mortality이 유의하게 감소하지 못한다는 것을 발표한다.[646]

2014 – 그로달Graudal과 동료들은 23개의 집단 연구에 대한 메타 분석을 발

표하고, 274,683명의 환자를 대상으로 무작위 통제 실험에 대한 2개의 후속 연구를 통해 "일반적인 나트륨 섭취량과 비교하면 낮은 나트륨 섭취와 과다 나트륨 섭취가 사망률 증가와 관련이 있다."라고 결론을 내렸다.[647]

2015 - 미국인을 위한 식이 지침에는 나트륨 섭취에 대한 심각한 제한(즉, 하루에 최대 1,500mg만 섭취)을 삭제했지만 하루에 나트륨 2,300mg 섭취 제한은 남아 있다.[648]

2016 - 저低나트륨 섭취는 고혈압이 있든지 없든지 상관없이 심혈관 질환의 발병과 사망의 위험이 증가한다. 반면, 고高나트륨 섭취는 네 가지 연구에 대한 통합 분석 결과 고혈압 환자에서만 이러한 해악과 관련이 있는 것으로 나타났다.[649]

2016 - 고혈압이 없는 환자는 임상 연구의 메타 분석을 기반으로 한 나트륨 제한으로 혈압이 크게 감소하지 않았다.[650]

## 나트륨 섭취에 대한 권고 사항을 다룬 연대표

1977 - 제1판 식이 목표: 나트륨의 상한 섭취량을 1.2g(소금 3g)으로 한다.[651]

1977 - 제2판 식이 목표: 나트륨의 상한 섭취량을 2g(소금 5g)으로 한다.[652]

1980 - 미국인을 위한 식이 지침 "식탁용 소금을 덜 사용하라.", "식초에 절인 음식, 소금에 절인 견과류를 피하라.", "아기 음식에 소금을 더하지 마라.", "우리가 필요한 것보다 훨씬 더 많은 나트륨을 먹는다.", "고혈압이 있는 사람들에게 과도한 나트륨의 섭취는 굉장히 위험하다."[653]

1985 - 미국인을 위한 식이 지침: "너무 많은 나트륨 섭취를 금지한다."[654]

1990 - 미국인을 위한 식이 지침: "소금 또는 나트륨은 적당하게만 사용하라."[655]

1995 - 미국인을 위한 식이 지침: "나트륨의 하루 섭취량은 2,400mg(소금 6g)이다."[656]

2000 - 미국인을 위한 식이 지침: "건강한 어린이와 성인은 나트륨 필요량

을 충족하기 위해 소량의 소금만 섭취하면 된다. 매일 소금의 1/4티스푼 미만이어야 한다." [657]

2005 – 미국 의학원IOM institute of medicine은 1,500mg의 '적절한' 섭취량 AI Aadequate Intake과 나트륨에 대한 2,300mg의 '상한' 섭취량UL Upper Level을 도입한다.[658]

2005 – 미국인을 위한 식이 지침: 모든 미국인은 하루에 나트륨 2,300mg(소금 약 1티스푼) 이하를 섭취해야 한다(미국의학원 보고에 기반한다).[659] 고혈압을 앓는 사람, 흑인, 중년 및 노년층은 하루에 나트륨 1,500mg 이하를 섭취하는 것을 목표로 한다.

2010 – 미국인을 위한 식이 지침: "하루에 나트륨 섭취량을 2,300mg 미만으로 줄이고, 특히 흑인이거나 고혈압, 당뇨병 또는 만성 신장 질환을 앓고 있는 모든 연령대의 사람들 그리고 51세 이상의 노인 연령층은 1,500mg으로 더 줄이도록 한다."[660]

2015 – 미국인을 위한 식이 지침 : 나트륨의 심각한 제한 권장량(즉, 하루에 1,500mg의 나트륨)을 없애지만, 모든 미국인이 나트륨 섭취량을 하루에 2,300mg 이하로 제한해야 한다는 권고사항을 유지한다.[661]

## 설탕 섭취에 대한 권고 사항을 다룬 연대표

1977 – 제1판 식이 목표: 15% 첨가당[662]

1977 – 제2판 식이 목표: 10% 정제 및 가공 설탕[663]

1980 – 미국인을 위한 식이 지침: "광범위한 의견과는 달리 식단에서 너무 많은 설탕이 당뇨병을 일으키지는 않는 것 같다." 그리고 "지나친 설탕 섭취를 금지한다." [664]

1985 – 미국인을 위한 식이 지침: "설탕을 너무 많이 섭취하지 말라." 그리고 "식단에서 설탕을 너무 많이 섭취해도 당뇨병을 일으키지 않는다." [665]

1990 – 미국인을 위한 식이 지침: "설탕은 적당히만 사용하라.", "설탕이 많

은 음식이 당뇨병을 유발하는 것으로 나타나지 않았다."[666]

1995 – 미국인을 위한 식이 지침: "설탕이 적당히 들어간 식단을 선택하라."
마치 이 지침은 우리가 설탕을 첨가하기를 원하는 것처럼 보인다.[667]

2000 – 미국인을 위한 식이 지침: "설탕 섭취를 조절해 주는 음료와 음식
을 선택하라." 식이 지침에 "설탕은 당뇨병을 일으키지 않는다."라거나 "설탕
이 당뇨병을 유발한다는 증거가 없다."라고 더 이상 언급되지 않은 것은 이번
이 처음이다.[668]

2002 – 미국 의학원은 첨가당에서 총 칼로리의 25%까지 나오는 것을 허용
한다.[669]

2005 – 미국인을 위한 식이 지침: 267칼로리의 '임의 칼로리discretionary
calories'가 허용된다(첨가당 및/또는 고체 지방으로부터 얻어진다). 이는 첨가
당 67g(설탕 1g당 267/4칼로리=67)에 불과하지만 지침에는 첨가당은 최대
72g까지 허용된다고 명시되어 있다.[670] "지방의 칼로리가 22% 감소하면, 첨
가당 18티스푼(72g)이 허용된다."

2010 – 미국인을 위한 식이 지침: 누군가가 하루에 3,000칼로리를 섭취할 경
우 기술적으로 총 칼로리의 최대 19%까지는 첨가당에서 섭취할 수 있다(지침
에는 구체적으로 명시하지 않았지만 고체 지방이 섭취되지 않으면, 첨가당에
서 칼로리의 19%를 섭취할 수 있다는 것이다).[671]

2015 – 미국인을 위한 식이 지침: 첨가당이 총 칼로리의 10%를 넘지 않도록
마지막으로 권장한다.[672]

# 부록 2

## 소금의 필요를 증가시킬 수 있는 약물

저혈량성 저나트륨혈증hypovolemic hyponatremia은 당뇨병 치료에 사용되는 티아지드thiazide와 루프이뇨제loop diuretics, 나트륨-글루코스 수송 단백질-2(SGLT2) 억제제sodium-glucose transport protein-2(SGLT2) inhibitors(다파글리포진dapaglifozin과 같은), 신장 세뇨관 산증renal tubular acidosis, 상염색체 우성 다낭성 신종polycystic kidney disease, 폐쇄성 요로증obstructive uropathy과 같은 소금 낭비성 신장해salt wasting nephropathies 또는 사이클로스포린cyclosporine과 시스플라틴cisplatin 같은 약물,[673] 그리고 패혈증 같은 증상으로부터 발생할 수 있다.[674] 저나트륨혈증을 유발할 수 있는 다른 약물로는 옥스카르바제핀oxcarbazepine, 트리메토프림trimethoprim, 항정신병제antipsychotics, 항우울제antidepressants, 비스테로이드성 항염증제(NSAIDs), 사이클로포스파미드cyclophosphamide(임파선종 및 백혈병 치료제), 카르바마제핀carbamazepine(삼차 신경통 및 간질 치료용의 항抗 경련제, 빈크리스틴vincristine(백혈병 치료용 알칼로이드)과 빈블라스틴vinblastine(식물성 항종양성 알칼로이드), 티오리딘thiothixene, 티오리다진thioridazine(신경 안정제), 기타 페노티아진phenothiazines, 할로페리돌haloperidol, 아미트리프틸린amitriptyline(우울증 및 야뇨증 치료제), 다른 삼환계 항우울제Other tricyclic antidepressants, 모노아민 산화 효소 억제제monoamine oxidase inhibitors, 브로모크립틴bromocriptine(프로락틴 분비 과잉 억제제), 클로피브레이트clofibrate, 전신 마취제, 마약, 아편제, 엑스터시, 술포닐루레아sulfonylureas(혈당 강하 작용이 있는 당뇨병의 경구약經口藥), 아미오다론amiodarone 등이 있다.[675]

# 부록 3

## 좋아하는 음식의 소금 함량

자신이 좋아하는 음식의 라벨에 있는 소금 함량을 확인해서 얼마나 많은 소금을 갈망하는지를 알 수 있다. 이것은 체내 소금자동 조절장치와 익숙해지기 위한 유용한 정보이다. 하지만 하루에 몇 mg이라는 방식으로 헤아리지 않는 편이 좋다. 자신의 몸이 알아서 자신을 적절한 섭취량으로 안내할 것이기 때문이다. 다음 목록은 몇몇 일반적인 음식의 소금 함량을 제공하는 표이다.

| 음식 | 소금 함량 |
|---|---|
| 냉동 식품 | 한 끼 당 최대 1,800mg |
| 통조림 수프와 야채 | 1접시 당 최대 1,300mg |
| 코티지 치즈cottage cheese | 1컵 당 ~1,000mg |
| 스파게티 소스 | 1컵 당 최대 1,000mg |
| 샌드위치 | 1개 당 최대 900mg |
| 피클 | 1피클 당 최대 785mg |
| 인스턴트 쇠고기 국수 스프 | 1포장 당 757mg |
| 소금 간을 한 볶은 호박 씨앗 | 1온스 당 최대 711mg |
| 핫도그 | 1개 당 최대 700mg |
| 토마토 주스 | 8온스 당 최대 700mg |
| 데리아끼 소스 | 테이블스푼 당 690mg |
| 로크퍼트 치즈roquefort cheese | 1온스 당 507mg |

| | |
|---|---|
| 프레젤pretzels | 1온스 당 480mg |
| 베이글 | 1개 당 ~460mg |
| 비건 햄버거 | 1패티 당 400~500mg |
| 간장 | 1스푼 당 409mg |
| 샐러드 드레싱 | 2테이블스푼 당 최대 300mg |
| 케이퍼capers | 테이블스푼 당 255mg |
| 6-inch짜리 토르티아tortilla | ~200mg |
| 시리얼 | 1접시 당 180~300mg |
| 소금에 절인 베이컨 | 1장 당 175mg |
| 케첩 | 테이블스푼 당 150mg |
| 시금치 | 1컵 당 125mg |
| 스위트 렐리쉬sweet relish | 테이블스푼 당 122mg |
| 사탕무 | 1개 당 65mg |
| 샐러리 | 큰 줄기 1개 당 50mg |
| 당근 | 큰 당근 1개 당 50mg |

참조:

http://www.health.com/health/gallery#cottage-cheese-1;

https://www.healthaliciousness.com/articles/what-foods-high-sodium.php;

http://www.everydayhealth.com/heart-health-pictures/10-sneaky-sodium-bombs.aspx#02;

http://www.webmd.com/diet/ss/slideshow-salt-shockers;

http://www.foxnews.com/leisure/2013/02/25/8-high-sodium-foods-that-are-ok-to-eat/.

# 저자에 관하여

저자인 제임스 디니콜란토니오James DiNicolantonio는 미주리 주 캔자스 시티 Kansas City, Missouri에 있는 세인트루크 성聖누가심장연구소Saint Luke's Mid America Heart Institute의 심혈관 연구 과학자 겸 약학 박사이다. 많은 사람들의 존경을 받고 있고, 국제적으로 잘 알려진 과학자이며, 건강과 영양에 관한 전문가이다. 그는 미국 보건 정책에 광범위하게 기여했고, 의학 문헌에 200개 이상의 관련 논문을 발표했다. 디니콜란토니오 박사는 캐나다 상원 앞에서 비만의 주된 원인과 정제된 탄수화물과 설탕이 우리의 건강에 미치는 유해한 영향에 대해 증언했다. 또 뉴욕타임즈New York Times, 포브스Forbes, 그리고 유 에스 뉴스 월드 리포트U. S. News & World Report를 포함한 일반 언론에 영양에 관한 수많은 유명 기사를 발표했다. 영국 심혈관협회와 파트너십을 맺고 발행되는 잡지인 BMJ Open Heart의 부편집장을 맡고 있으며, Progress in Cardiovascular Diseases, Journal of Insulin Resistance, and International Journal of Clinical Pharmacology and Toxicology를 포함하여 여러 다른 의학 저널의 편집자문위원회에 속해 있다.

# 참고문헌

## 들어가며 : 식탁 위에 놓인 소금을 두려워하지 마라.

1. http://www.cdc.gov/mmwr/preview/mmwrhtml/mm6425a3.htm.

## 01  소금은 고혈압을 유발하지 않을까?

2. Bayer, R., D. M. Johns, and S. Galea. 2012. Salt and public health: contested science and the challenge of evidence- Based decision making. Health Aff (Millwood) 31 (12): 2738-746.
3. Overlack, A., et al. 1993. Divergent hemodynamic and hormonal re sponses to varying salt intake in normotensive subjects. Hypertension22(3):331-338
4. Taubes, G. 2007. Good Calories, Bad Calories. New York: Knopf.

## 02  우리 몸은 소금물로 이루어져 있다.

5. Denton, D. A. 1965. Evolutionary aspects of the emergence of aldosterone secretion and salt appetite. Physiol Rev 45: 245-295.
6. http://see-the-sea.org/facts/facts-body.htm.
7. https://web.stanford.edu/group/Urchin/mineral.html.
8. http://water.usgs.gov.edu/whyoceansalty.html.
9. Denton, D. A., M. J. McKinley, and R. S. Weisinger. 1996. Hypothalamic integration of body luid regulation. Proc Natl Acad Sci U S A 93(14): 7397-7404.
10. Denton. Evolutionary aspects of the emergence of aldosterone secretion and salt appe-tite. 245-295.
11. Denton, McKinley, and Weisinger. Hypothalamic integration of body fluid regulation. 7397-7404.
12. Denton, McKinley, and Weisinger. Evolutionary aspects of the Denton emergence of aldosterone secretion and salt appetite. 245-295.
13. http://www.independent.co.uk/news/science/did-humans-come-from-the-seas-instead-of-the-trees-much-derided-theory-of-evolution-about-aquatic-8608288.html; https://answersingenesis.org/natural-selection/adaptation/did-humans-evolve-from-a-fish-out-of-water/ http://evolution.berkeley.edu/evolibrary/article/evograms_04; /https://en.m.wikipedia.org/wiki/Evolution_of_tetrapods.
14. Denton. Evolutionary aspects of the emergence of aldosterone secretion and salt appe-tite. 245-295.

15. Ibid.
16. https://answersingenesis.org/natural−selection/adaptation/did −humans−evolve−from−a−fish−out−of−water/; https://en.m.wikipediaorg /wiki/Evolution_of_tetrapods; https://en.wikipedia.org/wiki/Tetrapod.
17. Denton. Evolutionary aspects of the emergence of aldosterone secretion and salt appetite. 245−295.
18. Ibid.
19. Ibid.
20. Denton, McKinley, and Weisinger. Hypothalamic integration of body fluid regulation. 7397−7404.
21. http://www.scientificamerican.com/article/how−can−sea−mammals −drink/.
22. Luft, F. C., et al. 1979. Plasma and urinary norepinephrine values at extremes of sodium intake in normal man. Hypertension 1(3): 261− 266.
23. Russon, A. E., et al. 2014. Orangutan fish eating, primate aquatic fauna eating, and their implications for the origins of ancestral hominin fish eating. J Hum Evol 77: 50−63.
24. Denton, McKinley, and Weisinger. Hypothalamic integration of body fluid regulation. 7397−7404.
25. Russon. Orangutan fish eating, primate aquatic fauna eating, and their implications for the origins of ancestral hominin fish eating. 50−63.
26. Ibid.
27. Ibid.
28. Ibid.
29. Ibid.
30. Stewart, K. M. 2014. Environmental change and hominin exploitation of C4−based resources in wetland/savanna mosaics. J Hum Evol 77 1−16.
31. Brenna, J. T., and S. E. Carlson. 2014. Docosahexaenoic acid and human brain development: evidence that a dietary supply is needed for optimal development. J Hum Evol 77: 99−106.
32. Ibid.
33. http://www.dailymail.co.uk/sciencetech/article−2536015/Ancient −ancestors−ate−diet−tiger−nuts−worms−grasshoppers.html.
34. Agbaje, R. B., V. O. Oyetayo, and A. O. Ojokoh. 2015. Effect of fermentation methods on the mineral, amino and fatty acids composition of Cyperus esculentus. AfrJ Biochem Res 9 (7): 89−94.
35. Payne, C. L., et al. 2016. Are edible insects more or less 'healthy' than commonly consumed meats? A comparison using two nutrient profiling models developed to combat over− and undernutrition. EurJ Clin Nutr 70(3): 285−291.
36. Xiao, K., et al. 2010. Effects of dietary sodium on performance, flight and compensation strategies in the cotton bollworm, Helicoverpa armigera (Hübner) (Lepidoptera: Noctuidae). Front Zool 7(11): 1−8.
37. Ibid.
38. Payne. Are edible insects more or less 'healthy' than commonly consumed meats? A comparison using two nutrient profiling models developed to combat over− and undernutrition. 285−291.
39. Meneely, G. R., and H. D. Battarbee. 1976. High sodium−low potassium environment and hypertension. Am J Cardiol 38(6): 768—785; Neal, B. 2014. Dietary salt is a public health hazard that requires vigorous attack. Can J Cardiol 30(5): 502−506.
40. Eaton, S. B., and M. Konner. 1985. Paleolithic nutrition. A consideration of its nature and current implications. N EnglJ Med 312 (5): 283−289.
41. Denton, D. 1997. Can hypertension be prevented? J Hum Hypertens11(9):563−569

42. Gleibermann, L. 1973. Blood pressure and dietary salt in human populations. Ecol Food Nutr 2(2): 143–156.
43. O'Keefe, J. H., Jr., and L. Cordain 2004. Cardiovascular disease resulting from a diet and lifestyle at odds with our Paleolithic genome: how to become a 21st–century hunter–gatherer. Mayo Clin Proc 79(1): 101–108.
44. Denton. Evolutionary aspects of the emergence of aldosterone secretion and salt appetite. 245–95.
45. Denton, McKinley, and Weisinger. Hypothalamic integration Of body fluid regulation. 7397–7404.
46. Folkow, B. 2003. [Salt and blood pressure–centenarian bone of contention]. Lakartidningen 100(40): 3142–3147. [Article in Swedish.]
47. Ibid.
48. Milligan, L. P., and B. W. McBride. 1985. Energy costs of ion pumping by animal tissues. J Nutr 11500): 1374–1382.
49. Folkow. [Salt and blood pressure–centenarian bone of contention]. 3142–3147.
50. Overlack, A., et al. 1993. Divergent hemodynamic and hormonal responses to varying salt intake in normotensive subjects. Hypertension22(3):331–338
51. Ritz, E. 1996. The history of salt–aspects of interest to the nephrologist. Nephrol Dial Transplant 11 (6): 969–975.
52. Moinier, B. M., and T. B. Drueke. 2008. Aphrodite, sex and salt– from butterfly to man. Nephrol Dial Transplant 23 (7): 2154–2161.
53. Ibid.
54. Ibid.
55. Ibid.
56. Denton, McKinley, and Weisinger. Hypothalamic integration of body fluid regulation. 7397–7404.
57. Ritz. The history of salt–aspects of interest to the nephrologist. 969– 975.
58. https://en.wikipedia.org/wiki/Mud–puddling.
59. Moinier and Drueke. Aphrodite, sex and salt–from butterfly to man. 2154–2161.
60. Ibid.
61. Wassertheil–Smoller, S., et al. 1991. Effect of antihypertensives on sexual function and quality of life: the TAIM Study. Ann Intern Med 114(8): 613–620.
62. Jaaskelainen, J., A. Tiitinen, and R. Voutilainen. 2001. Sexual function and fertility in adult females and males with congenital adrenal hyperplasia. Horm Res 73–80.

## 03  소금 논쟁– 우리는 어떻게 소금을 악마로 만들었는가?

63. Meneely, G. R., and H. D. Battarbee. 1976. High sodium–low potassium environment and hypertension. Am J Cardiol 38(6): 768–785; Dahl, L. K. 2005. Possible role of salt intake in the development of essential hypertension. 1960. Int J Epidemiol 34(5): 967–972; discussion 972–974, 975–978.
64. Ha, S. K. 2014. Dietary salt intake and hypertension. Electrolyte Blood Press 12(1): 7–18.
65. Kurlansky, M. 2003. Salt: A World History. New York: Penguin.
66. Ibid.
67. Ibid.
68. Ibid.
69. Mente, A., M. J. O'Donnell, and S. Yusuf. 2014. The population risks of dietary salt

excess are exaggerated. Can J Cardiol 30(5): 507-512

70. Ritz, E. 1996. The history of salt—aspects of interest to the nephrologist. Nephrol Dial Transplant 11(6): 969-975.

71. Johnson, R. J. 2012. The Fat Switch. Mercola.com.

72. Johnson, R. J., et al. 2007. Potential role of sugar (fructose) in the epidemic of hypertension, obesity and the metabolic syndrome, diabetes, kidney disease, and cardiovascular disease. Am J Clin Nutr 86(4): 899-906.

73. http://www.heart.org/idc/groups/heart-public/@wcm/@sop/@smd [documents/downloadable/ucm_462020.pdf.

74. http://www.cdc.gov/nchs/data/databriefs/dbl".htm; http://www.cdc .gov/mmwr/preview/mmwrhtml/su6203a24.htm.

75. DiNicolantonio, J. J., and S. C. Lucan. 2014. The wrong white crystals: not salt but sugar as aetiological in hypertension and cardiometabolic disease. Open Heart 1. doi:10.1136/openhrt-2014-000167.

76. Kurlansky. Salt: A World History.

77. Johnson. The Fat Switch.

78. Graudal, N. 2005. Commentary: possible role of salt intake in the development of essential hypertension. Int J Epidemiol 34: 972-974.

79. https://books.google.com/books?id=SFUcAQAAMAAJ&pg=PA652&dq=ambard+lowenstein+salt+1907&hl=en&sa=X&ved=0ahUKEwig-p-9vKvPAhWCcD4KHUjKD-0QQ6AEIHDAA#v=onepage&q=lowenstein&f=false.
https://books.google.com/books?id=pTTQAAAAMAAJ&pg=PA417&lpg=PA417&dq=lowenstein+salt+1907&source=bl&ots=6hE8bSq3YD&sig=WIq6enQs0TnJaDi1_ZN72y7N2Ew&hl=en&sa=X&ved=0ahUKEwi2xsTt4arPAhXJzIMKHWHOAb0Q6AEI-IDAB#v=onepage&q=lowenstein%20salt%201907&f=false

80. Chapman, C. B., and T. B. Gibbons. 1950. The diet and hypertension: a review. Medicine (Baltimore) 29(1): 29-69.

81. Ibid; Pines, K. L., and G. A. Perera. 1949. Sodium chloride restriction in hypertensive vascular disease. Med Clin North Am 33 (3): 713-725.

82. Chasis, H., et al. 1950. Salt and protein restriction: effects on blood pressure and renal hemodynamics in hypertensive patients. JAMA 142(10): 711-715.

83. Chapman and Gibbons. The diet and hypertension: a review. 29-69.

84. Klemmer, P., C. E. Grim, and F. C. Luft. 2014. Who and what drove Walter Kempner? The Rice Diet revisited. Hypertension 64(4): 684- 688.

85. https://en.wikipedia.org/wiki/Rice_diet.

86. Kempner, W. 1948. Treatment of hypertensive vascular disease with Rice Diet. Am J Med4(4):545

87. Klemmer, Grim, and Luft. Who and what drove Walter Kempner? The Rice Diet revisited. 684-688.

88. Kempner. Treatment of hypertensive vascular disease with Rice Diet. 545-577.

89. Ibid.

90. Batuman, V. 2011. Salt and hypertension: why is there still a debate? Kidney Int Suppl 3(4): 316-320.

91. Ratliff, N. B. 2000. Of rice, grain, and zeal: lessons from Drs. Kempner and Esselstyn. Cleve ClinJ Med 67(8): 565-566.

92. https ://news.google.com/newspapers ?nid = 1955 &dat= 19971021 &id==mE-kwAAAAIBAJ&sjid=nKYFAAAAIBAJ&.pg=38iol3940249& hl=en.

93. Kempner. Treatment of hypertensive vascular disease with Rice Diet. 545-577.

94. Ibid.

95. McCallum, L., et al. 2013. Serum chloride is an independent predictor of mortality in hypertensive patients. Hypertension 62 (5): 836-843.

96. Kempner. Treatment of hypertensive vascular disease with Rice Diet. 545–577.
97. http://www.turner–white.com/memberfile.php ?PubCode=hp_mar07 _hypertensive.pdf.
98. Kempner. Treatment of hypertensive vascular disease with Rice Diet. 545–577.
99. Chasis. Salt and protein restriction: effects on blood pressure and renal hemodynamics in hypertensive patients. 711–715.
100. Rice Diet in hypertension. Lancet. 1950. 256(6637): 529–530.
101. Chasis. Salt and protein restriction: effects on blood pressure and renal hemodynamics in hypertensive patients. 711–715; Laragh, J. H., and M. S. Pecker. 1983. Dietary sodium and essential hypertension: some myths, hopes, and truths. Ann Intern Med 98(5 Pt 2): 735–743; Loofbourow, D. G., A. L. Galbraith, and R. S. Palmer. 1949. Effect of the Rice Diet on the level of the blood pressure in essential hypertension. N EnglJ Med 240(23): 910–914; Schroeder, H. A., et al. 1949. Low sodium chloride diets in hypertension: effects on blood pressure. JAMA 140(5): 458–463; Corcoran, A. C., R. D. Taylor, and I. H. Page. 1951. Controlled observations on the effect of low sodium dietotherapy in essential hypertension. Circulation 3(1): 1–16.
102. Laragh and Pecker. Dietary sodium and essential hypertension: some myths, hopes, and truths. 735–743; Loofbourow, Galbraith, and Palmer. Effect of the Rice Diet on the level of the blood pressure in essential hypertension. 910–914; Schroeder. Low sodium chloride diets in hypertension: effects on blood pressure. 458–463; Watkin, D. M., et al. 1950. Effects of diet in essential hypertension. II. Results with unmodified Kempner Rice Diet in 50 hospitalized patients. Am J Med 9(4): 441–493; Page, I. H. 1951. Treatment of essential and malignant hypertension. JAMA 147(14): 1311–1318.
103. Laragh and Pecker. Dietary sodium and essential hypertension: some myths, hopes, and truths. 735–743.
104. Ibid; Reisin, E., et al. 1978. Effect of weight loss without salt restriction on the reduction of blood pressure in overweight hypertensive patients. N EnglJ Med 298(1): 1–6; Tuck, M. L., et al. 1981. The effect of weight reduction on blood pressure, plasma renin activity, and plasma aldosterone levels in obese patients. N Engl J Med 304(16): 930–933.
105. Corcoran, Taylor, and Page. Controlled observations on the effect of low sodium dietotherapy in essential hypertension. 1–16.
106. Loofbourow, Galbraith, and Palmer. Effect of the Rice Diet on the level of the blood pressure in essential hypertension. 910–914.
107. Tasdemir, V., et al. 2015. Hyponatremia in the outpatient setting: clinical characteristics, risk factors, and outcome. Int Urol Nephrol 47(12): 1977–1983.
108. Laragh and Pecker. Dietary sodium and essential hypertension: some myths, hopes, and truths. 735–743; Mac, G. W., Jr. 1948. Risk of uremia due to sodium depletion. JAMA 137(16): 1377; Soloff, L. A., and J. Zatuchni, 1949. Syndrome of salt depletion induced by a regimen Of sodium restriction and sodium diuresis. JAMA 139(17): 1136–1139; Grollman, A. R., et al. 1945. Sodium restriction in the diet for hypertension. JAMA 129(8): 533–537
109. Schroeder. Low sodium chloride diets in hypertension: effects on blood pressure. 458–463.
110. Joe, B. 2015. Dr Lewis Kitchener Dahl, the Dahl rats, and the "inconvenient truth" about the genetics of hypertension. Hypertension 65 (5): 963–969.
111. Dahl. Possible role of salt intake in the development of essential hypertension. 967–972; discussion 972–974, 975–978.
112. Joe. Dr Lewis Kitchener Dahl, the Dahl rats, and the "inconvenient truth" about the genetics of hypertension. 963–969.
113. Dahl, L. K., and R. A. Love. 1954. Evidence for relationship between sodium (chloride) intake and human essential hypertension. AMA Arch Intern Med 94 (4): 525–531.

114. Rebello, T., R. E. Hodges, and J. L. Smith. 1983. Short-term effects of various sugars on antinatriuresis and blood pressure changes in normotensive young men. Am J Clin Nutr 38(1): 84-94.

115. Kearns, C. E., L. A. Schmidt, and S. A. Glantz. 2016. Sugar industry and coronary heart disease research: a historical analysis of internal industry documents. JAMA Intern Med 176(11): 1680-1685.

116. Dahl. Possible role of salt intake in the development of essential hypertension. 967-972; discussion 972-974, 975-978.

117. Ibid.

118. Folkow, B., and D. L. Ely. 1987. Dietary sodium effects on cardiovascular and sympathetic neuroeffector functions as studied in various rat models. J Hypertens 5(4): 383-395.

119. Grollman. Sodium restriction in the diet for hypertension. 533-537.

120. Dahl, L. K. 1968. Salt in processed baby foods. Am J Clin Nutr 21 (8): 787-792; Infant mortality in the United States and abroad. Stat Bull Metropol Life Insur Co, 1967- 48: 2-6.

121. Dahl. Salt in processed baby foods. 787-792.

122. Meneely, G. R., and H. D. Battarbee. 1976. High sodium-low potassium environment and hypertension. Am J Cardiol 38(6): 768-785.

123. https://thescienceofnutrition.files.wordpress.com/2014/03/dietary -goals-for-the-united-states.pdf.

124. http://www.nytimes.com/1987/09/20/obituaries/george-r-meneely-75 -dies-louisiana-medical-professor.html.

125. Meneely and Battarbee. High sodium-low potassium environment and hypertension. 768-785.

126. http://babel.hathitrust.org/cgi/pt?id=umn.31951d00283417h;view=iup;seq=7

127. http://zerodisease.com/archive/Dietary_Goals_For_The_United _States.pdf.

128. http://babel.hathitrust.org/cgi/pt?id=umn.3195rd00283417h;view=iup;seq=7

129. Meneely and Battarbee. High sodium-low potassium environment and hypertension. 768-785.

130. http://babel.hathitrust.org/cgi/pt?id=umn.31951d00283417h;view=iup;seq=7

131. Pearce, E. N., M. Andersson, and M. B. Zimmermann. 2013. Global iodine nutrition: where do we stand in 2013? Thyroid 23(5): 523-528.

132. Brown, W. J., Jr., F. K. Brown, and I. Krishan. 1971. Exchangeable sodium and blood volume in normotensive and hypertensive humans on high and low sodium intake. Circulation43(4):508-519

133. Luft, F. C., et al. 1979. Plasma and urinary norepinephrine values at extremes of sodium intake in normal man. Hypertension 1(3): 261-266; Grant, H., and F. Reischsman. 1946. The effects of the ingestion of large amounts of sodium chloride on the arterial and venous pressures of normal subjects. Am Heart J 32(6): 704-712; Kirkendall, A. M., et al. 1976. The effect of dietary sodium chloride on blood pressure, body fluids, electrolytes, renal function, and serum lipids of normotensive man. J Lab Clin Med87(3):411-434.

134. Guyton, A. C., et al. 1980. Salt balance and long-term blood pressure control. Annu Rev Med 31: 15-27.

135. Luft. Plasma and urinary norepinephrine values at extremes of sodium intake in normal man. 261-266.

136. DiNicolantonio and Lucan. The wrong white crystals: not salt but sugar as aetiological in hypertension and cardiometabolic disease; Johnson, R. J., et al. 2015. The discovery of hypertension: evolving views on the role of the kidneys, and current hot topics. Am J Physiol Renal Physiol 308(3): F167-F178.

137. Meneely and Battarbee. High sodium—low potassium environment and hypertension. 768–785.

138. Loofbourow, Galbraith, and Palmer. Effect of the Rice Diet on the level of the blood pressure in essential hypertension. 910–914.

139. Dahl. Possible role of salt intake in the development of essential hypertension. 967–972; discussion 972–974, 975–978.

140. http://www.legacy.com/obituaries/nytimes/obituary.aspx?pid=174460411.

141. Laragh and Pecker. Dietary sodium and essential hypertension: some myths, hopes, and truths. 735–743'

142. MacGregor, G. A., et al. 1982. Double—blind randomised crossover trial of moderate sodium restriction in essential hypertension. Lancet 1(8268): 351–355.

143. http://www.health.gov/dietaryguidelines/dga20ro/dietaryguidelines 2010.pdf.

144. http://www.actiononsalt.org.uk/about/Staff Profiles/42511.html.

145. http://www.worldactiononsalt.com/about/index.html.

146. http://www.actiononsalt.org.uk/news/Salt in the news/2014/126738 .html.

147. Law, M. R., C. D. Frost, and N. J. Wald. 1991. By how much does dietaty salt reduction lower blood pressure? Ill—Analysis of data from trials of salt reduction. BMJ 302(6780): 819–824.

148. Graudal, N. A., A. M. Galloe, and P. Garred. 1998. Effects of sodium restriction on blood pressure, renin, aldosterone, catecholamines, cholesterols, and triglyceride: a meta—analysis. JAMA 279(17): 1383– 1391; Midgley, J. P., et al. 1996. Effect of reduced dietary sodium on blood pressure: a meta—analysis of randomized controlled trials. JAMA 275(20): 1590–1597.

149. The fifth report of the Joint National Committee on Detection, Evaluation, and Treatment of High Blood Pressure (JNC V). Arch Intern Med. 1993. 153(2): 154–183.

150. Swales, J. 2000. Population advice on salt restriction: the social issues. Am J Hypertens 13(1 Pt 1): 2–7.

151. Ibid.

152. Graudal, Galloe, and Garred. Effects of sodium restriction on blood pressure, renin, aldosterone, catecholamines, cholesterols, and triglyceride: a meta—analysis. 1383–1391; Midgley. Effect of reduced dietary sodium on blood pressure: a meta—analysis of randomized controlled trials. 1590–1597; Swales, J. D. 1995. Dietary sodium restriction in hypertension. In J. H. Laragh and B. M. Brenner, eds., Hypertension: Pathophysiology, Diagnosis and Management, 283–298. New York: Raven Press.

153. Cutler, J. A., D. Follmann, and S. Allender. 1997. Randomized trials of sodium reduction: an overview. Am J Clin Nutr 65 (2 Suppl): 643s– 651S.

154. Kumanyika, S. K., et al. 1993. Feasibility and efficacy of sodium reduction in the Trials of Hypertension Prevention, phase I. Trials of Hypertension Prevention Collaborative Research Group. Hypertension 22 (4): 502–512.

155. Ebrahim, S., and G. D. Smith. 1998. Lowering blood pressure: a systematic review of sustained effects of non—pharmacological interventions. J Public Health Med 20(4): 441–448.

156. Swales, J. D. 1991. Dietary salt and blood pressure: the role of metaanalyses. J Hypertens Suppl 9(6): S42–S46; discussion S47–S49.

157. Midgley. Effect of reduced dietary sodium on blood pressure: a metaanalysis of randomized controlled trials. 1590–1597.

158. Food and Nutrition Board. 1989. Diet and Health: Implications for Reducing Chronic Disease Risk. Washington, DC: National Academies Press; King, J. C., and K. J. Reimers. 2014. Beyond blood pressure: new paradigms in sodium intake reduction and health outcomes. Adv Nutr 5(5): 550–552; Sodium, potassium, body mass, alcohol and blood pressure: the INTERSALT study. The INTERSALT Co—operative Research

Group. J Hypertens Suppl. 1988. 6(4): S584–S586.

159. Intersalt: an international study of electrolyte excretion and blood pressure. Results for 24 hour urinary sodium and potassium excretion. Intersalt Cooperative Research Group. BMJ. 1988. 297(6644): 319–

160. Folkow, B., and D. Ely. 1998. Importance of the blood pressure–heart rate relationship. Blood Press 7(3): 133–138.

161. Overlack, A., et al. 1993. Divergent hemodynamic and hormonal responses to varying salt intake in normotensive subjects. Hypertension22(3):331–338

162. Freedman, D. A., and D. B. Petitti. 2001. Salt and blood pressure. Conventional wisdom reconsidered. Eval Rev 25(3): 267–287.

163. Folkow, B. 2003. [Salt and blood pressure–centenarian bone of contentionl. Lakartidningen 100(40): 3142–3147. [Article in Swedish.]; Folkow and Ely. Importance of the blood pressure–heart rate relationship. 133–138.

164. Food and Nutrition Board. 2005. Dietary Reference Intakes for Water, Potassium, Sodium, Chloride, and Sulfate By Standing Committee on the Scientific Evaluation of Dietary Reference Intakes, Panel on Dietary Reference Intakes for Electrolytes and Water. Washington, DC: Institute of Medicine.

165. Ibid.

166. Ibid.

167. http://www.health.gov/dietaryguidelines/dga2005/document/pdf /dga2005.pdf.

168. http://www.jhsph.edu/faculty/directory/profile/15/lawrence-j-appel.

169. http://www.nap.edu/read/10925/chapter/1%20–9620v.

170. http://www.worldactiononsalt.com/about/members/indexhtml.

171. http://www.health.gov/dietaryguidelines/dguoro/dietaryguidelines 2010.pdf.

172. http://www.forbes.com/sites/realspin/2015/04/09/if-you-must-have-a-dietary-culprit-at-least-pick-the-right-one/.

173. Dietary fat and its relation to heart attacks and strokes. Report by the Central Committee for Medical and Community Program of the American Heart Association. JAMA 175(5): 389–391.

174. http://garytaubes.com/wp-content/uploads/2011/08/science-political –science-of-salt.pdf.

175. http://www.theguardian.com/society/2003/apr/21/usnews.food.

176. http://www.thedrum.com/news/2016/07/20/coca-cola-use-olympics-sponsorship-push-non-fizzy-drinks; http://fluoridealert.org/news/sugar –industry-has-subverted-public-health-policy-for-decades-study-finds/.

177. http://well.blogs.nytimes.com/2015/08/09/coca-coIa-funds-scientists-who-shift-blame-for-obesity-away-from-bad-diets/?_r=o;http://www.eurekalert.org/pub_releases/2015-02/bmj-bir020915.php;http://.naturalnews.cOm/049027.COca-COla_payOla_scheme_cOrpOrate _propaganda.html;http://finance.yahoo.com/news/coke-healthy-snack-company-gets-message-104133830.html.

178. Lucan, S. C., and J. J. DiNicolantonio. 2015. How calorie-focused thinking about obesity and related diseases may mislead and harm public health. An alternative. Public Health Nutr 18(4): 571–581.

179. Walker, A. R. 1975. Sucrose, hypertension, and heart disease. Am J Clin Nutr 28(3): 195–200.

180. Sievenpiper, J. L., L. Tappy, and F. Brouns. 2015. Letter to the editor regarding: DiNicolantonio JJ, O'Keefe JH, Lucan SC. Added Fructose: A Principal Driver of Type 2 Diabetes Mellitus and Its Consequences. Mayo Clin Proc January 26. pii: 80025–6196(15)00040–3 doino.1016/j.mayocp.2014.12.019. [Epub ahead of print] Review.

181. Johnson. Potential role of sugar (fructose) in the epidemic of hypertension, obesity and the metabolic syndrome, diabetes, kidney disease, and cardiovascular disease.

899–906; DiNicolantonio and Lucan. The wrong white crystals: not salt but sugar as aetiological in hypertension and cardiometabolic disease; DiNicolantonio, J. J., J. H. O'Keefe, and S. C. Lucan. 2015. In reply-fructose as a driver of diabetes: an incomplete view of the evidence. Mayo Clin Proc 90(7): 988–990; DiNicolantonio, J. J., J. H. O'Keefe, and S. C. Lucan. 2014. An unsavory truth: sugar, more than salt, predisposes to hypertension and chronic disease. Am J Cardiol 114(7): 1126–1128; DiNicolantonio, J. J., J. H. O'Keefe, and S. C. Lucan. Added fructose: a principal driver of type 2 diabetes mellitus and its consequences. Mayo Clin Proc 90(3): 372–381; Basu, S., et al. 2013. The relationship of sugar to population-level diabetes prevalence: an econometric analysis of repeated cross-sectional data. PLOS One 8(2): e57873.

182. http://zerodisease.com/archive/Dietary_Goals_For_The_United_States.pdf.
183. https://thescienceofnutrition.files.wotdpress.com/2014/03/dietary-goals-for-the-united-states.pdf.
184. http://content.time.com/time/covers/o,1664r,19820315,oo.html.
185. http://content.time.com/time/covers/o,16641,19840326,oo.html.
186. http://content.time.com/time/covers/o,16641,19610113,oo.html.
187. http://www.health.gov/dietaryguidelines/l$othin.pdf; http://www.health.gov/dietaryguidelines/1985thin.pdf; http://www.health.gov/dietaryguidelines/1990thin.pdf;http://www.cnpp.usda.gov/sites/default /files/dietary_guidelines_for_americans/1995DGConsumerBrochure .pdf.
188. Rebello, Hodges, and Smith. Short-term effects of various sugars on antinatriuresis and blood pressure changes in normotensive young men. 84–94; Reiser, S., et al. 1981. Serum insulin and glucose in hyperinsulinemic subjects fed three different levels of sucrose. Am J Clin Nutr 34(11): 2348–2358; Yudkin, J. 1964. Patterns and trends in carbohydrate consumption and their relation to disease. Proc Nutr Soc 23: 149–162; Yudkin, J. 1964. Dietary fat and dietary sugar in relation to ischaemic heart-disease and diabetes. Lancet 2(7349): 4–5.
189. Reiser, S., et al. 1979. Isocaloric exchange of dietary starch and sucrose in humans. II. Effect on fasting blood insulin, glucose, and glucagon and on insulin and glucose response to a sucrose load. Am J Clin Nutr 32(11): 2206–2216.
190. Reiser. Serum insulin and glucose in hyperinsulinemic subjects fed three different levels of sucrose. 2348–2358.
191. DiNicolantonio, O'Keefe, and Lucan. Added fructose: a principal driver of type 2 diabetes mellitus and its consequences. 372–381.
192. Hujoel, P. 2009. Dietary carbohydrates and dental-systemic diseases. J Dent Res 88(6): 490–502.
193. Bes-Rastrollo, M., et al. 2013. Financial conflicts of interest and reporting bias regarding the association between sugar-sweetened beverages and weight gain: a systematic review of systematic reviews. PLOS Med 10(12): e1001578; discussion e1001578.
194. http://www.youtube.com/watch ellaGlBVphI.
195. Bray, G. A., and B. M. Popkin. 2014. Dietary sugar and body weight: have we reached a crisis in the epidemic of obesity and diabetes? Health be damned! Pour on the sugar. Diabetes Care 37(4): 950–956
196. https://thescienceofnutrition.files.wordpress.com/2014/03/dietary-goals-for-the-united-states.pdf.
197. Johnson. Potential role of sugar (fructose) in the epidemic of hypertension, obesity and the metabolic syndrome, diabetes, kidney disease, and cardiovascular disease. 899–906.
198. Bernstein, A. M., and W. C Willett. 2010. Trends in 24-h urinary sodium excretion in the United States, 1957–2003: a systematic review. Am J Clin Nutr 92(5): 1172–1180.

199. DiNicolantonio and Lucan. The wrong white crystals: not salt but sugar as aetiological in hypertension and cardiometabolic disease; http://www.ers.usda.gov/data-products/food-availability-(per-capita) -data-system/food-availability-documentation.aspx).

200. http:l/www.qmfound.com/history_of_rations.htm.

201. http://www.qmfound.com/army_rations_historical_background.htm.

202 Ibid.

203. https:/len.wikipedia.org/wiki/Refrigeration.

204. http://www.cdc.gov/nchs/data/databriefs/db88.pdf.

205. Antar, M. A., M. A. Ohlson, and R. E. Hodges. Changes in retail market food supplies in the United States in the last seventy years in relation to the incidence of coronary heart disease, with special reference to dietary carbohydrates and essential fatty acids. Am J Clin Nutr 14: 169-178.

206. http://health.gov/dietaryguidelines/2015-scientific-report/pdfs / scientific-report-of-the-2015-dietary-guidelines-advisory-committee .pdf.

207. http://www.health.gov/dietaryguidelines/l$othin.pdf.

208. Trumbo, P., et al. 2002. Dietary reference intakes for energy, carbohydrate, fiber, fat, fatty acids, cholesterol, protein and amino acids. J Am Diet Assoc 102(11): 1621-1630.

209. http://www.health.gov/dietaryguidelines/dga2005/document/pdf /dga2005.pdf.

210. http://www.health.gov/dietaryguidelines/dga2010/dietaryguidelines 2010.pdf.

211. http://health.gov/dietaryguidelines/2015-scientific-report/pdfs /scientific-report-of-the-2015-dietary-guidelines-advisory-committee .pdf

## 04 심장병을 일으키는 진짜 주범主犯은 누구인가?

212. Park, J., and C. K. Kwock. 2015. Sodium intake and prevalence of hypertension, coronary heart disease, and stroke in Korean adults. J Ethn Foods 2(3): 92-96.

213. http://www.worldlifeexpectancy.com/cause-of-death/coronary-heart -disease/by-country/).

214. http://ec.europa.eu/health/nutrition_physical_activity/docs/salt_reportcen.pdf.

215. http://www.worldlifeexpectancy.com/cause-of-death/coronary-heart -disease/by-country/).

216. https://en.wikipedia.org/wiki/List_of_countries_by_life_expectancy.

217. http://ec.europa.eu/health/nutrition_physical_activity/docs/salt_reportuen.pdf;http://ec.europa.eu/eurostat/statistics-explained/index .php/Causes_of_death_statistics; Elliot, P., and I. Brown. 2006. Sodium intakes around the world. http://www.who.int/dietphysical activity/Elliot-brown-2007.pdf.

218. https://en.wikipedia.org/wiki/Kimchi.

219. Park and Kwock. Sodium intake and prevalence of hypertension, coronary heart disease, and stroke in Korean adults. 92-96.

220. Elliot and Brown. Sodium intakes around the world.

221. Timio, M., et al. 1997. Blood pressure trend and cardiovascular events in nuns in a secluded order: a 30-year follow-up study. Blood Press 6(2): 81-87.

222. Chappuis,A.,etal.2011.Swiss survey on salt intake: main results. https://serval.unil.ch/resource/serval:BIB%5f16AEF897B618.P001/REF.

223. Ibid.

224. https://en.wikipedia.org/wiki/List_of_countries_by_life_expectancy.

225. http://ec.europa.eu/health/nutrition_physical_activity/docs/salt_reportl_en.pdf; http://ec.europa.eu/eurostat/statistics-explained/index .php/Causes_of_death_sta-

tistics; Elliot and Brown. Sodium intakes around the world.

226. Park and Kwock. Sodium intake and prevalence of hypertension, coronary heart disease, and stroke in Korean adults. 92–96.

227. Graudal, N. A., A. M. Galloe, and P. Garred. 1998. Effects of sodium restriction on blood pressure, renin, aldosterone, catecholamines, cholesterols, and triglyceride: a meta-analysis. JAMA 279(17): 1383–1391.

228. Ibid.

229. Kotchen, T. A., et al. 1989. Baroreceptor sensitivity in prehypertensive young adults. 13(6 Pt 2): 878–883; Longworth, D. L., et al. 1980. Divergent blood pressure responses during short-term sodium restriction in hypertension. Clin Pharmacol Ther 27(4): 544–546; Weinberger, M. H., et al. 1986. Definitions and characteristics of sodium sensitivity and blood pressure resistance. Hypertension 8(6 Pt 2): 11127–11134; Egan, B. M., et al. 1991. Neurohumoral and metabolic effects of shore term dietary NaCl restriction in men. Relationship to salt-sensitivity status. Am J Hypertens Pt 1): 416–421.

230. Graudal, Galloe, and Garred. Effects of sodium restriction on blood pressure, renin, aldosterone, catecholamines, cholesterols, and triglyceride: a meta-analysis. 1383–1391.

231. Sullivan, J. M., et al. 1980. Hemodynamic effects of dietary sodium in man: a preliminary report. Hypertension 2(4): 506–514.

232. Heaney, R. P. 2015. Making sense of the science of sodium. Nutr Today 50(2): 63–66.

233. Ibid.

234. Luft, F. C., et al. 1979. Plasma and urinary norepinephrine values at extremes of sodium intake in normal man. Hypertension 1(3): 261– 266.

235. McDonough, D. J., and C. M. Wilhelmj. 1954. The effect of excess salt intake on human blood pressure. Am J Dig Dis 21 (7): 180–181; Murray, R. H., et al. 1978. Blood pressure responses to extremes of sodium intake in normal man. Proc Soc Exp Biol Med 159 (3): 432–436.

236. Murray. Blood pressure responses to extremes of sodium intake in normal man. 432–436.

237. Luft. Plasma and urinary norepinephrine values at extremes of sodium intake in normal man. 261–266.

238. Kirkendall, A. M., et al. 1976. The effect of dietary sodium chloride on blood pressure, body fluids, electrolytes, renal function, and serum lipids of normotensive man. J Lab Clin Med 87 (3): 411–434.

239. Scribner, B. H. 1983. Salt and hypertension. JAMA 250(3): 388–389.

240. Egan. Neurohumoral and metabolic effects of short-term dietary NaCl restriction in men. Relationship to salt-sensitivity status. 416–421.

241. Longworth. Divergent blood pressure responses during short-term sodium restriction in hypertension. 544–546.

242. Heer, M., et al. 2000. High dietary sodium chloride consumption may not induce body fluid retention in humans. Am J Physiol Renal Physiol 278(4): F585–F595.

243. Haddy, F. J., and M. B. Pamnani. 1985. The kidney in the pathogenesis of hypertension: the role of sodium. Am J Kidney Dis 5(4): A5–A13–, Beretta–Piccoli, C., et al. 1984. Body sodium blood volume state in essential hypertension: abnormal relation of exchangeable sodium to age and blood pressure in male patients. J Cardiovasc Pharmacol 6 (Suppl 1): S134–S142.

244. Finnerty, F. A., Jr., et al. 1970. Influence of extracellular fluid volume on response to antihypertensive drugs. Circ Res 27(1 Suppl 1): 71–82.

245. Luft. Plasma and urinary norepinephrine values at extremes of sodium intake in normal man. 261–266.

246. Kirkendall. The effect of dietary sodium chloride on blood pressure, body fluids, elec–

trolytes, renal function, and serum lipids of normotensive man. 411-434.

247. Freis, E. D. 1976. Salt, volume and the prevention of hypertension. Circulation 53 (4): 589-595.

248. Heaney. Making sense of the science of sodium. 63-66.

249. Srinivasan, S. R., et al. 1980. Effects of dietary sodium and sucrose on the induction of hypertension in spider monkeys. Am J Clin Nutr 33(3): 561-569.

250. Haddy and Pamnani. The kidney in the pathogenesis of hypertension: the role of sodium. A5-A13.

251. Overlack, A., et al. 1993. Divergent hemodynamic and hormonal responses to varying salt intake in normotensive subjects. Hypertension 22(3): 331-338; Folkow, B., and D. Ely. 1998. Importance of the blood pressure-heart rate relationship. Blood Press 7(3): 133-138.

252. Folkow, B. 2003. [Salt and blood pressure-centenarian bone of contentionl. Lakartid-ningen 100(40): 3142-3147. [Article in Swedish]; Folkow and Ely. Importance of the blood pressure-heart rate relationship. 133-138.

253. Omvik, P., and P. Lund-Johansen. 1986. Is sodium restriction effective treatment of borderline and mild essential hypertension? A longterm haemodynamic study at rest and during exercise. 4(5): 535-541; Omvik, P., and P. Lund-Johansen. Hemody-namic effects at rest and during exercise of long-term sodium restriction in mild essential hypertension. Acta Med Scand Suppl 714: 71-74.

254. McCarty, M. F. 2005. Marinobufagenin may mediate the impact of salty diets on left ventricular hypertrophy by disrupting the protective function of coronary microvascu-lar endothelium. Med Hypotheses 64(4): 854-863.

255. Ibid; Fedorova, O. V., et al. 2001. Marinobufagenin, an endogenous alpha-I sodium pump ligand, in hypertensive Dahl salt-sensitive rats. Hypertension 37(2 Pt 2): 462-466.

256. Omvik and Lund-Johansen. Is sodium restriction effective treatment of borderline and mild essential hypertension? A long-term haemodynamic study at rest and during exercise. 535-541; Omvik and Lund-Johansen. Hemodynamic effects at rest and during exercise of long-term sodium restriction in mild essential hypertension. 71-74.

257. Bagrov, Y. Y., et al. 2005. Marinobufagenin, an endogenous inhibitor of alpha-I Na/K-ATPase, is a novel factor in pathogenesis of diabetes mellitus. Dold Biol Sci 404: 333-337; Bagrov, Y. Y., et al. 2005. Endogenous digitalis-like ligands and Na/K-ATPase inhibition in experimental diabetes mellitus. Front Biosci ro: 2257-2262.

258. Bagrov, Y. Y., et al. 2007. Endogenous sodium pump inhibitors, diabetes mellitus and preeclampsia. Pathophysiol 147-151.

259. DiNicolantonio, J. J., J. H. O'Keefe, and S. C. Lucan. Added fructose: a principal driver of type 2 diabetes mellitus and its consequences. Mayo Clin Proc 90(3): 372-381.

260. Johnson, R. J., et al. 2007. Potential role of sugar (fructose) in the epidemic of hyper-tension, obesity and the metabolic syndrome, diabetes, kidney disease, and cardio-vascular disease. Am J Clin Nutr 86(4): 899-906; Bes-Rastrollo, M., et al. 2013. Financial conflicts of interest and reporting bias regarding the association between sugar-sweetened beverages and weight gain: a systematic review of systematic re-views. PLOS Med 10(12): e1001578; discussion e1001578; Nakayama, T., et al. 2010. Dietary fructose causes tubulointerstitial injury in the normal rat kidney. Am J Physiol Renal Physiol 298(3): F712-F720; Cirillo, P., et al. 2009. Ketohexokinase-dependent metabolism of fructose induces proinflammatory mediators in proximal tubular cells. J Am Soc Nephrol 20(3): 545-553

261. DiNicolantonio, O'Keefe, and Lucan. Added fructose: a principal driver of type 2 dia-betes mellitus and its consequences. 372-381; Basu, S., et al. 2013. The relationship

of sugar to population-level diabetes prevalence: an econometric analysis of repeated cross-sectional data. PLOS One 8(2): e57873; Reiser, S., et al. 1981. Serum insulin and glucose in hyperinsulinemic subjects fed three different levels of sucrose. Am J Clin Nutr 34(11): 2348-2358.

262. Reiser. Serum insulin and glucose in hyperinsulinemic subjects fed three different levels of sucrose. 2348-2358.

263. McCarty. Marinobufagenin may mediate the impact of salty diets on left ventricular hypertrophy by disrupting the protective function Of coronary microvascular endothelium. 854-863.

264. Giampietro, 0., et al. 1988. Increased urinary excretion ofdigoxin-like immunoreactive substance by insulin-dependent diabetic patients: a linkage with hypertension? Clin Chem 34(12): 2418-2422.

265. Weidmann, P., and B. N. Trost. 1985. Pathogenesis and treatment of hypertension associated with diabetes. Horm Metab Res Suppl 15: 51- 58; Christlieb, A. R., et al. 1985. Is insulin the link between hypertension and obesity? Hypertension Pt 2): 1154- 1157.

266. Weidmann, P., C. Beretta-Piccoli, and B. N. Trost. Pressor factors and responsiveness in hypertension accompanying diabetes mellitus. Hy pertension Pt 2): 1133-1142; O'Hare, J. A., et al. 1985. Exchangeable sodium and renin in hypertensive diabetic patients with and without nephropathy. Hypertension Pt 2): 1143-1148; Feldt-Rasmussen, B., et al. 1987. Central role for sodium in the pathogenesis of blood pressure changes independent of angiotensin, aldosterone and catecholamines in type 1 (insulin-dependent) diabetes mellitus. Diabetologia 30(8): 610-617.

267. DeFronzo, R. A. 1981. The effect of insulin on renal sodium metabolism. A review with clinical implications. Diabetologia 21 165-171; Vierhapper, H. 1985. Effect of exogenous insulin on blood pressure regulation in healthy and diabetic subjects. Hypertension Pt 2): 1149-1153.

268. Johansen, K., and A. P. Hansen. 1969. High 24-hour level of serum growth hormone in juvenile diabetics. BMJ 2(5653): 356-357.

269. Giampietro. Increased urinary excretion of digoxin-like immunoreactive substance by insulin-dependent diabetic patients: a linkage with hypertension? 2418-2422; Deray, G., et al. 1987. Evidence of an endogenous digitalis-like factor in the plasma of patients with acromegaly. N EnglJ Med 316(10): 575-580.

270. Greene, D. A., S. A. Lattimer, and A. A. Sima. 1987. Sorbitol, phosphoinositides, and sodium-potassium-ATPase in the pathogenesis of diabetic complications. N EnglJ Med 316(10): 599-606; Das, P. K., et al. 1976. Diminished ouabain-sensitive, sodium-potassium ATPase activity in sciatic nerves of rats with streptozotocin-induced diabetes. Exp Neurol 53 (1): 285-288; Pierce, G. N., and N. S. Dhalla. 1983. Sarcolemmal Na+-K+-ATPase activity in diabetic rat heart. Am J Physiol 245 (3): C241-C247; Finotti, P., and P. Palatini. 1986. Reduction of erythrocyte (Na+-K+) ATPase activity in type 1 (insulin-dependent) diabetic subjects and its activation by homologous plasma. Diabetologia 29(9): 623-628.

271. Jakobsen, J., G. M. Knudsen, and M. Juhler. Cation permeability of the blood-brain barrier in streptozotocin-diabetic rats. Diabetologia 30(6): 409-413; Moore, R. D. 1993. The High Blood Pressure Solution. Rochester, VT: Healing Arts Press.

272. Ng, L. L., M. Harker, and E. D. Abel. 1989. Leucocyte sodium content and sodium pump activity in overweight and lean hypertensives. Clin Endocrinol (Oxf) 30(2): 191-200.

273. Ferrannini, E., et al. 1989. Hypertension: a metabolic disorder? Diabetes Metab 15(5 Pt 2): 284-291; Ferrannini, E., et al. 1987. Insulin resistance in essential hypertension. N Engl J Med 317(6): 350-357; Reaven, G. M., and B. B. Hoffman. 1987. A role

for insulin in the aetiology and course of hypertension? Lancet 2(8556): 435-437

274. Cambien, F., et al. 1987. Body mass, blood pressure, glucose, and lipids. Does plasma insulin explain their relationships? Arteriosclerosis 7(2): 197-202.

275. Christlieb. Is insulin the link between hypertension and obesity? 1154-1157; Vasdev, S., and J. Stuckless. 2010. Role of methylglyoxal in essential hypertension. Int J Angiol 19(2): e58-e65.

276. Ferrannini. Insulin resistance in essential hypertension. 350-357.

277. Yudkin, J. 1972. Sucrose and cardiovascular disease. Proc Nutr Soc 31 (3): 331-337; Macdonald, I. 1971. Effects of dietary carbohydrate on lipid metabolism in primates. Proc Nutr Soc 30(3): 277-282.

278. Feldman, R. D., A. G. Logan, and N. D. Schmidt. 1996. Dietary salt restriction increases vascular insulin resistance. Clin Pharmacol Ther 60(4): 444-451; Feldman, R. D., and N. D. Schmidt. 1999. Moderate dietary salt restriction increases vascular and systemic insulin resistance. Am J Hypertens 12(6): 643-647.

279. Yudkin, J., V. V. Kakkar, and S. Szanto. 1969. Sugar intake, serum insulin and platelet adhesiveness in men with and without peripheral vascular disease. Postgrad MedJ 45(527): 608-611.

280. Pazarloglou, M., et al. 2007. Evaluation of insulin resistance and sodium sensitivity in normotensive offspring of hypertensive individuals. Am J Kidney Dis49(4):54

281. Ibid.

282. Falkner, B., et al. 1990. Insulin resistance and blood pressure in young black men. Hypertension 16(6): 706-711.

283. Pazarloglou. Evaluation of insulin resistance and sodium sensitivity in normotensive offspring of hypertensive individuals. 540-546.

284. Reaven, G. M., H. Lithell, and L. Landsberg. 1996. Hypertension and associated metabolic abnormalities—the role of insulin resistance and the sympathoadrenal system. N EnglJ Med 334(6): 374-381; Scaglione, R., et al. 1995. Central obesity and hypertension: pathophysiologic role of renal haemodynamics and function. Int J Obes Relat Metab Disord19(6):403-409

285. Sharma, A. M., et al. 1991. Salt sensitivity in young normotensive subjects is associated with a hyperinsulinemic response to oral glucose. J Hypertens 9(4): 329-335; Zavaroni, 1., et al. 1995. Association between salt sensitivity and insulin concentrations in patients with hypertension. Am J Hypertens 8(8): 855-858; Fuenmayor, N., E. Moreira, and L. X. Cubeddu. 1998. salt sensitivity is associated with insulin resistance inessential hypertension. Am J Hypertens 11(4 Pt I): 397-402; Bigazzi, R., et al. 1996. Clustering of cardiovas-cular risk factors in salt-sensitive patients with essential hypertension: role of insulin. Am J Hypertens 9(1): 24-32.

286. Hoffmann, I. S., A. B. Alfieri, and L. X. Cubeddu. 2007. Effects of lifestyle changes and metformin on salt sensitivity and nitric oxide metabolism in obese salt-sensitive Hispanics. J Hum Hypertens 21 (7): 571-578.

287. Rocchini, A. P., et al. 1989. The effect of weight loss on the sensitivity of blood pressure to sodium in obese adolescents. N EnglJ Med 321 (9): 580-585.

288. Muntzel, M. S., l. Hamidou, and S. Barrett. 1999. Metformin attenuates salt-induced hypertension in spontaneously hypertensive rats. Hypertension 33(5): 1135-1140.

289. Muntzel, M. S., B. Nyeduala, and S. Barrett. 1999. High dietary salt enhances acute depressor responses to metformin. Am J Hypertens 12(12 Pt 1-2): 1256-1259.

290. Tuck, M. L., et al. 1981. The effect of weight reduction on blood pressure, plasma renin activity, and plasma aldosterone levels in obese patients. N EnglJ Med 304(16): 930-933.

291. Whitworth, J. A., et al. 1995. Mechanisms of cortisol-induced hypertension in humans. Steroids 60(1): 76-80.

292. Bruckdorfer, K. R., et al. 1974. Diurnal changes in the concentrations of plasma lipids, sugars, insulin and corticosterone in rats fed diets containing various carbohydrates. Horm Metab Res 6(2): 99– 106; Cawley, N. X. 2012. Sugar making sugar: gluconeogenesis triggered by fructose via a hypothalamic–adrenal–corticosterone circuit. Endocrinology 153(8): 3561–3563; Kovacevic, S., et al. 2014. Dietary fructose–related adiposity and glucocorticoid receptor function in visceral adipose tissue of female rats. Eur J Nutr 53 (6): 1409–1420; Bursac, B. N., et al. 2013. Fructose consumption enhances glucocorticoid action in rat visceral adipose tissue. J Nutr Biochem 24(6): 1166– 1172; London, E., and T. W. Castonguay. High fructose diets increase libeta–hydroxysteroid dehydrogenase type 1 in liver and visceral adipose in rats within 24–h exposure. Obesity (Silver Spring) 19(5): 925– 932.
293. Bruckdorfer. Diurnal changes in the concentrations of plasma lipids, sugars, insulin and corticosterone in rats fed diets containing various carbohydrates. 99–106.
294. Perera, G. A. 1950. The adrenal cortex and hypertension. Bull N Y Acad Med 26(2): 75–92; Perera, G. A., and D. W. Blood. 1947. The relationship of sodium chloride to hypertension. J Clin Invest 26(6): 1109–1118.
295. Cawley. Sugar making sugar: gluconeogenesis triggered by fructose via a hypothalamic–adrenal–corticosterone circuit. 3561–3563.
296. Lanaspa, M. A., et al. 2014. Endogenous fructose production and fructokinase activation mediate renal injury in diabetic nephropathy. J Am Soc Nephrol 25(11): 2526–2538; Tang, W. H., K. A. Martin, and J. Hwa. 2012. Aldose reductase, oxidative stress, and diabetic mellitus. Front Pharmacol 3: 87.
297. Perera and Blood. The relationship of sodium chloride to hypertension. 1109–1118.
298. Denton, D. 1982. The Hunger for Salt: An Anthropological, Physiologi cal and Medical Analysis. New York: Springer–Verlag.
299. McCarty, M. F., and J. J. DiNicolantonio. 2014. Are organically grown foods safer and more healthful than conventionally grown foods? Br J Nutr 112(10): 1589–1591.
300. Yamagishi, K., et al. 2010. Dietary intake of saturated fatty acids and mortality from cardiovascular disease in Japanese: the Japan Collaborative Cohort Study for Evaluation of Cancer Risk (JACC) Study. Am J Clin Nutr 92(4): 759–765.
301. Sasaki. High blood pressure and the salt intake of the Japanese. 313– 324.
302. Timio, M. Blood pressure trend and cardiovascular events in nuns in a secluded order: a 30–year follow–up study. 81–87.
303. Heaney. Making sense of the science of sodium. 63–66; Hollenberg, N. K., et al. 1997. Aging, acculturation, salt intake, and hypertension in the Kuna of Panama. Hypertension 29(1 Pt 2): 171–176.
304. Rouse, I. L., B. K. Armstrong, and L. J. Beilin. The relationship of blood pressure to diet and lifestyle in two religious populations. J Hypertens 1(1): 65–71.
305. Gleibermann, L. 1973. Blood pressure and dietary salt in human populations. Ecol Food Nutr 2(2): 143–156.
306. Ibid.
307. Ibid.
308. Gleibermann. Blood pressure and dietary salt in human populæ tions. 143–156; http://goafrica.about.com/od/Best–Time–to–Visit–Africa /a/Rainy–Seasons–And–Dry–Seasons–In–Africa.htm.
309. Gleibermann. Blood pressure and dietary salt in human populations. 143–156.
310. Kawasaki, T., et al. 1993. Investigation of high salt intake in a Nepæ lese population with low blood pressure. J Hum Hypertens 7(2): 131– 140.
311. Gleibermann. Blood pressure and dietary salt in human populations. 143–156.
312. Ibid.
313. Sasaki, N. 1962. High blood pressure and the salt intake of the Japanese. Jpn Heart J

314. Gleibermann. Blood pressure and dietary salt in human populations. 143−156.
315. Ibid.
316. Swales, J. D. 1980. Dietary salt and hypertension. Lancet 1(8179): 1177−179; Henry, J. P., and J. C. Cassel. Psychosocial factors in essential hypertension. Recent epidemiologic and animal experimental evidence. Am J Epidemiol 90(3): 171−200.
317. Sasaki. High blood pressure and the salt intake of the Japanese. 313− 324.
318. Iimura, O., et al. 1981. Studies on the hypotensive effect of high potassium intake in patients with essential hypertension. Clin Sci (Lond) 61 (Suppl 7): 77S−80s.
319. Rouse, Armstrong, and Beilin. The relationship of blood pressure to diet and lifestyle in two religious populations. 65−71.
320. Moore. The High Blood Pressure Solution.
321. DiNicolantonio, J. J., S. C. Lucan, and J. H. O'Keefe. 2016. The evidence for saturated fat and for sugar related to coronary heart disease. Prog Cardiovasc Dis 58(5): 464−472.
322. http://www.iom.edu/Reports/2013/Sodium−Intake−in−Populations−Assessment−of−evidence/Report−Brief051413 .aspx.
323. Heaney. Making sense of the science of sodium. 63−66.
324. Catanozi, S., et al. 2003. Dietary sodium chloride restriction enhances aortic wall lipid storage and raises plasma lipid concentration in LDL receptor knockout mice. J Lipid Res 44(4): 727−732; Ivanovski, O., et al. 2005. Dietary salt restriction accelerates atherosclerosis in apolipoprotein E−deficient mice. Atherosclerosis 180(2): 271−276.
325. Nakandakare, E. R., et al. 2008. Dietary salt restriction increases plasma lipoprotein and inflammatory marker concentrations in hypertensive patients. Atherosclerosis 200(2): 410−416.
326. Dzau, V. J. 1988. Mechanism of the interaction of hypertension and hypercholesterolemia in atherogenesis: the effects of antihypertensive agents. Am Heart J 116(6 Pt 2): 1725−1728; Leren, T. P. 1985. Doxazosin increases low density lipoprotein receptor activity. Acta Pharmacol Toxicol (Copenh) 56(3): 269−272.
327. Masugi, F., et al. 1988. Changes in plasma lipids and uric acid with sodium loading and sodium depletion in patients with essential hy_ pertension. J Hum Hypertens 1 (4): 293−298.
328. Harsha, D. W., et al. 2004. Effect of dietary sodium intake on blood lipids: results from the DASH−sodium trial. Hypertension 43(2): 398.
329. Krikken, J. A., et al. 2012. Short term dietary sodium restriction decreases HDL cholesterol, apolipoprotein A−I and high molecular weight adiponectin in healthy young men: relationships with renal hemodynamics and RAAS activation. Nutr Metab Cardiovasc Dis22(1):35−41.
330. Graudal, N. A., T. Hubeck−Graudal, and G. Jurgens. 2011. Effects of low sodium diet versus high sodium diet on blood pressure, renin, aldosterone, catecholamines, cholesterol, and triglyceride. Cochrane Database Syst Rev (11): Cd004022.
331. Weder, A. B., and B. M. Egan. 1991. Potential deleterious impact of dietary salt restriction on cardiovascular risk factors. Klin Wochenschr 69(Suppl 25): 45−50.
332. Rillaerts, E., et al. 1989. Blood viscosity in human obesity: relation to glucose tolerance and insulin status. Int J Obes 13(6): 739−745.
333. Overlack. Divergent hemodynamic and hormonal responses to varying salt intake in normotensive subjects. 331−338; Dimsdale, J. E., et al. 1990. Prediction of salt sensitivity. Am J Hypertens Pt 1): 429−435.
334. Graudal, Hubeck−Graudal, and Jurgens. Effects of low sodium diet versus high sodium diet on blood pressure, renin, aldosterone, catecholamines, cholesterol, and triglyceride. Cd004022.
335. Weder and Egan. Potential deleterious impact of dietary salt restriction on cardiovas-

cular risk factors. 45–50.

336. Ibid.

337. Alderman, M. H., et al. 1995. Low urinary sodium is associated with greater risk of myocardial infarction among treated hypertensive men. Hypertension 25(6): 1144–1152.

338. Stolarz-Skrzypek, K., et al. 2011. Fatal and nonfatal outcomes, incidence of hypertension, and blood pressure changes in relation to urinary sodium excretion. JAMA 305(17): 1777–1785

339. O'Donnell, M., et al. 2014. Urinary sodium and potassium excretion, mortality, and cardiovascular events. N EnglJ Med 371 (7): 612–623.

340. Graudal, N., et al. 2014. Compared with usual sodium intake, lowand excessive-sodium diets are associated with increased mortality: a meta-analysis. Am J Hypertens 27(9): 1129–1137.

# 05 우리의 내부는 굶주리고 있다

341. http://www.cdc.gov/nchs/data/hestat/obesity_adult_0L10/obesity_adult_0L10.htm.

342. Lucan, S. C., and J. J. DiNicolantonio. 2015. How calorie-focused thinking about obesity and related diseases may mislead and harm public health. An alternative. Public Health Nutr 18(4): 571–581 ; Bray, G. A., S. J. Nielsen, and B. M. Popkin. 2004. Consumption of highfructose corn syrup in beverages may play a role in the epidemic of obesity. Am J Clin Nutr 79(4): 537–543; DiNicolantonio, J. J. 2014. The cardiometabolic consequences of replacing saturated fats with carbohydrates or Q-6 polyunsaturated fats: do the dietary guidelines have it wrong? Open Heart r: e000032. doi:ro.1136/openhrt2013-000032.

343. Taubes, G. 2007. Good Calories, Bad Calories. New York: Knopf; Prada, P. 0., et al. 2005. Low salt intake modulates insulin signaling, JNK activity and IRS-Iser307 phosphorylation in rat tissues. J Endocrinol 185(3): 429–437; Garg, R., et al. 2011. Low-salt diet increases insulin resistance in healthy subjects. Metabolism 60(7): 965–968.

344. Weidemann, B. J., et al. 2015. Dietary sodium suppresses digestive efficiency via the renin-angiotensin system. Sci Rep 5: 11123.

345. Taubes. Good Calories, Bad Calories.

346. Gupta, N., K. K. Jani, and N. Gupta. 2011. Hypertension: salt restriction, sodium homeostasis, and other ions. Indian J Med Sci 65 (3): 121– 132.

347. Taubes. Good Calories, Bad Calories.

348. Lustig, R. H. 2011. Hypothalamic obesity after craniopharyngioma: mechanisms, diagnosis, and treatment. Front Endocrinol 2: 60.

349. Taubes. Good Calories, Bad Calories.

350. Prada. Low salt intake modulates insulin signaling, JNK activity and IRS-Iser307 phosphorylation in rat tissues. 429–437; Leandro, S. M., et al. 2008. Low birth weight in response to salt restriction during pregnancy is not due to alterations in uterine-placental blood flow or the placental and peripheral renin-angiotensin system. Physiol Behav 95(1–2) 145–151; Lopes, K. L., et al. 2008. Perinatal salt restriction: a new pathway to programming adiposity indices in adult female Wistar rats. Life Sci 728–732; Vidonho, A. F., Jr., et al. 2004. Perinatal salt restriction: a new pathway to programming insulin resistance and dyslipidemia in adult Wistar rats. Pediatr Res 56(6): 842– 848.

351. Wilcox, G. 2005. Insulin and insulin resistance. Clin Biochem Rev26(2): 19-39;
http://www.news-medical.net/health/Insulin-Resistance-Diagnosis.aspx; Wu, T.,
et al. 2002. Associations of serum C-reactive protein with fasting insulin, glucose,
and glycosylated hemoglobin: the Third National Health and Nutrition Examina-
tion Survey, 1988- 1994. Am J Epidemiol 155(1): 65-71', Palaniappan, L, P., M. R.
Carnethon, and S. P. Fortmann. Heterogeneity in the relationship between ethnicity,
BMI, and fasting insulin. Diabetes Care 25(8): 1351-1357; Lindeberg, S., et al. 1999.
Low serum insulin in traditional Pacific Islanders-the Kitava Study. Metabolism
48(10): 1216-1219; Lindgarde, E, et al. 2004. Traditional versus agricultural lifestyle
among Shuar women of the Ecuadorian Amazon: effects on leptin levels. Metabolism
53(10): 1355-1358.

352. Patel, S. M., et al. 2015. Dietary sodium reduction does not affect circulating glucose
concentrations in fasting children or adults: findings from a systematic review and
meta-analysis. J Nutr 145 (3): 505-513.

353. Egan, B. M., K. Stepniakowski, and P. Nazzaro. 1994. Insulin levels are similar in
obese salt-sensitive and salt-resistant hypertensive subjects. Hypertension 23(1
Suppl): 11-17; Egan, B. M., and K. Stepniakowski. 1993. Effects of enalapril on the
hyperinsulinemic response to severe salt restriction in obese young men with mild
systemic hypertension. Am J Cardiol 72(1): 53-57; Egan, B. M., and K. T. Stepnia-
kowski. 1997. Adverse effects of short-term, very-low-salt diets in subjects with
risk-factor clustering. Am J Clin Nutr 65 (2 Suppl): 671s-677s.

354. Iwaoka, T., et al. 1988. The effect of low and high NaCl diets on oral  glucose toler-
ance. Klin Wochenschr 66(16): 724-728. ,11

355. Egan, B. M., K. Stepniakowski, and T. L. Goodfriend. 1994. Renin and aldosterone
are higher and the hyperinsulinemic effect of salt restriction greater in subjects with
risk factors clustering. Am J Hypertens 7(10 Pt 1): 886-893.

356. Egan and Stepniakowski. Adverse effects of short-term, very-low-salt diets in sub-
jects with risk-factor clustering. 671s-677s.

357. Ibid.

358. Egan, B. M., and D. T. Lackland. 2000. Biochemical and metabolic effects of very-
low-salt diets. Am J Med Sci 320 (4): 233-239.

359. Ruppert, M., et al. 1991. Short-term dietary sodium restriction in-creases serum
lipids and insulin in salt-sensitive and salt-resistant normotensive adults. Klin Wo-
chenschr 69(Suppl 25): 51-57.

360. Patel. Dietary sodium reduction does not affect circulating glucose concentrations in
fasting children or adults: findings from a systematic review and meta-analysis. 505-
513; Egan, Stepniakowski, and Nazzaro. Insulin levels are similar in obese salt-sen-
sitive and salt-resistant  hypertensive subjects. 11-17; Egan and Stepniakowski.
Effects of enal-april on the hyperinsulinemic response to severe salt restriction in
obese young men with mild systemic hypertension. 53-57.

361. Egan, B. M., et al. 1991. Neurohumoral and metabolic effects of short term dietary
NaCl restriction in men. Relationship to salt-sensitivity status. Am J Hypertens Pt 1):
416-421.

362. Prada, P., et al. 2000. High- or low-salt diet from weaning to adulthood: effect on
insulin sensitivity in Wistar rats. Hypertension 35(1 Pt 2): 424-429.

363. Okamoto, M. M., et al. 2004. Changes in dietary sodium consumption modulate
GLUT4 gene expression and early steps of insulin signaling. Am J Physiol Regul Inte-
gr Comp Physiol 286(4): R779-R785.

364. Iwaoka. The effect of low and high NaCl diets on oral glucose tolerance. 724-728;
Ruppert. Short-term dietary sodium restriction increases serum lipids and insulin in
salt-sensitive and salt-resistant normotensive adults. 51-57; Sharma, A. Me, et al.

1990. Dietary sodium restriction: adverse effect on plasma lipids. Klin Wochenschr 68(13): 664-668.

365. Prada. High- or low-salt diet from weaning to adulthood: effect on insulin sensitivity in Wistar rats. 424-429.

366. Xavier, A. R., et al. 2003. Dietary sodium restriction exacerbates agerelated changes in rat adipose tissue and liver lipogenesis. Metabolism 52(8): 1072-1077.

367. Ames, R. P. 2001. The effect of sodium supplementation on glucose tolerance and insulin concentrations in patients with hypertension and diabetes mellitus. Am J Hypertens 14(7 Pt 1): 653-659.

368. McCarty, M. F. 2004. Elevated sympathetic activity may promote insulin resistance syndrome by activating alpha-I adrenergic receptors on adipocytes. Med Hypotheses 62 (5): 830-838.

369. Ibid; Pollare, T., H. Lithell, and C. Berne. 1989. A comparison of the effects of hydrochlorothiazide and captopril on glucose and lipid metabolism in patients with hypertension. N EnglJ Med 321 (13): 868- 873.

370. DiNicolantonio, J. J., J. H. O'Keefe, and S. C. Lucan. Added fructose: a principal driver of type 2 diabetes mellitus and its consequences. Mayo Clin Proc 90(3): 372-381.

371. Lustig, R. H. 2010. Fructose: metabolic, hedonic, and societal parallels with ethanol. J Am Diet Assoc 110(9): 1307-1321.

372. Bursac, B. N., et al. 2014. High-fructose diet leads to visceral adiposity and hypothalamic leptin resistance in male glucocorticoids play a role? J Nutr Biochem 25 (4): 446-455.

373. Lim, J. S., et al. 2010. The role of fructose in the pathogenesis of NAFLD and the metabolic syndrome. Nat Rev Gastroenterol Hepatol 7(5): 251-264; Abdelmalek, M. F., et al. 2012. Higher dietary fructose is associated with impaired hepatic adenosine triphosphate homeostasis in obese individuals with type 2 diabetes. Hepatology 56(3): 952-960.

374. Palmer, B. F., and D. J. Clegg. 2015. Electrolyte and acid-base disturbances in patients with diabetes mellitus. N Engl J Med 373(6): 548_ 559.

## 06  설탕 중독 치료: 소금에 대한 갈망으로 설탕 중독 극복하기

375. https://books.google.com/books?id=WuMRAAAAYAAJ&pg=PA364&d-q=Lapicque+salt&hl=en&sa=X&ved = oahUKEwj9iic SG6bnPAhWJ8z-4KHd-3BLAQ6AEIKDAC#v = onepage&q = P A 3 6 4 & d q = L a p i c q u e + s a l t & h l = e n & s a = X & v e d = o a h U K E w j 9 i i c S G 6 b n P A h W J 8 z 4 K H d - 3 B L A Q 6 A E I K D A C # v = o n e p a g e & q =Lap icque&if = false.

376. https://books.google.com/books?id=NIdYAAA AM A AJ6ipg = PA44i&lpg = PA44i&dq = m.+lapicque+salt&source=bl&ots=KOUJakgy-A&sig=4QvDiiNRHZ3xXEonXto-ZUo4VH_8&.hl=en& sa=X&ved=oahUKEwjMgZvu6bnPAhXLOD4KHaILCbEQ6A EIHDAA^v=onepage6iq=m.%2olapicque%20salt&f=false.

377. Dorhout Mees, E. J., and T. Thien. 2008. Beyond science: the salt debate. Neth J Med

378. Meneely, G. R., and H. D. Battarbee. 1976. High sodium-low potassium environment and hypertension. Am J Cardiol 38 (6): 768-785.

379. Ibid.

380. Ghooi, R. B., V. V. Valanju, and M. G. Rajarshi. 1993. Salt restriction in hypertension. Med Hypotheses 41 (2): 137-140.

381. Denton, D. 1982. The Hunger for Salt: An Anthropological, Physiological and Medical Analysis. New York: Springer-Verlag; Ghooi, Valanju, and Rajarshi. Salt restriction in hypertension. 137-140.
382. Folkow, B. 2003. [Salt and blood pressure-centenarian bone of contention]. Lakartidningen 100(40): 3142-3147. [Article in Swedish]; Wald, N., and M. Leshem. 2003. Salt conditions a flavor preference or aversion after exercise depending on NaCl dose and sweat loss. AP' petite 40(3): 277-284', Leshem, M., A. Abutbul, and R. Eilon. 1999. Exercise increases the preference for salt in humans. Appetite 32(2): 251-260', Leshem, M., and J. Rudoy. 1997. Hemodialysis increases the preference for salt in soup. Physiol Behav61 (1): 65-69.
383. DiNicolantonio, J. J., and S. C. Lucan. 2014. The wrong white crystals: not salt but sugar as aetiological in hypertension and cardiometæ bolic disease. Open Heart 1. doi:10.1136/openhrt-2014-000167
384. Folkow. [Salt and blood pressure-centenarian bone of contention]. 3142-3147.
385. Titze, J., et al. 2016. Balancing wobbles in the body sodium. Nephrol Dial Transplant 31 (7): 1078-1081.
386. Dahl, L. K. 2005. Possible role of salt intake in the development of essential hypertension. 1960. Int J Epidemiol 34(5): 967-972; discussion 972-974, 975-978.
387. Wassertheil-Smoller, S., et al. 1992. The Trial of Antihypertensive Interventions and Management (TAIM) Study. Final results with regard to blood pressure, cardiovascular risk, and quality of life. Am J Hypertens 5(1): 37-44.
388. Heaney, R. P. 2015. Making sense ofthe science of sodium. Nutr Today 50(2): 63-66.
389. Clark, J. J., and I. L. Bernstein. 2006. A role for D2 but not DI dopamine receptors in the cross-sensitization between amphetamine and salt appetite. Pharmacol Biochem Behav 83(2): 277-284; Robinson, T. E., and K. C. Berridge 1993. The neural basis of drug craving: an incentive-sensitization theory of addiction. Brain Res Rev 18(3): 247- 291', McCutcheon, B., and C. Levy. 1972. Relationship between NaCl rewarded bar-pressing and duration of sodium deficiency. Physiol Behav 8(4): 761-763
390. Sakai, R. R., et al. 1987. Salt appetite is enhanced by one prior episode of sodium depletion in the rat. Behav Neurosci 101 724-731.
391. Denton, D. A., M. J. McKinley, and R. S. Weisinger. 1996. Hypothalamic integration of body fluid regulation. Proc Natl Acad Sci U S A 93(14): 7397-7404; Liedtke, W. B., et al. 2011. Relation of addiction genes to hypothalamic gene changes subserving genesis and gratification of a classic instinct, sodium appetite. Proc Natl Acad Sci U S A 108(30): 12509-12514.
392. Robinson and Berridge. The neural basis ofdrug craving: an incentivesensitization theory of addiction. 247-291.
393. Clark and Bernstein. A role for D2 but not DI dopamine receptors in the cross-sensitization between amphetamine and salt appetite. 277- 284; Roitman, M. F., et al. 2002. Induction of a salt appetite alters dendritic morphology in nucleus accumbens and sensitizes rats to amphetamine. J Neurosci 22(11): RC225; Robinson, T. E., and B. Kolb. 1997. Persistent structural modifications in nucleus accumbens and prefrontal cortex neurons produced by previous experience with amphetamine. J Neurosci 17(21): 8491-8497.
394. Clark, J. J., and I. L. Bernstein 2004. Reciprocal cross-sensitization between amphetamine and salt appetite. Pharmacol Biochem Behav78(4): 691-698; Vanderschuren, L. J., et al. 1999. Dopaminergic mechanisms mediating the long-term expression of locomotor sensitization following pre-exposure to morphine or amphetamine. PsychoPharmacology (Berl) 143(3): 244-253.
395. Vanderschuren. Dopaminergic mechanisms mediating the long-term expression of locomotor sensitization following pre-exposure to morphine or amphetamine. 244-253.

396. Cocores, J. A., and M. S. Gold. 2009. The Salted Food Addiction Hypothesis may explain overeating and the obesity epidemic. Med Hypotheses 73(6): 892–899.
397. Heaney. Making sense of the science of sodium. 63–66; Wald and Leshem. Salt conditions a flavor preference or aversion after exercise depending on NaCl dose and sweat loss. 277–284.
398. Heaney. Making sense of the science of sodium. 63–66.
399. http://www.drugabuse.gov/related-topics/trends-statistics/overdose -death-rates.
400. Fessler, D. M. 2003. An evolutionary explanation of the plasticity of salt preferences: prophylaxis against sudden dehydration. Med HyPotheses 61(3): 412–415.
401. Ibid.
402. Shirazki, A., et al. 2007. Lowest neonatal serum sodium predicts sodium intake in low birth weight children. Am J Physiol Regul Integr Comp Physiol 292 (4): R1683–R1689.
403. Leshem, M. 2011. Low dietary sodium is anxiogenic in rats. Physiol Behav 103 (5): 453–458.
404. http://www.medicalnewstoday.com/releases/141778.php.
405. Pines, K. L., and G. A. Perera. 1949. Sodium chloride restriction in hypertensive vascular disease. Med Clin North Am 33 713–725.
406. Tryon, M. S., et al. Excessive sugar consumption may be a difficult habit to break: a view from the brain and body. J Clin Endocrinol Metab 100(6): 2239–2247; Tryon, M. S., et al. 2013. Chronic stress exposure may affect the brain's response to high calorie food cues and predispose to obesogenic eating habits. Physiol Behav 120: 233–242.
407. Yudkin, J. 2012. Pure, white and deadly: how sugar is killing us and what we can do to stop it. New York: Penguin.
408. DiNicolantonio, J. J., and S. C. Lucan. 2014. Sugar season: it's everywhere and addictive. New York Times, December 12.
409. Ibid.
410. Newhauser, R. 2013. John Gower's sweet tooth. Rev Engl Stud 64(267): 752–769.
411. DiNicolantonio, J. J., J. H. O'Keefe, and S. C. Lucan, Added fructose: a principal driver of type 2 diabetes mellitus and its consequences. Mayo Clin Proc 90(3): 372–381.
412. Ahmed, S. H., K. Guillem, and Y. Vandaele. 2013. Sugar addiction: pushing the drug-sugar analogy to the limit. Curr Opin Clin Nutr Metab Care 16(4): 434–439.
413. DiNicolantonio and Lucan. Sugar season: it's everywhere and addictive.
414. Avena, N. M., P. Rada, and B. G. Hoebel. 2008. Evidence for sugar addiction: behavioral and neurochemical effects of intermittent, excessive sugar intake. Neurosci Biobehav Rev 32(1): 20–39; Colantuoni, C., et al. 2002. Evidence that intermittent, excessive sugar intake causes endogenous opioid dependence. Obes Res 10(6): 478–488; Colantuoni, C., et al. 2001. Excessive sugar intake alters binding to dopamine and mu-opioid receptors in the brain. Neuroreport 12(16): 3549–3552; Unterwald, E. M., J. Fillmore, and M. J. Kreek. 1996. Chronic repeated cocaine administration increases dopamine DI receptor-mediated signal transduction. Eur J Pharmacol 318(1): 31–35; Vanderschuren, L. J., and P. W. Kalivas. 2000. Alterations in dopaminergic and glutamatergic transmission in the induction and expression of behavioral sensitization: a critical review of preclinical studies. Psychopharmacology (Berl) 99–120.
415. Bray, G. A., S. J. Nielsen, and B. M. Popkin. 2004. Consumption of high-fructose corn syrup in beverages may play a role in the epidemic of obesity. Am J Clin Nutr 79(4): 537–543; Bursac, B. N., et al. 2014. High-fructose dietleads to visceral adiposity and hypothalamic leptin resistance in male rats–do glucocorticoids play a role? J Nutr Biochem 25(4): 446–455; Shapiro, A., et al. 2008. Fructose-induced leptin re sistance exacerbates weight gain in response to subsequent high-fat feeding. Am J Physiol Regul Integr Comp Physiol 295(5): R1370–R1375; Shapiro, A., et al.

2011. Prevention and reversal of diet−induced leptin resistance with a sugar−free diet despite high fat content. Br J Nutt 106(3):390−397

416. Taubes, G. 2007. Good Calories, Bad Calories. New York: Knopf.

417. DiNicolantonio and Lucan. Sugar season: it's everywhere and addictive.

## 07 소금이 실제로 얼마나 필요한가?

418. Simpson, F. O. 1990. The control of body sodium in relation to hypertension: exploring the Strauss concept. J Cardiovasc Pharmacol 16(Suppl 7): S27−S30.

419. Hollenberg, N. K. 1980. Set point for sodium homeostasis: surfeit, deficit, and their implications. Kidney Int 17(4): 423−429.

420. Andrukhova, O., et al. 2014. FGF23 regulates renal sodium handling and blood pressure. EMBO Mol Med 6(6): 744−759.

421. Hollenberg. Set point for sodium homeostasis: surfeit, deficit, and their implications. 423−429.

422. Ibid.

423. Strauss, M. B., et al. 1958. Surfeit and deficit of sodium: a kinetic concept of sodium excretion. AMA Arch Intern Med 102 (4): 527−536.

424. https://en.wikipedia.org/wiki/lntravascular_volume_status.

425. Peters, J. P. 1950. Sodium, water and edema. J Mt Sinai Hosp N Y 17(3): 159−175.

426. Gupta, N., K. K. Jani, and N. Gupta. 2011. Hypertension: salt restriction, sodium homeostasis, and other ions. Indian J Med Sci 65(3): 121− 132.

427. Elkinton, J. R., T. S. Danowski, and A. W. Winkler. 1946. Hemodynamic changes in salt depletion and in dehydration. J Clin Invest 25: 120−129.

428. Ibid.

429. Gankam−Kengne, F., et al. 2013. Mild hyponatremia is associated with an increased risk of death in an ambulatory setting. Kidney Int 83(4): 700−706.

430. AlZahrani, A., R. Sinnert, and J. Gernsheimer. 2013. Acute kidney injury, sodium disorders, and hypercalcemia in the aging kidney: diagnostic and therapeutic management strategies in emergency medicine. Clin Geriatr Med 29(1): 275−319.

431. Kovesdy, C. P., et al. 2012. Hyponatremia, hypernatremia, and mortality in patients with chronic kidney disease with and without congestive heart failure. Circulation 125(5): 677−684; Delin, K., et al. 1984. Factors regulating sodium balance in proctocolectomized patients with various ileal resections. Scand J Gastroenterol 19 (2): 145−149.

432. Passare, G., et al. 2004. Sodium and potassium disturbances in the elderly: prevalence and association with drug use. Clin Drug Investig 24(9): 535−544.

433. Kovesdy. Hyponatremia, hypernatremia, and mortality in patients with chronic kidney disease with and without congestive heart failure. 677−684.

434. Wannamethee, S. G., et al. 2016. Mild hyponatremia, hypernatremia and incident cardiovascular disease and mortality in older men: a population−based cohort study. Nutr Metab Cardiovasc Dis 26(1): 12−19.

435. AlZahrani, Sinnert, and Gernsheimer. Acute kidney injury, sodium disorders, and hypercalcemia in the aging kidney: diagnostic and therapeutic management strategies in emergency medicine. 275−319.

436. Kovesdy, C. P. 2012. Significance of hypo− and hypernatremia in chronic kidney disease. Nephrol Dial Transplant 27(3): 891−898.

437. AlZahrani, Sinnert, and Gernsheimer. Acute kidney injury, sodium disorders, and

hypercalcemia in the aging kidney: diagnostic and therapeutic management strategies in emergency medicine. 275−319.

438. Bautista, A. A., J. E. Duya, and M. A. Sandoval. 2014. Salt−losing nephropathy in hypothyroidism. BMJ Case Rep. doi:10.1136/bcr2014−203895.

439. Schoenfeld, P. 2013. Safety of MiraLAX/Gatorade bowel preparation has not been established in appropriately designed studies. Clin Gastroenterol Hepatol 11 (5): 582.

440. Cohen, L. B., D. M. Kastenberg, D. B. Mount, and A. V. Safdi. 2009. Current issues in optimal bowel preparation: excerpts from a roundtable discussion among colon−cleansing experts. Gastroenterol Hepatol (NY) 5(11 Suppl 19): 3−11.

441. Wolfe, M. M., D. R. Lichtenstein, and G. Singh. 1999. Gastrointes tinal toxicity of nonsteroidal antiinflammatory drugs. N Engl J Med 340(24): 1888−1899.

442. Sharp, R. L. 2006. Role of sodium in fluid homeostasis with exercise. J Am Coll Nutr 25(3 Suppl): 231s−239s.

443. Ghooi, R. B., V. V. Valanju, and M. G. Rajarshi. 1993. Salt restriction in hypertension. Med Hypotheses 41 (2): 137−140.

444. Mao, I. F., M. L. Chen, and Y. C. Ko. 2001. Electrolyte loss in sweat and iodine deficiency in a hot environment. Arch Environ Health 56(3): 271−277

445. Ghooi, Valanju, and Rajarshi. Salt restriction in hypertension. 137− 140; Mao, Chen, and Ko. Electrolyte loss in sweat and iodine deficiency in a hot environment. 271−277.

446. Mao, Chen, and Ko. Electrolyte loss in sweat and iodine deficiency in a hot environment. 271−277.

447. Blank, M. C., et al. 2012. Total body Na(+)−depletion without hyponatraemia can trigger overtraining−like symptoms with sleeping disorders and increasing blood pressure: explorative case and literature study. Med Hypotheses 79(6): 799−804.

448. Noakes, T. 2002. Hyponatremia in distance runners: fluid and sodium balance during exercise. Curr Sports Med Rep 1 (4): 197−207.

449. Mao, Chen, and Ko. Electrolyte loss in sweat and iodine deficiency in a hot environment. 271−277.

450. Blank. Total body Na(+)−depletion without hyponatraemia can trigger overtraining−like symptoms with sleeping disorders and increasing blood pressure: explorative case and literature study. 799−804.

451. Ibid; Shirreffs, S. M., et al. 1996. Post−exercise rehydration in man: effects of volume consumed and drink sodium content. Med Sci Sports Exerc 28(10): 1260−1271.

452. Sharp. Role of sodium in fluid homeostasis with exercise. 231s−239s.

453. Blank. Total body Na(+)−depletion without hyponatraemia can trigger overtraining−like symptoms with sleeping disorders and increasing blood pressure: explorative case and literature study. 799−804.

454. Sharp. Role of sodium in fluid homeostasis with exercise. 231s−239s.

455. Sanders, B., T. D. Noakes, and S. C. Dennis. 2001. Sodium replacement and fluid shifts during prolonged exercise in humans. Eur J Appl Physiol 84(5):41

456. Sharp. Role of sodium in fluid homeostasis with exercise. 231s−239s.

457. Sutters, M., R. Duncan, and W. S. Peart. 1995. Effect of dietary salt restriction on renal sensitivity to vasopressin in man. Clin Sci (Lond) 89(1): 37−43.

458. Moinier, B. M., and T. B. Drueke. 2008. Aphrodite, sex and salt− from butterfly to man. Nephrol Dial Transplant 23(7): 2154−2161.

459. Wassertheil−Smoller, S., et al. 1991. Effect of antihypertensives on sexual function and quality of life: the TAIM Study. Ann Intern Med 114(8): 613−620.

460. Jaaskelainen, J., A. Tiitinen, and R. Voutilainen. 2001. Sexual function and fertility in adult females and males with congenital adrenal hyperplasia. Horm Res 73−80.

461. Osteria, T. S. 1982. Maternal nutrition, infant health, and subsequent fertility. PhilippJ Nutr 35(3): 106−111.

462. Leandro, S. M., et al. 2008. Low birth weight in response to salt restriction during pregnancy is not due to alterations in uterine-placental blood flow or the placental and peripheral renin-angiotensin system. Physiol Behav 145-151; Lopes, K. L., et al. 2008. Perinatal salt restriction: a new pathway to programming adiposity indices in adult female Wistar rats. Life Sci 82(13-14) 728-732; Vidonho, A. F., Jr., et al. 2004. Perinatal salt restriction: a new pathway to programming insulin resistance and dyslipidemia in adult Wistar rats. Pediatr Res 56(6): 842-848.

463. Battista, M. C., et al. 2002. Intrauterine growth restriction in rats is associated with hypertension and renal dysfunction in adulthood. Am J Physiol Endocrinol Metab 283 (1): El 24-Eur.

464. http://www.who.int/nutrition/publications/guidelines/sodium intake_printversion.pdf.

465. Zimmermann, M. B. 2012. The effects of iodine deficiency in pregnancy and infancy. Paediatr Perinat Epidemiol 26(Suppl 1): 108-117.

466. http://www.who.int/nutrition/publications/micronutrients/PHN10(123).PDF.

467. Campbell, N. R., et al. 2012. Need for coordinated programs to improve global health by optimizing salt and iodine intake. Rev Panam Salud Publica 32 (4): 281-286.

468. Zimmermann, M. B. 2012. Are weaning infants at risk of iodine deficiency even in countries with established iodized salt programs? Nestle Nutr Inst Workshop Ser 70: 137-146.

469. Jaiswal, N., et al. 2014. High prevalence of maternal hypothyroidism despite adequate iodine status in Indian pregnant women in the first trimester. Thyroid 24(9): 1419-1429.

470. Pearce, E. N., M. Andersson, and M. B. Zimmermann. 2013. Global iodine nutrition: where do we stand in 2013? Thyroid 23(5): 523-528; Zimmermann, M. B. 2013. Iodine deficiency and excess in children: worldwide status in 2013. Endocr Pract 19(5): 839-846.

471. http://www.thyroid.org/crn-releases-science-based-guidelines-on-iodine-in-Multivitaminmineral-supplements-for-pregnancy-and-lactation/.

472. Robinson, M. 1958. Salt in pregnancy. Lancet 1(7013): 178-181.

473. Ibid.

474. Ibid.

475. Ibid.

476. Duley, L., and D. Henderson-Smart. 2000. Reduced salt intake compared to normal dietary salt, or high intake, in pregnancy. Cochrane Database Syst Rev (2): Cd001687.

477. Farese, S., et al. 2006. Blood pressure reduction in pregnancy by sodium chloride. Nephrol Dial Transplant 21 (7): 1984-1987.

478. Gennari-Moser, C., et al. 2014. Normotensive blood pressure in pregnancy: the role of salt and aldosterone. Hypertension 63 (2): 362-368

479. Scholten, R. R., et al. 2015. Low plasma volume in normotensive formerly preeclamptic women predisposes to hypertension. Hypertension 66(5): 1066-1072.

480. Farese. Blood pressure reduction in pregnancy by sodium chloride. 1984-1987; Silver, H. M., M. Seebeck, and R. Carlson. 1998. Comparison of total blood volume in normal, preeclamptic, and nonproteinuric gestational hypertensive pregnancy by simultaneous measurement of red blood cell and plasma volumes. Am J Obstet Gynecol 179(1): 87-93.

481. WassertheiLSmoller. Effect of antihypertensives on sexual function and quality of life: the TAIM Study. 613-620.

482. Wassertheil-Smoller, S., et al. 1992. The Trial of Antihypertensive Interventions and Management (TAIM) Study. Final results with regard to blood pressure, cardiovascular risk, and quality of life. Am J Hypertens 5(1): 37-44.

483. Ghooi, Valanju, and Rajarshi. Salt restriction in hypertension. 137- 140.

484. Wassertheil-Smoller. Effect of antihypertensives on sexual function and quality of life: the TAIM Study. 613-620.

485. Graham, K. F. 2011. Dietary salt restriction and chronic fatigue syndrome: a hypothesis. Med Hypotheses 77(3): 462-463; Bou-Holaigah, l., et al. 1995. The relationship between neurally mediated hypotension and the chronic fatigue syndrome. JAMA 274(12): 961-967.

486. Feldman, R. D., A. G. Logan, and N. D. Schmidt. 1996. Dietary salt restriction increases vascular insulin resistance. Clin Pharmacol Ther 60(4): 444-451; Feldman, R. D., and N. D. Schmidt. 1999. Moderate dietary salt restriction increases vascular and systemic insulin resistance. Am J Hypertens 12(6): 643-647.

487. Hollingsworth, K. G., et al. 2010. Impaired cardiovascular response to standing in chronic fatigue syndrome. Eur J Clin Invest 40(7): 608- 615; Kaiserova, M., et al. 2015. Orthostatic hypotension is associated with decreased cerebrospinal fluid levels of chromogranin A in early stage of Parkinson disease. Clin Auton Res 25 (5): 339-342.

488. Liamis, G., E. Liberopoulos, F. Barkas, and M. Elisaf. 2014. Diabetes mellitus and electrolyte disorders. World J Clin Cases 2(10): 488-496.

489. Palmer, B. F., and D. J. Clegg. 2015. Electrolyte and acid-base disturbances in patients with diabetes mellitus. N EnglJ Med 373 (6): 548- 559; Peters. Sodium, water and edema. 159-175; Liamis, Liberopoulos, Barkas, and Elisaf. Diabetes mellitus and electrolyte disorders. 488- 496.

490. Ames, R. P. 2001. The effect of sodium supplementation on glucose tolerance and insulin concentrations in patients with hypertension and diabetes mellitus. Am J Hypertens 14(7 Pt 1): 653-659.

491. Menke, A., et al. 2015. Prevalence of and trends in diabetes among adults in the United States, 1988-2012. JAMA 314(10): 1021-1029.

492. Johnson, R. J. 2012. The Fat Switch. Mercola.com.

493. DiNicolantonio, J. J., and S. C. Lucan. 2015. Is fructose malabsorption a cause of irritable bowel syndrome? Med Hypotheses 85 (3): 295-297.

494. Santelmann, H., and J. M. Howard. 2005. Yeast metabolic products, yeast antigens and yeasts as possible triggers for irritable bowel syndrome. EurJ Gastroenterol Hepatol 17(1): 21-26; Buu, L. M., and Y. C. Chen. 2014. Impact of glucose levels on expression ofhypha-associated secreted aspartyl proteinases in Candida albicans. J Biomed Sci 21.- 22; Vargas, S. L., et al. 1993. Modulating effect of dietary carbohydrate supplementation on Candida albicans colonization and invasion in a neutropenic mouse model. Infect Immun 61 (2): 619-626.

495. Nakayama, T., et al. 2010. Dietary fructose causes tubulointerstitial injury in the normal rat kidney. Am J Physiol Renal Physiol 298(3): F712-F720.

496. Lanaspa, M. A., et al. 2014. Endogenous fructose production and fructokinase activation mediate renal injury in diabetic nephropathy. J Am Soc Nephrol 25(11): 2526-2538.

497. Takeda, R., et al. 1982. [Hyporeninemic hypoaldosteronism associ ated with diabetes mellitus]. Nihon Rinsho 40(9): 2048-2053. [Article in Japanese.]

498. McFarlane, S. 1., and J. R. Sowers. 2003. Cardiovascular endocrinology r: aldosterone function in diabetes mellitus: effects on cardiovascular and renal disease. J Clin Endocrinol Metab 88(2): 516-523; Sowers, J. R., and M. Epstein. 1995. Diabetes mellitus and associated hypertension, vascular disease, and nephropathy. An update. Hypertension 26(6 Pt 1): 869-879.

499. Sharma, N., et al. High-sugar diets increase cardiac dysfunction and mortality in hypertension compared to low-carbohydrate or highstarch diets. J Hypertens 26(7): 1402-1410.

500. Lim, J. S., et al. 2010. The role of fructose in the pathogenesis of NAFLD and the

metabolic syndrome. Nat Rev Gastroenterol Hepatol 7(5): 251−264.
501. Liamis, Liberopoulos, Barkas, and Elisaf. Diabetes mellitus and electrolyte disorders. 488−496.
502. Ibid.
503. Hillier, T. A., R. D. Abbott, and E. J. Barrett. 1999. Hyponatremia: evaluating the correction factor for hyperglycemia. Am J Med 106(4): 399−403.
504. Wannamethee. Mild hyponatremia, hypernatremia and incident cardiovascular disease and mortality in older men: a population−based cohort study. 12−19.
505. Liamis, Liberopoulos, Barkas, and Elisaf. Diabetes mellitus and electrolyte disorders. 488−496.
506. AlZahrani, Sinnert, and Gernsheimer. Acute kidney injury, sodium disorders, and hypercalcemia in the aging kidney: diagnostic and therapeutic management strategies in emergency medicine. 275−319.
507. Liamis, Liberopoulos, Barkas, and Elisaf. Diabetes mellitus and electrolyte disorders. 488−496.
508. AlZahrani, Sinnert, and Gernsheimer. Acute kidney injury, sodium disorders, and hypercalcemia in the aging kidney: diagnostic and therapeutic management strategies in emergency medicine. 275−319; Sachs, J., and B. Fredman. 2006. The hyponatramia of multiple myeloma is true and not pseudohyponatramia. Med Hypotheses 67(4): 839−840.
509. Luft, F. C. 2015. Clinical salt deficits. Pflugers Arch 467 (3): 559−563.
510. Bueter, M., et al. 2011. Sodium and water handling after gastric bypass surgery in a rat model. Surg Obes Relat Dis 7(1): 68−73.
511. Bautista, Duya, and Sandoval. Salt−losing nephropathy in hypothyroidism. doino.1136/bcr−2014−203895; Vojdani, A., et al. 1996. Immunological cross reactivity between Candida albicans and human tissue. J Clin Lab Immunol 48(1): 1−15; Santelmann, H. 2007. [A new syndrome?J Tidsskr Nor Laegeforen 127 (4): 461. [Article in Norwegian.]
512. Bishop, R. F., and G. L. Barnes. 1974. Depression of lactase activity in the small intestine of infant rabbits by Candida albicans. J Med Microbiol 7(2): 259−263.
513. Santelmann. [A new syndrome?] 461.
514. Ibid; Nieuwenhuizen, W. F., et al. 2003. Is Candida albicans a trigger in the onset of coeliac disease? 361 (9375): 2152−2154.
515. Agarwal, M., et al. 1999. Hyponatremic−hypertensive syndrome with renal ischemia: an underrecognized disorder. Hypertension 33(4): 1020−1024.
516. AlZahrani, Sinnert, and Gernsheimer. Acute kidney injury, sodium disorders, and hypercalcemia in the aging kidney: diagnostic and therapeutic management strategies in emergency medicine. 275−319.
517. Walker, W. G., et al. 1965. Metabolic observations on salt wasting in a patient with renal disease. Am J Med 39: 505−519.
518. Faull, C. M., C. Holmes, and P. H. Baylis. Water balance in elderly people: is there a deficiency of vasopressin? Age Ageing 22(2): 114− 120.
519. Ibid.
520. Scialla, J. J., and C. A. Anderson. 2013. Dietary acid load: a novel nutritional target in chronic kidney disease? Adv Chronic Kidney Dis 20(2): 141−149.
521. Faull, Holmes, and Baylis. Water balance in elderly people: is there a deficiency of vasopressin? 114−120; Al−Awqati, Q. 2013. Basic research: Salt wasting in distal renal tubular acidosis−new look, old problem. Nat Rev Nephrol 9(12): 712−713.
522. Pines, K. L., and G. A. Perera. 1949. Sodium chloride restriction in hypertensive vascular disease. Med Clin North Am 33 (3): 713−725; Peters, J. P., et al. 1929. Total acid−base equilibrium of plasma in health and disease: X. The acidosis of nephritis. J Clin Invest 6(4): 517−549.

523. Pines and Perera. Sodium chloride restriction in hypertensive vascular disease. 713–725; Mac, G. W., Jr. 1948. Risk of uremia due to sodium depletion. JAMA 137(16): 1377; Grollman, A. R., et al. 1945. Sodium restriction in the diet for hypertension. JAMA 129(8): 533– 537.

524. Schroeder, H. A., et al. 1949. Low sodium chloride diets in hypertension: effects on blood pressure. JAMA 140(5): 458–463.

525. Grollman, A. R., et al. 1945. Sodium restriction in the diet for hypertension. JAMA 129(8): 533–537.

526. Pines and Perera. Sodium chloride restriction in hypertensive vascular disease. 713–725; Grollman, A. R., et al. 1945. Sodium restriction in the diet for hypertension. JAMA 129 (8): 533–537.

527. Pines and Perera. Sodium chloride restriction in hypertensive vascular disease. 713–725.

528. Ibid.

529. Kovesdy. Significance of hypo– and hypernatremia in chronic kidney disease. 891–898.

530. Morita, H., et al. 1995. Role of hepatic receptors in controlling body fluid homeostasis. Jpn J Physiol 45(3): 355–368; Morita, H., et al. 1993. Hepatorenal reflex plays an important role in natriuresis after high–NaCl food intake in conscious dogs. Circ Res 72(3): 552– 559; Morita, H., et al. 1990. Effects of portal infusion of hypertonic solution on jejunal electrolyte transport in anesthetized dogs. Am J Physiol 259(6 Pt 2): R 1289–R1294; Thomas, L., and R. Kumar 2008. Control of renal solute excretion by enteric signals and mediators. J Am Soc Nephrol 19(2): 207–212.

531. Hofmeister, L. H., S. Perisic, and J. Titze. 2015. Tissue sodium storage: evidence for kidney–like extrarenal countercurrent systems? Pflugers Arch 467(3): 551–558; Maril, N., et al. 2006. Sodium MRI of the human kidney at 3 Tesla. Magn Reson Med 56(6): 1229–1234; Haneder, S., et al. 2011. Quantitative and qualitative (23)Na MR imaging of the human kidneys at 3 T: before and after a water load. Radiology 260(3): 857–865

532. Kovesdy. Significance of hypo– and hypernatremia in chronic kidney disease. 891–898.

533. Ibid.

534. Ibid.

535. Wannamethee. Mild hyponatremia, hypernatremia and incident cardiovascular disease and mortality in older men: a population–based cohort study. 12–19.

536. Kovesdy. Hyponatremia, hypernatremia, and mortality in patients with chronic kidney disease with and without congestive heart failure. 677–684; Waikar, S. S., G. C. Curhan, and S. M. Brunelli. 2011. Mortality associated with low serum sodium concentration in maintenance hemodialysis. Am J Med 124(1): 77–84.

537. Dong, J., et al. 2010. Low dietary sodium intake increases the death risk in peritoneal dialysis. ClinJ Am Soc Nephrol 5(2): 240–247.

538. Zevallos, G., D. G. Oreopoulos, and M. L. Halperin. 2001. Hyponatremia in patients undergoing CAPD: role of water gain and/or malnutrition. Perit Dial Int 21 (1): 72–76.

539. Johnson, R. J., et al. 2014. Hyperosmolarity drives hypertension and CKD–water and salt revisited. Nat Rev Nephrol 10(7): 415–420.

540. Nakayama. Dietary fructose causes tubulointerstitial injury in the normal rat kidney. F712–F720.

541. Johnson. Hyperosmolarity drives hypertension and CKD–water and salt revisited. 415–420.

542. Mulcahy, A., and V. Forbes. 2015. Intestinal failure and short bowel syndrome. Medicine 43 (4): 239–243.

543. Barkas, F., et al. 2013. Electrolyte and acid–base disorders in inflamma– tory bowel disease. Ann Gastroenterol 26(1): 23–28; Schilli, R., et al. 1982. Comparison of the composition of faecal fluid in Crohn's disease and ulcerative colitis. Gut 23 326–

332; Vernia, P., et al. 1988. Organic anions and the diarrhea of inflammatory bowel disease. Dig Dis Sci 33(11): 1353–1358; Beeken, W. L. 1975. Remediable defects in Crohn disease: a prospective study of 63 patients. Arch Intern Med 135(5): 686–690; Allan, R., et al. 1975. Changes in the bidirectional sodium flux across the intestinal mucosa in Crohn's disease. Gut 16(3): 201–204.

544. Delin. Factors regulating sodium balance in proctocolectomized patients with various ileal resections. 145–149.

545. Davidson, M. B., and A. I. Erlbaum. 1979. Role of ketogenesis in urinary sodium excretion: elucidation by nicotinic acid administration during fasting. J Clin Endocrinol Metab 49 (6): 818–823.

546. Boulter, P. R., R. S. Hoffman, and R. A. Arky. Pattern of sodium excretion accompanying starvation. Metabolism 22 (5): 675–683.

547. Bloom, W. L., and G. J. Azar. 1963. Similarities of carbohydrate deficiency and fasting. I. Weight loss, electrolyte excretion, and fatigue. 333–337.

548. Rabast, U., K. H. Vornberger, and M. Ehl. 1981. Loss of weight, sodium and water in obese persons consuming a high– or low–carbohydrate diet. Ann Nutr Metab 25 (6): 341–349.

549. Krzywicki, H. J., et al. 1968. Metabolic aspects of acute starvation. Am J Clin Nutr 21(1): 87–97.

550. Runcie, J. 1971. Urinary sodium and potassium excretion in fasting obese subjects. BMJ 2(5752): 22–25.

551. Runcie, J., and T. E. Wheldon. 1976. Cyclic renal sodium excretion in women: evidence for a further control system mediating renal sodium loss [proceedings]. J Physiol 260(2): 59P.

552. Garnett, E. S., et al. 1968. The mobilization of osmotically inactive sodium during total starvation in man. Clin Sci 35(1): 93–103.

553. Ibid.

554. Simpson, F. O., et al. 1984. Iodide excretion in a salt–restriction trial. N Z Med J 97(770): 890–893.

555. Ibid.

556. Jantsch, J., et al. 2015. Cutaneous Na+ storage strengthens the antimicrobial barrier function of the skin and boosts macrophage–driven host defense. Cell Metab 21 493–501.

557. Kaufman, A. M., G. Hellman, and R. G. Abramson. 1983. Renal salt wasting and metabolic acidosis with trimethoprim–sulfamethoxazole therapy. Mt Sinai J Med 50(3): 238–239.

558. Jantsch. Cutaneous Na+ storage strengthens the antimicrobial barrier function of the skin and boosts macrophage–driven host defense. 493–501; Wiig, H., et al. 2013. Immune cells control skin lymphatic electrolyte homeostasis and blood pressure. J Clin Invest 123 (7): 2803– 2815.

559. Woehrle, T., et al. 2010. Hypertonic stress regulates T cell function via pannexin–1 hemichannels and P2X receptors. J Leukoc Biol 88(6): 1181–1189.

560. http://www.ncbi.nlm.nih.gov/books/NBK50952/.

561. https://acmsf.food.gov.uk/sites/default/files/mnt/drupal_data/sources/ Files/multi-media/pdfs/acmuoa.pdf.

562. Ibid.

563. McCarty, M. F., and J. J. DiNicolantonio. 2014. Bioavailable dietary phosphate, a mediator of cardiovascular disease, may be decreased with plant–based diets, phosphate binders, niacin, and avoidance of phosphate additives. Nutrition 739–747.

564. Good, P. 2011. Do salt cravings in children with autistic disorders reveal low blood sodium depleting brain taurine and glutamine? Med Hypotheses 77(6): 1015–1021.

565. Ibid; http://rehydrate.org/resources/jianas.htm.

566. AlZahrani, Sinnert, and Gernsheimer. Acute kidney injury, sodium disorders, and hypercalcemia in the aging kidney: diagnostic and therapeutic management strategies in emergency medicine. 275–319.

567. Ibid; Luft. Clinical salt deficits. 559–563.

568. Urso, C., and G. Caimi. 2012. [Hyponatremic syndrome]. Clin Ter 163(1): e29–e39. [Article in Italian.]

569. Agarwal. Hyponatremic-hypertensive syndrome with renal ischemia: an underrecognized disorder. 1020–1024; Husain, M. K., et al. 1975. Nicotine-stimulated release of neurophysin and vasopressin in humans. J Clin Endocrinol Metab 41 (06): 1113–1117.

## 08 최적의 소금양 : 인체가 진정 원하는 소금양을 섭취하라

570. Wu, T., et al. 2002. Associations of serum C-reactive protein with fasting insulin, glucose, and glycosylated hemoglobin: the Third National Health and Nutrition Examination Survey, 1988–1994. Am J Epidemiol 155(1): 65–71; Palaniappan, L. P., M. R. Carnethon, and S. P. Fortmann. Heterogeneity in the relationship between ethnicity, BMI, and fasting insulin. Diabetes Care 25(8): 1351–1357; Lindeberg, S, et al. 1999. Low serum insulin in traditional Pacific Islanders-the Kitava Study. Metabolism 48(10): 1216–1219; Lindgarde, F., et al. 2004. Traditional versus agricultural lifestyle among Shuar women of the Ecuadorian Amazon: effects on leptin levels. Metabolism 53(10): 1355–1358.

571. Reiser, S., et al. 1981. Serum insulin and glucose in hyperinsulinemic subjects fed three different levels of sucrose. Am J Clin Nutr 34(11): 2348–2358; Reiser, S., et al. 1979. Isocaloric exchange of dietary starch and sucrose in humans. II. Effect on fasting blood insulin, glucose, and glucagon and on insulin and glucose response to a sucrose load. Am J Clin Nutr 32(11): 2206–2216; Madero, M., et al. 2011. The effect of two energy-restricted diets, a low-fructose diet versus a moderate natural fructose diet, on weight loss and metabolic syndrome parameters: a randomized controlled trial. Metabolism 60(11): 1551–1559.

572. DiNicolantonio, J. J., J. H. O'Keefe, and S. C. Lucan. Added fructose: a principal driver of type 2 diabetes mellitus and its consequences. Mayo Clin Proc 90(3): 372–381.

573. Malaguarnera, M., et al. 2010. L-carnitine supplementation to diet: a new tool in treatment of nonalcoholic steatohepatitis-a randomized and controlled clinical trial. Am J Gastroenterol 105 (6): 1338–1345; Zhang, J. J., et al. 2014. L-carnitine ameliorated fasting-induced fatigue, hunger, and metabolic abnormalities in patients with metabolic syndrome: a randomized controlled study. Nutr J 13: 110.

574. McCarty, M. F., and J. J. DiNicolantonio. 2014. The cardiometabolic benefits of glycine: is glycine an "antidote" to dietary fructose? Open Heart 1.–e000103. doi:ro.1136/openhrt-2014-000103.

575. http://www.pureencapsulations.com/media/lodine.pdf.

576. Lucan, S. C., and J. J. DiNicolantonio. 2015. How calorie-focused thinking about obesity and related diseases may mislead and harm public health. An alternative. Public Health Nutr 18(4): 571–581.

577. Buu, L. M., and Y. C. Chen. 2014. Impact of glucose levels on expression of hypha-associated secreted aspartyl proteinases in Candida albicans. J Biomed Sci 21: 22; Vargas, S. L., et al. 1993. Modulating effect of dietary carbohydrate supplemen-

tation on Candida albicans colonization and invasion in a neutropenic mouse model. Infect Immun 61 (2): 619–626; Vidotto, V., et al. 1996. Influence of fructose on Candida albicans germ tube production. Mycopathologia 135 (2): 85–88; Brown, V., J. A. Sexton, and M. Johnston. 2006. A glucose sensor in Candida albicans. Eukaryot Cell 5(10): 1726–1737; Rodaki, A., et al. 2009. Glucose promotes stress resistance in the fungal pathogen Candida albicans. Mol Biol Cell 20(22): 4845–4855.

578. http://en.wikipedia.org/wiki/RealSalt;http://www.realsalt.com/wp-content/uploads/2013/03/realsalt_analysis.pdf;http://www.realsalt.com; http://www.realsalt.com/sea-salt/comparing-real-salt-to-himalayan -celtic/.

579. http://www.realsalt.com/sea-salt/know-your-salts/.

580. http://www.celticseasalt.com/about-us/faq/.

581. http://www.selinanaturally.com/makai-pure-deep-sea-salt/.

582. http://www.dowsers.com/CelticSeaSalt Analysis.pdf; http:// healthfree.com/celtic_sea_salt.html.

583. http://themeadow.com/pages/minerals-in-himalayan-pink-salt -spectral-analysis.

584. Ibid.

585. http://www.realsalt.com/sea-salt/know-your-salts/; http://drsircus.com /medicine/salt/real-salt-celtic-salt-and-himalayan-salt -_ednr, http:// draxe.com/ro-benefits-celtic-sea-salt-himalayan-salt/; http://www.louix .org/the-difference-between-refined-salt-and-unrefined-salt/.

586. https://en.wikipedia.org/wiki/Kala_Namak.

587. http://seasonalitybylogovida.blogspot.com/2011/06/shock-value-hawaiian-black-lava-sea.html.

588. http://www.sfsalt.com/black-hawaiian-sea-salt.

589. http://www.thespicehouse.com/spices/hawaiian-black-and-red-sea -salt.

590. http://www.hawaiikaico.com/bulk.php.

591. http://themeadow.com/pages/about-hawaiian-sea-salt.

592. http://www.hawaiikaico.com/.

593. http://themeadow.com/pages/about-hawaiian-sea-salt.

594. http://k.b5z.net/i/u/2182313/f/Tech_Data_Sheet_-gourmet_salt_-black_hawaiian_lava_sea_salta.pdf;http://k.b5z.net/i/u/2182313/f/Tech_Data_Sheet_-gourmet_salt_-_alaea_hawaiian_sea_salt-2.pdf.

595. http://www.realsalt.com/sea-salt/know-your-salts/.

596.. http://articles.mercola.com/sites/articles/archive/2010/08/25/why-has-this-lifesustaining-essential-nutrient-been-vilified-by-doctors.aspx; Http://articles.mercola.com/sites/articles/archive/2011/09/20/salt -myth.aspx.

597. http://www.smh.com.au/national/sushi-linked-to-thyroid-illness -20110730-1i5ul.html.

598. Payne, C. L., et al. 2016. Are edible insects more or less 'healthy' than commonly consumed meats? A comparison using two nutrient profiling models developed to combat over- and undernutrition. Eur J Clin Nutr 70(3): 285–291.

599. Bacchi, E., et al. 2012. Metabolic effects of aerobic training and resistance training in type 2 diabetic subjects: a randomized controlled trial (the RAED2 study). Diabetes Care 35(4): 676–682.

600. Hansen, E., et al. 2012. Insulin sensitivity after maximal and endurance resistance training. J Strength Cond Res 26(2): 327–334.

# 부록 1

601. Graudal, N. 2005. Commentary: possible role of salt intake in the development of essential hypertension. Int J Epidemiol 34: 972–974.
602. Ibid.
603. Ibid.
604. Chapman, C. B., and T. B. Gibbons. 1950. The diet and hypertension: a review. Medicine (Baltimore) 29(1): 29–69.
605. Ibid.
606. Ibid.
607. Ibid.
608. Ibid.
609. Grollman, A. R., et al. 1945. Sodium restriction in the diet for hypertension. JAMA 129(8): 533–537
610. Dahl, L. K., and R. A. Love. 1954. Evidence for relationship between sodium (chloride) intake and human essential hypertension. AMA Arch Intern Med 94(4): 525–531; Meneely, G. R., R. G. Tucker, and W. J. Darby. 1952. Chronic sodium chloride toxicity in the albino rat. I. Growth on a purified diet containing various levels of sodium chloride. J Nutr 48 (4): 489–498.
611. http://www.forbes.com/sites/realspin/2015/04/09/if-you-must-have-a -dietary-culprit-at-least-pick-the-right-one/.
612. Dahl, L. K. 2005. Possible role of salt intake in the development of essential hypertension. 1960. Int J Epidemiol 34 (5): 967–972; discussion 972–974, 975–978.
613. Keys, A. 1953. Atherosclerosis: a problem in newer public health. J Mt Sinai Hosp N Y 20(2): 118–139.
614. Dietary fat and its relation to heart attacks and strokes. Report by the Central Committee for Medical and Community Program of the American Heart Association. JAMA 175 (5): 389–391.
615. Hall, C. E., and O. Hall. 1966. Salt hypertension induced by drinking saline and the effect of different concentrations of sucrose and maltose upon its development. Tex Rep Biol Med 24(3): 445–456; Hall, C. E., and O. Hall. 1966. Comparative effectiveness of glucose and sucrose in enhancement of hypersalimentation and salt hypertension. Proc Soc Exp Biol Med123(2):3
616. Brunner, H. R., et al. 1972. Essential hypertension: renin and aldosterone, heart attack and stroke. N EnglJ Med 286(9): 441–449.
617. Ahrens, R. A. 1974. Sucrose, hypertension, and heart disease: an historical perspective. Am J Clin Nutr 27 (4): 403–422.
618. Harper, A. E. 1978. Dietary goals—a skeptical view. Am J Clin Nutr 31(2):310–321
619. Walker, A. R. 1975. Sucrose, hypertension, and heart disease. Am J Clin Nutr 28(3): 195–200.
620. Meneely, G. R., and H. D. Battarbee. 1976. High sodium–low potassium environment and hypertension. Am J Cardiol 38(6): 768–785; Freis, E. D. 1976. Salt, volume and the prevention of hypertension. Circulation 53 (4): 589–595.
621. http://zerodisease.com/archive/Dietary_Goals_For_The_United _States.pdf.
622. Harper. Dietary goals—a skeptical view. 310–321. 23. Simpson, F. O. 1979. Salt and hypertension: a sceptical review of the evidence. Clin Sci (Lond) 57(Suppl 5): 463S–480s.
624. Swales, J. D. 1980. Dietary salt and hypertension. Lancet 1(8179): 1177–1179.

625. Preuss, M. B., and H. G. Preuss. 1980. The effects of sucrose and sodium on blood pressures in various substrains of Wistar rats. Lab In-vest 43(2): 101–107.

626. Yamori, Y., et al. 1981. Hypertension and diet: multiple regression analysis in a Japanese farming community. Lancet 1(8231): 1204– 1205.

627. http://content.time.com/time/covers/o,16641,19820315,oo.html.

628. Rebello, T., R. E. Hodges, and J. L. Smith. 1983. Short-term effects of various sugars on antinatriuresis and blood pressure changes in nor motensive young men. Am J Clin Nutr 38(1): 84–94.

629. Hodges, R. E., and T. Rebello. 1983. Carbohydrates and blood pressure. Ann Intern Med 98(5 Pt 2): 838–841.

630. Boon, N. A., and J. K. Aronson. 1985. Dietary salt and hypertension: treatment and prevention. BMJ (Clin Res Ed) 290(6473)

631. Intersalt: an international study of electrolyte excretion and blood pressure. Results for 24 hour urinary sodium and potassium excretion. Intersalt Cooperative Research Group. BMJ. 1988. 297 (6644): 319– 328.

632. Dustan, H. P., and K. A. Kirk. 1989. Corcoran lecture: the case for or against salt in hypertension. Arthur Curtis Corcoran, MD (1909– 1965). Tribute and prelude to Corcoran Lecture of 1988. Hypertension 13(6 Pt 2): 696–705.

633. Law, M. R., C. D. Frost, and N. J. Wald. 1991. By how much does dietary salt reduction lower blood pressure? Ill–Analysis of data from trials of salt reduction. BMJ 302(6780): 819–824.

634. The fifth report of the Joint National Committee on Detection, Evaluation, and Treatment of High Blood Pressure (JNC V). Arch Intern Med. 1993. 153 154–183.

635. Alderman, M. H., et al. 1995. Low urinary sodium is associated with greater risk of myocardial infarction among treated hypertensive men. Hypertension 25(6): 1144–1152.

636. Graudal, N. A., A. M. Galloe, and P. Garred. 1998. Effects of sodium restriction on blood pressure, renin, aldosterone, catecholamines, cholesterols, and triglyceride: a meta–analysis. JAMA 279(17): 1383– 1391.

637. Sacks, F. M., et al. 2001. Effects on blood pressure of reduced dietary sodium and the Dietary Approaches to Stop Hypertension (DASH) diet. DASH–Sodium Collaborative Research Group. N Engl J Med 344(1):3–10

638. Vollmer, W. M., et al. 2001. Effects of diet and sodium intake on blood pressure: subgroup analysis of the DASH–sodium trial. Ann Intern Med 135(12): 1019–1028.

639. Harsha, D. W., et al. 2004. Effect of dietary sodium intake on blood lipids: results from the DASH–sodium trial. Hypertension 43 (2): 393– 398.

640. Raben, A., et al. 2002. Sucrose compared with artificial sweeteners: different effects on ad libitum food intake and body weight after 10 wk of supplementation in overweight subjects. Am J Clin Nutr 76 (4): 721–729.

641. Brown, C. M., et al. 2008. Fructose ingestion acutely elevates blood pressure in healthy young humans. Am J Physiol Regul Integr Comp Physiol 294(3): R730–R737.

642. Perez–Pozo, S. E., et al. 2010. Excessive fructose intake induces the features of metabolic syndrome in healthy adult men: role of uric acid in the hypertensive response. Int J Obes (Lond) 34(3): 454–461.

643. Stolarz–Skrzypek, K., et al. 2011. Fatal and nonfatal outcomes, incidence of hypertension, and blood pressure changes in relation to urinary sodium excretion. JAMA 305 (17): 1777–1785.

644. Malik, A. H., et al. 2014. Impact of sugar–sweetened beverages on blood pressure. Am J Cardiol 113 1574–1580.

645. Te Morenga, L. A., et al. 2014. Dietary sugars and cardiometabolic risk: systematic review and meta-analyses of randomized controlled trials of the effects on blood pressure and lipids. Am J Clin Nutr 1000): 65-79.

646. Adler, A. J., et al. 2014. Reduced dietary salt for the prevention of cardiovascular disease. Cochrane Database Syst Rev (12): Cd0092J7.

647. Graudal, N., et al. 2014. Compared with usual sodium intake, Iowand excessive-sodium diets are associated with increased mortality: a meta-analysis. Am J Hypertens 27(9): 1129-1137.

648. http://health.gov/dietaryguidelines/2015-scientific-report/pdfs /scientific-report-of-the-2015-dietary-guidelines-advisory-committee .pdf.

649. Mente, A., et al. 2016. Associations of urinary sodium excretion with cardiovascular events in individuals with and without hypertension: a pooled analysis of data from four studies. Lancet 388 (10043): 465-475.

650. Kelly, J., et al. 2016. The effect of dietary sodium modification on blood pressure in adults with systolic blood pressure less than 140 mmHg: a systematic review. JBI Database System Rev Implement Rep 14(6): 196-237.

651. http://zerodisease.com/archive/Dietary_Goals_For_The_United _States.pdf.

652. https://thescienceofnutrition.files.wordpress.com/2014/03/dietary-goals-for-the-united-states.pdf.

653. http://www.health.gov/dietaryguidelines/1980thin.pdf.

654. http://www.health.gov/dietaryguidelines/1985thin.pdf.

655. http://www.health.gov/dietaryguidelines/1990thin.pdf.

656. http://www.cnpp.usda.gov/sites/default/files/dietary_guidelines_for-americans/1995DGConsumerBrochure.pdf.

657. http://www.health.gov/dietaryguidelines/dga2000/dietgd.pdf.

658. http://www.nal.usda.gov/fnic/DRI/DRI_Energy/energy_full_report .pdf.

659. http://www.health.gov/dietaryguidelines/dga2005/document/pdf /dga2005.pdf.

660. http://www.health.gov/dietaryguidelines/dga2010/dietaryguidelines 2010.pdf.

661. http://health.gov/dietaryguidelines/2015-scientific-report/pdfs/ scientific-report-of-the-2015-dietary-guidelines-advisory-committee .Pdf.

662. http://zerodisease.com/archive/Dietary_Goals_For_The_United _States.pdf.

663. https://thescienceofnutrition.files.wordpress.com/zor 4/03/d ietary -goals-for-the-united-states.pdf.

664. http://www.health.gov/dietaryguidelines/1980thin.pdf.

665. http://www.health.gov/dietaryguidelines/1985thin.pdf.

666. http://www.health.gov/dietaryguidelines/1990thin.pdf.

667. http://www.cnpp.usda.gov/sites/default/files/dietary_guidelines_for _ameri cans/1995DGConsumerBrochure.pdf.

668. http://www.health.gov/dietaryguidelines/dga2000/dietgd.pdf.

669. Trumbo, P., et al. 2002. Dietary reference intakes for energy, carbohydrate, fiber, fat, fatty acids, cholesterol, protein and amino acids. J Am Diet Assoc 102(11): 1621-1630.

670. http://www.health.gov/dietaryguidelines/dga2005/document/pdf /dga2005.pdf.

671. http://www.health.gov/dietaryguidelines/dga2010/dietaryguidelines 2010.pdf.

672. http://health.gov/dietaryguidelines/2015-scientific-report/pdfs /scientific-report-of-the-2015-dietary-guidelines-advisory-committee .pdf.

# 부록 2

673. Luft, F. C. 2015. Clinical salt deficits. Pflugers Arch 467 (3): 559–563', Shihab, E S., et al. 1997. Sodium depletion enhances fibrosis and the expression ofTGF–beta1 and matrix proteins in experimental chronic cyclosporine nephropathy. Am J Kidney Dis 30(1): 71–81.

674. Saleh, M. 2014. Sepsis–associated renal salt wasting: how much is too much? BMJ Case Rep. doi:ro.1136/bcr–2013–201838.

675. AlZahrani, A., R. Sinnert, and J. Gernsheimer. 2013. Acute kidney injury, sodium disorders, and hypercalcemia in the aging kidney: diagnostic and therapeutic management strategies in emergency medicine. Clin Geriatr Med 29(1): 275–319', Vroman, R. 2011. Electrolyte imbalances. Part r. Sodium balance disorders. EMS World 40(2): 37– 38, 40–43; Khow, K. S., and T. Y. Yong. 2014. Hyponatraemia associated with trimethoprim use. Curr Drug Saf 9 (1): 79–82

# 색인

## ㄱ

가공되지 않은 음식 131 195 196
가넷 173
가당 73
가슴 통증 45
가임 40 41 158 159
가축 40
간경변 149 165
간염 바이러스 177
간장 78 95 155 225
간질액 35 36
간헐적(특히, 장기간) 단식 139
갈색 지방 113
갈증 121 146 147 153 155 156 167 179
감자 48 107 188 189 191 195 204
감작성 124
갑상선 36 37 108 138 150 151 152 159 166 174 175 179 202 211
갑상선 기능 저하증 108 138 150 159 179
갑상선 호르몬 37 150
갑상선종 151 152 174 175 202
거식증 52 150
겉보기에는 날씬하고 체내는 뚱뚱 109
게리 타우브스 106
견과류 195 196 198 201 220
결핵 149
경구 당부하 검사 111 113
경구재수화염 179
경련 52 150 153 154 155 156 172 223
고결방지제 198 202 203
고과당 옥수수 시럽 188
고나트륨 56
고나트륨혈증 170
고당류 식단 216

고알도스테론증 137
고인슐린 92 112
고인슐린혈증 92
고칼륨혈증 205
고항이뇨 호르몬 156
고구마 191
고농축 옥수수 시럽 106 130
고당 식단 101 216
고당류 22 216
고대 27 28 30 33 40 44 198 200 201 204
고염 식이 부하 85
고염 식이 78 79 80 81 82 84 85 87 88 89 93 95 104 111 112 115 116 146 160 177 194 195
고지혈증 93 127 163 165 184
고질소혈증 51
고혈당 93 165
고혈압 93 94 95 97 98 100 101 102 111 114 115 138 142 144 158 160 162 163 165 166 167 168 169 184 185 193 194 205 211 212 213 215 216 217 218 219 220 221
고혈압용 베타 차단제 184
고혈압을 멈추기 위한 식이 요법 접근법 68 102
고혈압의 전조 증상 20
고형 지방 77
골다공증 42 149 174
골드만 52
골수 35 36
골절 139 149 150
공복 인슐린 수치 72 91 111 183
공복 혈당 109 127
공중 보건 21 43 55 57 60 61 70 105 174 214
과당 25 74 94 116 130 135 165 171 187 188
과민성 대장 증후군 165
과식 109 110 111 194
과일 31 47 48 50 100 129 131 186 189 194 196
과체중 76 106 107 109 193
관상 동맥 질환 75
관절염 153
교차 감작 125

구루병 42
구석기 21 35 36
구토 39 128 144 147 150 158 177
국소 코르티솔 과다 분비 93
권장 영양 섭취량 159
궤양성 대장염 21 165 171
규산 95
그라우달 104
그래함 맥그리거 120
그렐린 188
그로달 218 219
그롤맨 215
근육 15 26 33 35 36 52 112 113 116
148 149 152 153 154 156 161 163
164 206 207
근육 경련 52 154
글루카곤 172
글루코코르티코이드 38 94
글리신 193
기대 수명 79 81
기립성 빈맥 증후군 147
기초 대사율 113
기타 삼환계 항우울제 223
김치 14 78 79 195 197
꿀 74 186 187

115 116 127 130 136 182 183
197 207
내분비샘 30
내분비학 22 48 110
내장 비만 115
냅럭손 134 135
냉동 식품 224
넛크레키 맨 33
네거티브 나트륨 균형 상태 173
네팔 고양 98
노년 68 221
노르에피네프린 68 103 218
노먼 케이 홀렌버그 122
뇌 20 26 27 31 32 33 36 38 39 73
94 109 118 124 125 128 129 130
131 132 133 134 136 138 140
141 150 169 179 186 189 207
뇌졸중 20 34 62 68 69 79 81 82
89 95 96 100 109 140 169 211
213 218
뇌하수체 기능 저하증 179
뉴잉글랜드 의학 저널 35 91 160
니엘스 그로달 218
니코틴 180
닐스 알월 44

## ㄴ

나쁜 콜레스테롤 102 103 158
나트륨 192 194 195 198 200 201
202 204 213 216 217 218 219 220
221 223
나트륨 결핍 33 40 52 141 173
나트륨 균형 38 40 140 141 142 143
144 173
나트륨 배설 촉진 호르몬 88 89
나트륨 펌프 39 88 89 90 150 168
나트륨-글루코스 수송 단백질-2(S-
GLT2) 억제제 223
나폴레옹 콤플렉스 66
낙상 40 149
낙수 효과 110
남인도 99
남북 전쟁 74
내부 기아 22 107 108 109 110 114

## ㄷ

다비가트란 169
다이어트 47 48 49 50 51 52 66 68
143 188 215 216 217
다파글리포진 223
단백뇨 160
단백질 22 33 48 49 72 102 107
108 112 166 172 189 218 219
223
단백질 셰이크 189
단식 139 172 173 174
단풍나무 시럽 187
담배 12 122 180 213
담수 29 31
당근 225
당뇨병 21 22 24 47 72 74 76 89
90 105 109 111 114 127 132 139
158 164 165 166 171 176 177

188 190 194 206 213 214 221 222
223
당뇨병 전증 72 164 190
당뇨병 치료제 166
당뇨병성 케토산증 166
당질 191
대뇌 염분 소모 증후군 179
대뇌 측좌핵 125
대리 지표 68
대만 98
대변 68 140 141 145 152
대사 22 90 91 92 102 107 108 109
112 113 115 116 130 147 152 168
171 173 176 179 182 186 187 193
194 207
대사 장애 90
대사성 산혈증 168
대사성 알칼리혈증 179
대사성산증 176
대사적 결함 92
대상 부전 34
대식 세포 176
대장 세포 165
대장 정결 150
대장암 171
데리아끼 224
데이브 115
덱스트로스 48 74 188
도정미 95
도파민 128 131 132 134 140 189
독성 물질 13 124 126 130
독성 임계점 75
독일식 김치 195
동맥 19 39 49 67 75 78 79 81 83 88
93 101 102 111 114 167 206 211
213 216
동맥 경화성 심장 질환 75
동물 27 28 29 30 31 32 33 35 36 38
40 41 70 92 93 102 110 112 121 122
130 131 148 158 195 216 217
동물성 지방 70 216
돼지고기 74
두통 16 17 150 163 192
드라코의 생각 86
땀 12 26 39 67 121 128 132 139 140
141 145 146 148 151 152 153 155

157 166 182 204 206 208
DHA 32 33 193

**ㄹ**

라미프릴 157
라이스 다이어트 47 48 49 50 51
52 215
라이저 72
라임 155 156 161
란셋 50
레닌 68 69 83 107 111 141 165
167 216 218
레닌-안지오텐신 알도스테론 시스
템 83
레드몬드 리얼 솔트 156
레몬 155
레이븐 219
렌틸콩 190
렙틴 저항성 136
로 63 64 65
로렌스 아펠 69
로버트 E. 호지스 217
로버트 러브 53
로버트 헤니 83
로웬슈타인 215
루이스 달 53 121
루프이뇨제 223
리들 증후군 138
리스테리아병 177
리시노프릴 157
리차드 에이 아렌스 216
림프 조직 177

**ㅁ**

마그네슘 26 37 195 198 199 201
203 210
마늘 154 155 190 194 195 196
205 209
마라톤 154
마른 비만 109
마리노부파게닌 88 89
마약 128 133 140

마이크로바이옴 197
마이클 앨더먼 104
마카이 순수 심층 바다 소금 199
만성 소화 장애증 165 167 171
만성 신부전 93 167 170
만성 신장 질환 13 47 69 158 169
170 171 205 221
만성 피로 증후군 163 164
말릭 219
말초 신경 90
말초 혈관 저항 84 87 89
매케인 145
맥주 74 179
메스꺼움 52 150 158
메타 분석 63 64 65 103 104 112
218 219 220
메트포르민 92 184
멕시코 전쟁 74
면역 149 153 166 167 177 179
182 197
면역 결핍 바이러스 177
멸치 78 195
모노아민 산화 효소 억제제 223
모르몬교인 97 100
모세혈관 재충만 불량 147
모집단 19
무가당 186
무기력감 23
무기질 코르티코이드 수용체 길항 157
무기질 코르티코이드 157 166
무알코올성 지방간 질환 113 182
무작위 18 63 64 65 93 102 112
161 163 218 219 220
문화적 적응 95
미각 수용체 131
미국 13 14 18 24 34 36 45 46 47
53 55 56 57 58 60 61 63 64 66
67 68 69 70 72 73 74 75 76 77
78 79 81 97 100 101 102 106 126
132 133 135 144 150 159 160
164 175 177 182 183 198 201
211 212 213 215 216 220 221
222 226
미국 상원 보고서 56
미국 소아과학원 영양학위원회 55
미국 식품의약국 133 135 212 213

미국 의학원 67 68 69 76 101 102
221 222
미국 의학협회 58
미국 질병관리예방센터 14
미국심장협회 144
미국의 책임감 있는 영양을 위한 협의
회 160
미국인을 위한 식이 지침 220 221
222
미네랄 10 15 27 37 40 41 152 195
198 199 202 203 210
미즐리 65
미랄락스 150
미량 미네랄 37 198 199 203
미뢰 119 185 186 196 214
미생물 41 177 197
미토콘드리아 116
민물 27 28 29


ㅂ

바다 12 25 27 28 29 30 38 40 195
199
바닷물 15 27 28 30 33 41 44 199
201 202 203
바빈스키 109
박테리아 139 147 176 197
박트림 176
반투 99
발기부전 41
발한 132
방광 30
방부제 44 177 190 212
방사구체 세포 165
방사성 원소 198 200
방향 감각 상실 150
배설 152 164 165 167 168 169
171 172 173 175 176 192 195 219
번식 28 40
베르그 215
베이글 225
베이컨 74 177 225
베타 지방 단백 102
벨딩 스크리브너 85
보건 기관 19 39 62 85 88 102 139

159
보리 190
보차르 46 84 215
복막 투석 171
복부 경련 52
복부 비만 93 188
복수 49
본태성 고혈압 50 51 61 85 90 91
93 100 114 215 216
부신 부전 21
부신 21 28 38 41 88 94 101 138
158 179
부용 큐브 173 192
부종 49 160 176
부프레노르핀 135
북 인도 99
분 217
불교도 99
불안 86 129 132
브라운 219
브로모크립틴 (프로락틴 분비 과잉 억
제제) 223
비 스테로이드 항염증제 150
비알코올성 지방간 질환 113
비타민 42 47 95
비트 195
빈블라스틴(식물성 항종양성 알칼로이
드) 223
빈크리스틴(백혈병 치료용 알칼로이
드) 223
뼈 26 169 173 174


ㅅ

사과 99 100 189
사망 13 30 49 50 51 52 55 63 75
78 79 80 81 82 95 96 101 104
126 139 142 147 149 150 159
160 162 168 169 170 171 176
177 215 218 219 220
사이클로스포린 223
사이클로포스파미드 223
사탕수수즙 187 188
산소 39 55 103 139 155 156 211
219

산자 수 40 41
산화 스트레스 114 166 171 188
삼부루 전사 98
삼투성 이뇨 164 165
삼투성 150 164 165 179
삼투압 29 37
상염색체 우성 다낭성 신종 223
샌드위치 224
샐러드 14 31 195 225
생리학 39 54 56 60 83 106 109
110 122 128 136 187
생선 13 32 44 48 196
생식 능력 15 40 158
서복손 135
선천성 부신 과형성증 158
설사 39 128 144 146 150 165 166
177
설탕 12 13 14 15 22 24 25 26 47
48 53 60 70 71 72 73 74 75 76
77 89 90 91 92 93 94 95 98 101
106 107 116 117 118 119 121
123 124 125 126 127 128 129
130 131 132 133 134 135 136
138 139 140 144 164 165 166
167 171 182 185 186 187 188
189 190 193 194 196 197 207
208 212 213 214 215 216 217
219 221 222 226
설탕 부하 72
설탕 사랑 73
설탕 생산업계 71
설탕 중독 118 129 131 132 133
135 136 140 185 186 213
설탕협회 71
설트랄린 23
설파메톡사졸 176
설하정 135
섬유증 142
섬유질 47 49 51 131 190 191
성욕 40 41 158
성장 호르몬 90
세계보건기구(WHO) 159
세뇨관 50 168 223
세로토닌 재흡수 억제제 149 184
세포 22 26 27 28 33 37 38 39 56
60 90 103 107 108 109 110 111

112 114 116 117 118 119 120 136 143 146 149 152 153 157 164 165 166 173 174 175 176 177 179 182 188 197 207

세포외액 27 28 56 60 143 173

셉트라 176

소금 갈망 117 119 124 125 147 162

소금 공급원 44 143 178

소금 낭비자 113 143 192 208

소금 논쟁 42 46 47 58 59 63 65 109 210 215

소금 민감성 20 60 88 89 90 92 94 102

소금 배출 59 141 166 179

소금 부족 14 15 16 40 67 142 145 158 181

소금 부하 84

소금 설정값 122 140 141

소금 섭취 122 123 124 126 128 129 130 137 138 139 140 141 142 143 148 150 151 153 155 158 161 168 169 173 174 175 176 186 192 194 199 203 207 211 212 216 217 218 219

소금 소비 44 45 58 60 75 87

소금 유발성 고혈압 92

소금자동 조절장치 118 122 123 126 127 140 141 178 185 207 208 224

소금 저장고 145

소금 저항성 54 88 102

소금 제한 13 14 21 39 43 46 47 50 51 52 55 56 57 58 60 61 63 64 65 68 82 85 86 102 103 104 111 112 115 123 125 137 141 158 161 163 174 211 212

소금 제한 권고안 39

소금 조절 시스템 28

소금 채굴 43

소금 핥기 36

소금 고갈 58 125 126 128 139 148 151 152 164 165 166 178 218

소금-보존 호르몬 123

소금에 절인 음식 125

소금에 절인 음식에 대한 중독 가설 125

소금통 22 34 58 185 213 214

소금-혈압 가설 18 19 46 52 53 58 59 82 87 94 210 215

소변 52 68 140 147 152

소비자 경고제 58

소세포 폐암 149

소화 9 26 165 167 171 191 197 201

쇠고기 74 192 224

수돗물 153

수면 장애 9 41 153 158 163

수유 40 128 158 159 160

수유모 128 158

수족 냉증 147

수축기 혈압 19 63 64 65 66 98 100

수프 78 79 173 195 224

숙주 방어 시스템 176

순무 196

순환 허탈 55 147 167 207 215

술파메톡사졸 176

술포닐루레아 223

숨겨진 반기아 상태의 세포 110

슈뢰더 52

스무디 186

스위스 근대 195

스위트 렐리쉬 225

스위트 투스 131

스케릴 215

스타틴 127 163

스테로이드 88

스테비아 189

스톨라즈 스크르지페크 219

스트레스 21 24 38 39 67 83 86 87 88 95 103 114 116 123 129 140 146 166 171 182 188 211 213

스티븐 월터 랜슨 박사 110

스피로놀락톤 157

시금치 225

시리얼 225

시상 하부 27 109

시상 하부 비만 109

시스플라틴 166 223

식단 12 21 26 31 32 33 34 35 36 55 56 58 59 64 65 72 73 76 78 88 89 95 100 101 111 113 115 116 117 123 127 128 129 130

131 142 143 144 161 163 169
171 172 173 175 176 181 186
188 192 194 195 203 216 219
221 222
식염 156 159 174 203 205
식욕 30 60 107 125 128 130 135
136 188 207
식이 목표 56 57 58 60 71 72 76
220 221
식이 요법 15 21 34 47 48 49 50 51
52 53 59 63 66 68 70 77 102 127
169 172 173
식이 지방 70 216
식이 지침 자문 위원회 69 77
식중독 139 177
식품 감염 177
신동맥 협착 167
신부전 50 52 93 115 167 170
신사구체 50 165 169
신장 13 16 21 22 26 28 29 30 36
37 38 39 41 46 47 48 49 50 51
60 69 70 74 86 88 89 90 101 102
103 113 115 119 123 138 139
140 141 143 144 150 156 158
162 165 166 167 168 169 170
171 176 173 174 175 176 177
178 179 181 182 183 184 185
186
신장 세관 150 165
신장세관산증 179
신장의 재흡수 능력 손상 165
신장해 158 166 223
신진 대사 109 115 147 182 186
193 207
실신 147 163
심계 항진 132
심근경색 104 218
심박수 21 63 66 67 68 69 83 85
87 88 88 101 103 139 169 211
219
심박출량 165 219
심방세동 169
심부정맥 혈전증 103
심장 부정맥 153
심장 비대증 103
심장 질환 20 45 63 71 75 79 80 81

95 101 102 105 216 218
심장마비 16 20 34
심장병 13 43 45 62 70 72 73 75
76 77 78 79 81 83 85 87 89 91 93
95 102 109 216
심장의 과잉 성장 103
심혈관 질환 13 19 43 61 78 80 82
95 101 103 104 149 211 219 220


### ㅇ

24시간 활동시 혈압 219
아가베 시럽 187 188
아데노신 3인산 39 177 188
아드레노코르티코트로핀 호르몬 94
아디포넥틴 103
아론손 217
아리스토텔레스 40
아몬드 189
아미노산 22 47 193
아미오다론 223
아미트리프틸린 223
아보카도 13 48 100
아서 가이튼 60
아서 코코란 51
아세틸콜린 134
아스피린 150
아오모리 96 99 100
아이스티 186
아카보스 184
아키타 95 96 100
아테놀롤 169
아테롬성 동맥경화증 93
아티초크 195
아편 125 131 133 134 135 223
아편 길항제 134
아프로디테 40
아프리카 31 33 36 99 120
안셀키즈 216
안식 교인 97 100
안지오텐신-Ⅱ 83 103 107 141 157
167 184
안지오텐신-전환 효소 억제제 157
184
알도스테론 38 68 69 83 94 103 107

111 122 137 141 162 165 167
168 218
알렉산더 워커 216
알소솔트 205
알츠하이머병 213
암바르 46 84 215
암염 10 27 44 198 199 200 205
암페타민 125
애디슨 병 94
앳킨스 독감 192
앵고니 지역 120
야노마모 인디언들 158
야모리 217
약물 17 21 23 58 68 114 124 125
126 128 129 130 131 132 135
139 149 150 157 163 166 169
176 178 183 184 190 205 208
211 223
양배추 196
양서류 28 29
양전자 방사 단층 촬영 131
양파 191
에너지 음료 139 186
에드워드 프라이스 216
에드윈 애스트우드 110
에볼라 바이러스 177
에스겔 빵 190
에스테르화된 콜레스테롤 102
에이이 하퍼 217
에프 올아프 심슨 217
에플레레논 157
엑스터시 223
엘더 에이제이 219
엠프티 칼로리 72
역학 연구 104
연골 세포 153
열사병 147 151
염소 10 37 41 48 49 51 78 165
166 168 202 04 205
염증 73 102 114 116 140 150 153
166 171 177 188 213 223
염증성 대장염 171
염화나트륨 27 37 129 168 200 201
202 205
영국 의학 잡지 216
영양 12 14 19 22 23 32 33 34 42

45 55 57 58 66 68 69 72 77 83
90 108 110 130 131 136 139 149
155 158 159 160 168 179 187
195 196 197 198 199 200 201
202 203 211 216 226
영양 표시 라벨 77
영양소 12 14 19 22 33 42 69 108
110 131 136 139 158 179 197
211
영양실조 149 168
영장류 30 31 32 91
예비 당뇨병 단계 127
오메가3 31 196
오카야마 99
오타비오 지암피에트로 90
오피오이드 125 126 131 134 135
옥스카르바제핀 223
올리브 13 14 44 78 115 156 173
189 190 191 192 195
외삽법 47
요거트 152 193
요구르트 197
요독증 50 52 168 169
요산 101 102 112
요소 12 20 22 28 37 50 51 104
174 216
요오드 15 37 57 108 151 152 156
159 160 174 175 193 195 198
199 201 202 203 204 205
요오드 결핍 57 108 156 159 160
174 175 202 204
요오드 첨가 식염 156 159 174
요오드포 175
요한 라라 60
우유 40 74 175 197
운동 12 15 16 23 39 40 62 71 109
117 120 121 127 130 139 146
151 152 153 154 155 156 157
159 163 166 171 182 205 206
207 208 209 211
운동 과다 증후군 152 153
운동선수 16 23 40 120 121 152
153 211
울혈성 심부전 34 139 165
워시 62
원숭이 31 41

원시 사회 53 66 122 178 217
월터 켐프너 46 47
웨더 103 104
웨이트 트레이닝 206
위약 61 163
위약 제어 163
위장 내 감염증 140
위장 출혈 150
위험 인자 비만 관리 프로그램 92
유기농 마늘 소금 154 195 196 205
유기농 홀푸드 186
유당불내증 166 167
유산소 운동 127 206
유아용 유동식 55 214
유전 28 54 56 91 138 157 179
유제품 175 195 204
육류 44 48 74 173
육식주의 36
응혈 103
이건 103 104 112
이뇨제 23 58 59 114 115 139 144
157 166 179 184 205 223
이온 조절 28
이완기 혈압 19 64 65 97 162
이유기 40
이중맹검법 102
이탈리아 수녀 80 97
이탈리아 평 여신도 80
인공 감미료 187 188 189
인슐린 9 21 22 54 63 68 69 72 73
89 90 91 92  93 94 101 103 107
108 109 110 111 112 113 114 115
116 132 136 158 162 164 166 172
173 182 183 184 187 188 190 192
206 207 211
인슐린 의존성 당뇨병 90
인슐린 저항성 9 21 22 54 89 90 91
92 93 94 107 108 109 110 111
113 114 115 116 132 158 162 164
182 183 184 187 188 192 206
인지 장애 40 139
인터솔트 66 67 217
일본 52 78 79 81 82 95 96 99 100
195 217
일본식 된장국 95
임산부 128 158 159 160 161 162

임신 40 41 110 128 158 159 160
161 162
임신중독증 160
L-카니틴 193


ㅈ

자가 면역 애디슨병 179
자가 면역성 갑상선염 166
자간전증 160 162
자당 135 187 188
자마 52 55 84
자바 98
자연당 131
자폐증 179
장 메이어 71
장기 26 28 29 36 103 108 109
110 113 116 123 142 146 169
177 182 206 207 211
장내 감염 128
장누수증후군 21
저나트륨혈증 59 139 149 150 152
154 156 164 165 166 167 168
169 170 171 179 223
저당식이 13
저밀도 지방 단백질 102 218
저삼투성 저나트륨혈증 179
저염 식이 18 20 21 36 39 41 47 49
51 52 53 54 55 58 60 61 62 63
64 65 67 69 70 83 86 87 88 91
94 101 102 103 104 105 107 108
109 110 111 112 113 114 120
122 123 124 126 127 128 129
130 142 143 146 147 149 150
153 158 159 160 161 162 163
164 167 168 169 171 174 175
176 177 179 194 210 211 212
215 216 217 218 219
저염 식이 옹호자 60
저염 지침 23 24 85
저칼륨 56
저탄수화물 식이 요법 172 173
저항성 전분 189 191
저혈당 116 118 127 132 190
저혈량 87 162 223

저혈량성 저나트륨혈증 223
저혈압 40 147 163 168 192
전신 마취제 223
전체 말초 저항 83
전해질 26 28 29 37 118 119 149 169
전향적 도시 농촌 역학 연구 104
전향적 연구 104
절식 172 173 174
절임 채소 95
정상 혈압 20 61 63 64 65 82 83 84 85 86 162
정상혈량성 저나트륨혈증 179
정신 착란 150
정어리 78 195 196
정제당 73 74 76 131 135 186 187 212
정제염 154 199 202 203
정크 푸드 213
제1 부신 기능 부전증 179
제1형 당뇨병 89
제2형 당뇨병 21 22 24 127 132 206 213
제이디 스왈레즈 217
조미료 54 76 95 120 121
조산 160 162 211
조지 맥거번 57
조지 메닐리 56 120 215
조지 메니얼리 56 57
조지 페레라 박사 93
조현병 179
존 고워 131
존 디 스왈레스 64
존 라라그 50 216
존 유드킨 70
종 28 29 119 124 140
좋은 콜레스테롤 103
주의력 결핍 및 과잉 행동 장애 132
ADHD 132
중년 68 84 100 148 221
중독량 75
중증 조갈증 179
중추 신경 136 147
중탄산염 179
쥐 40 52 53 54 55 88 89 92 93 129 132 176 216 217

증가한 평균 동맥압 91
지방 12 13 19 22 31 32 47 48 49 53 62 63 70 71 72 76 77 95 101 102 103 107 108 109 110 111 112 113 114 115 116 122 127 136 158 165 182 183 193 196 206 207 213 214 215 216 218 219 222
지방 세포 22 103 109 111 114 116 136 207
지방간 113 165 182 193 213 214
지방산 22 32 111 112 113 116 196
지주막 179
지질 68 112
지침 8 12 14 15 16 18 20 21 23 24 30 36 43 45 48 52 57 58 59 60 62 63 64 66 68 69 72 76 77 85 86 105 121 123 127 128 146 150 152 159 167 169 175 177 186 211 212 220 221 222
진화론 28 35
진화적 적응 28 29 38 119
질병통제예방센터 101
집단 기반 연구 105
짧은 창자 증후군 171


ㅊ

채식주의 36 204
척추동물 28 29 30 31 32 38
철인 경기 154
첨가당 25 48 62 71 73 74 76 77 131 182 185 186 187 194 196 221 222
청문회 57
청소년 68 92 130
체액 26 27 33 37 40 47 84 86 115 119 138 148 153 154 169 176 179
체중 16 17 22 23 41 49 51 73 76 92 93 102 106 107 108 109 110 112 113 116 158 162 163 166 188 191 192 193 194 197 206 207 211
체중 증가 22 73 92 107 108 109

110 163 188 194 211
체질량 지수 109 217
초기 인류 31 32 33 36 37
초기 호모 32
초콜릿 189
총체내 나트륨 함량 145
총체액량 86
총콜레스테롤 218
최소 수준의 적절한 나트륨 섭취량 67
최적의 소금양 139 181 194
출산 40 41 158 160 161
출판 편향 43 65
출혈 143 144 146 148 150 160
162 179
치즈 78 79 195 224

**ㅋ**

카드뮴 95
카레 120
카르바마제핀 223
카우치 포테이토 107
카이 주식회사 201
카페인 15 47 68 119 139 179 208
칸디다 알비칸스 165 166 167 197
칼로리 36 49 70 71 72 73 74 76
77 89 92 106 108 109 111 113
116 130 131 136 172 182 183 187
207 222
칼륨 26 37 49 51 56 60 61 100
168 187 195 198 199 200 201 203
205 210 217
칼슘 26 37 42 187 195 198 199
201 203 210
캐나다 73 79 81 226
캐쉬 62 63
캘리포니아 정제염 202
커켄달 84 86
커피 47 73 119 122 139 179 186
195
커피 중독자들 119
컵케이크 73 74
케이퍼 78 225
케첩 225
케토시스 상태 192

케토제닉 식이 요법 21
케톤증 113
케피르 197
켈틱 천일염 198 199 203
코르티솔 38 93 94 122 138 179
코르티코스테론 38 93
코카인 125 126 130 132 133
코코넛 팜 슈가 187
코크란 103 219
콜레스테롤 19 21 47 63 69 70 71
72 76 102 103 109 112 127 158
218 219
쿠나 인디언 97
쿠싱 증후군 93
크랜베리 152 193 195 204
크레아틴 51
크론병 21 165 171
클로피브레이트 223

**ㅌ**

타이거너트 33
타임 71 217 226
탄산 음료 179 186 213
탄산 음료 세금 213
탄수화물 16 17 21 22 47 60 68 73
91 106 108 113 115 127 130 136
139 172 173 188 189 190 191
192 206 226
탈수 23 26 30 40 86 87 108 117
128 138 139 143 146 147 148
152 157 171 211
태국 98 99
태반 161
태아 110 128 159 160 161
테 모렌가 219
테시오 레벨로 217
테트라포드 29
토마토 48 194 224
통곡물 50
통조림 48 194 224
투석 121 171
투쟁-도피 반응 38 139
트리글리세라이드 21 69
트리메토프림 223

트리아실글리세롤 111
티아지드 59 157 223
티오리딘 223
TOFI 109

## ㅍ

파란트로푸스 32
파스타 소스 194
파인즈 129
파충류 27 28 29 30
파프리카 120
패혈증 177 223
페노티아진 223
폐렴 149
폐쇄 순환계 28 30
폐쇄성 요로증 223
포도당 22 74 90 93 94 107 111
112 113 114 116 117 164 165
166 171 183 187 188 206 207
포도당 과민증 93
포도당 유발 검사 183
포도당 전달체 GLUT4 112
포만감 109 189 190 196
포유류 28 29 30 83
포크로우 54 67
포화 지방 12 19 32 53 70 71 76 95
포화 지방–심장 가설 216
포화 효과 60
폴 엘리엇 박사 66
폴리에틸렌 글리콜 150
폴리올 대사계 171
푸로세미드 157
퓨어캡스 193
프랑스 44 46 78 81 82 109 195
199
프레드릭 엠. 앨런 46
프레우스 부부 217
프레젤 225
프레쯔 포조 219
프로바이오틱스 197
플로스 메디신 73
피네베르그 215
피로 23 41 153 155 156 157 158
161 163 164 173 179 209

피부 28 30 33 35 36 38 41 68 122
123 138 147 161 169 173 176
177
피부 궤양 176 177
피오글리타존 184
피임 41 158
피클 115 155 156 173 192 195
224

## ㅎ

하와이안 레드 알라에아 소금 201
하와이안 블랙 용암 소금 201
하이드로클로로티아지드 59
한국 69 78 79 81 82 195 197
한국적 역설 78
할로페리돌 223
핫도그 224
항고혈압 중재 및 관리의 시험 163
항상성 24 29 30 86 87 128
항암제 8 166
항우울제 23 139 223
항이뇨 149 156 166 167 180
항정신병 139 184 223
항정신병제 223
항고혈압 약물 205
항혈소판 및 경구용 항응고제 150
해롤드 배타비 56 57 120
해리어트 피 더스탄 218
해산물 31 175 195 204
해양 27 28 29 30 31 37 198 200
204
해양 무척추동물 28 30
해조류 78 193 195 196 204
햄버거 225
향신료 190 196
허리선 107 213
허브 194 195 196
허용 가능한 상한 섭취량 68
헤로인 126 130 131 132 133
헤마토크리트 103
현기증 23 40 147 163
혈관 내 유효 혈액량 감소 115
혈관 수축 증상 87
혈류량 50

혈소판 101 150
혈압 8 9 13 14 16 17 18 19 20 21
23 25 29 30 34 40 42 43 45 46
47 49 50 51 52 53 54 55 56 57
58 59 60 61 62 63 64 65 66 67
68 69 70 71 74 76 78 79 80 81
82 83 84 85 86 87 88 89 90 91
92 93 94 95 96 97 98 99 100 101
101 102 103 104 107 109 111
112 113 114 115 116 117 118
124 127 132 136 138 139 140
142 143 144 146 147 148 149
150 151 152 154 155 156 158
160 162 163 164 165 168 169
184 185 192 193 194 195 205
210 211 212 213 215 216 217
218 219 220 221
혈액 손실 140
혈액뇌장벽 136
혈액량 19 26 83 86 87 93 115 124
143 146 148 162 167 169 206
211
혈장 레닌 활성도 216
혈장 인슐린 수치 113
혈장 총콜레스테롤 102
혈장 49 102 111 112 113 166 168
216
혈전성 혈관 질환 103
혈중 나트륨 수치 37 94 146 149
150 151 152 164 170 171
혈중 저밀도 지방 단백질 102
혈중 포도당 수치 164 165
호르몬 37 38 86 87 88 89 90 92
94 101 103 107 115 122 123 135
137 141 142 146 149 150 156
166 167 167 169 180 188 207
211 213
호미닌즈 32
호흡 정지 150
혼수 상태 150
홀 부부 216
황산나트륨 41 200
황색포도구균 176
횡문근융해증 149
후광 효과 75 187
후천성 면역 결핍 증후군 149

후추 120 190 191 195 196 198
훼슬러 128
흑인 14 68 69 221
히드로클로로티아지드 157
히말라야 블랙 솔트 200
히말라야 소금 198 199 200 204

## 옮긴이

### 박시우

삼정식품 대표
주)코리아솔트 대표이사
생활습관의학 전문인(DiplBLM/KCLM)

"소금은 생명이다"라는 주제로 유튜브 영상 강의를 진행하며, 소금에 대한 올바른 사실을  전하려 노력하고 있다. 일반인을 대상으로 "소금에 대한 오해와 진실"이라는 주제의 오프라인 교육 강의도 열고 있다. 이런 활동들을 통해 소금에 대한 인식을 개선하고 건강에 좋은 소금 섭취 방법을 알리는 데 주력하고 있다. 저서로는 "죽염은 과학이다"가 있다.

### 김상경

義兄이자 畏友인 박시우의 義弟.
수학mathematics과 과학science 그리고 영성spirituality을 기반으로 한 《통찰논리 방법론Intuitive-Metalogic Methodology》으로 인재양성을 준비중인 교육프로그래머.